TRAINING Grundwissen REALSCHULE

Kurt Hofmann

Mathematik I und II/III
8. Klasse

Aufgaben mit Lösungen

STARK

ISBN 978-3-89449-203-8

D-85318 Freising · Postfach 1852 · Tel. (08161) 1790
Auflage 2008

Inhalt

(Fortsetzung nächste Seite)

Vorwort

Liebe Schülerin,
lieber Schüler,

dieser Trainingsband richtet sich an Schülerinnen und Schüler der 8. Jahrgangsstufe (Wahlpflichtfächergruppe I und II/III), die außerhalb des Unterrichts üben und Lücken schließen möchten oder sich gezielt auf Schulaufgaben vorbereiten wollen.

Diese Verwendungsform spiegelt sich auch im Aufbau der einzelnen Kapitel wider. Jedes der sieben Kapitel ist in drei Abschnitte unterteil, die zuerst eine **Definition** und einen **Merksatz** beinhalten und danach die Bedeutung des Merksatzes an **Beispielen** mit ausführlichen Erläuterungen illustrieren. Das zuvor Gelernte kann dann an insgesamt **233 Aufgaben**, die vom Schwierigkeitsgrad her ansteigen, eingeübt werden. Selbstverständlich befinden sich am Ende des Buches zu allen Aufgaben **vollständige Lösungen**.

Viel Spaß und Erfolg bei der Arbeit mit diesem Band!

Kurt Hofmann

Terme

1 Termbelegung

Beim Belegen eines Terms mit einem Element aus der Grundmenge erhält man den **Zahlenterm**, durch Berechnung den **Termwert**. Die Rechenoperation, die man beim Berechnen zuletzt durchführen muss, ergibt den **Termnamen**.

Beispiel:

Term: $T(x) = (5 + x) \cdot (x - 1)$
Belegung: mit $x = 4$: $T(4) = (5 + 4) \cdot (4 - 1)$
$= 9 \cdot 3$
$= 27$

Als letzte Rechnung musst du den Wert des Produktes $9 \cdot 3$ berechnen, also ist der Term ein Produkt.

Der Term ist ein Produkt. Sein Wert für $x = 4$ ist 27.

Beispiel:

Term: $T(x; y) = 2x^2 + 4xy$

Term mit zwei Variablen!

Belegung mit $x = -2$ und $y = 3$:
$T(-2; 3) = 2 \cdot (-2)^2 + 4 \cdot (-2) \cdot 3$
$= 2 \cdot 4 + (-8) \cdot 3$
$= 8 - 24$
$= -16$

$8 + (-24) = 8 - 24$ ist eine algebraische Summe, der gegebene Term ist also eine Summe.

Der Term ist eine Summe. Sein Wert für $x = -2$ und $y = 3$ ist -16.

Definition: Die Zahl, die bei der Belegung eines Terms den Termwert null ergibt, heißt **Nullstelle** des Terms.

Beispiel:

$T(x) = x + 2$
$T(-2) = -2 + 2 = 0$

Nullstelle: –2

$T(a) = (a + 4) \cdot a$
$T(-4) = (-4 + 4) \cdot (-4) = 0$
$T(0) = (0 + 4) \cdot 0 = 0$
Nullstellen: –4 und 0

Aufgaben:

1. Gib den Termnamen an und bestimme den Termwert für $x = 5$.

a) $T(x) = 3x + 7$
b) $T(x) = (3x + 1) : (7 + x)$
c) $T(x) = 2x^2 - 3x$
d) $T(x) = 4 + x \cdot 3 - 4x$
e) $T(x) = (-5 - x) \cdot x$
f) $T(x) = (x - 3) \cdot (7{,}5 + x : 2) + 1$

2. Gib den Termnamen an und bestimme den Termwert für $x = 2$ und $y = -1$.

a) $T(x; y) = x + 6y$
b) $T(x; y) = 2xy - 8$
c) $T(x; y) = (3x - 1) \cdot y$
d) $T(x; y) = (2x - 3y) : 7$

3. Bestimme durch Probieren die Nullstelle des Terms. $\mathbb{G} = \mathbb{Q}$

a) $T(x) = 2x - 6$
b) $T(x) = 8 + 4x$
c) $T(a) = 8a - 4$
d) $T(z) = 5 - 2z$
e) $T(x) = x \cdot (3x + 3)$
f) $T(a) = (4 - a) \cdot (3 + a)$

4. Bestimme die Termwerte für alle Belegungen der Grundmenge und gib mögliche Nullstellen an.

a) $T(x) = 2x - 1$ $\quad \mathbb{G} = \{0; 2; 4; 6; 8\}$

b) $T(x) = \left(\frac{1}{2}x + 1\right) \cdot \left(x - \frac{1}{2}\right)$ $\quad \mathbb{G} = \left\{-1; -\frac{1}{2}; \frac{1}{2}; 1\right\}$

2 Äquivalente Terme

Definition: Besitzen zwei Terme $T_1(x)$ und $T_2(x)$ für **alle** Belegungen der Grundmenge jeweils gleiche Termwerte, heißen sie **äquivalent**.
Man schreibt: $T_1(x) = T_2(x)$

Die Äquivalenz von Termen kann man bei einer Grundmenge mit wenigen Elementen durch **Belegungen** nachweisen.

Beispiel:

Gegeben: $T_1(x) = 6x - 2x + 1$ und $T_2(x) = x + 1 + 3x$; $\mathbb{G} = \{-1; 0; 2\}$

Belegungen:
$T_1(-1) = 6 \cdot (-1) - 2 \cdot (-1) + 1 = -6 + 2 + 1 = -3$
$T_2(-1) = -1 + 1 + 3 \cdot (-1) = -1 + 1 - 3 = -3$

$T_1(0) = 6 \cdot 0 - 2 \cdot 0 + 1 = 0 - 0 + 1 = 1$
$T_2(0) = 0 + 1 + 3 \cdot 0 = 0 + 1 + 0 = 1$

$T_1(2) = 6 \cdot 2 - 2 \cdot 2 + 1 = 12 - 4 + 1 = 9$
$T_2(2) = 2 + 1 + 3 \cdot 2 = 2 + 1 + 6 = 9$

Bei allen Belegungen sind die Termwerte jeweils gleich, also $T_1(x) = T_2(x)$.

Beispiel:

Gegeben: $T_1(a) = a^2 - 1$ und $T_2(a) = (a - 1)^2$; $\mathbb{G} = \{1; 2; 3; 4\}$

Belegungen:
$T_1(1) = 1^2 - 1 = 1 - 1 = 0$ $\quad T_2(1) = (1 - 1)^2 = 0^2 = 0$
$T_1(2) = 2^2 - 1 = 4 - 1 = 3$ $\quad T_2(2) = (2 - 1)^2 = 1^2 = 1$

$T_1(2) \neq T_2(2)$, also sind die Termwerte nicht bei allen Belegungen gleich. Die Terme sind nicht äquivalent: $T_1(a) \neq T_2(a)$. Die übrigen Belegungen können entfallen.

Aufgabe:

5. Untersuche, ob die Terme äquivalent sind.

a) $T_1(x) = 3x + 6$ $\quad T_2(x) = 3 \cdot (x + 2)$ $\quad \mathbb{G} = \{0; 1; 2; 3\}$

b) $T_1(x) = 4x - 3$ $\quad T_2(x) = (x - 1) \cdot 4 + 1$ $\quad \mathbb{G} = \{-4; -2; 0; 2\}$

c) $T_1(x) = (x + 4)^2$ $\quad T_2(x) = x^2 - 16$ $\quad \mathbb{G} = \{-4; 0; 4; 8\}$

d) $T_1(x) = (3 + x)(2 - x)$ $\quad T_2(x) = (3 - x) \cdot 2 - x$ $\quad \mathbb{G} = \{4; 5; 6; 7\}$

Bei einer Grundmenge mit vielen bzw. unendlich vielen Elementen (z. B.: $\mathbb{G} = \mathbb{N}$) ist es umständlich bzw. unmöglich, die Äquivalenz von Termen durch Belegungen nachzuweisen. Zum Nachweis verwendet man Rechengesetze.

Definition: Die Umformung eines Terms in einen äquivalenten Term heißt **Termumformung**.

In einer Summe kann man die Reihenfolge der Summanden beliebig verändern (Kommutativgesetz der Addition).

$$a + b = b + a$$

Hinweis: Wenn nichts besonders vermerkt ist, sind die Variablen Platzhalter für rationale Zahlen, also: $a, b \in \mathbb{Q}$.

Beispiel:

$5 + x + 9 = x + 5 + 9$
$= x + 14$

Die Teilsumme 5 + 9 wird berechnet.

Beispiel:

$5 + x - 3 + y = 5 + x + (-3) + y$
$= 5 + (-3) + x + y$
$= 2 + x + y$

Fasse den Term als algebraische Summe auf, vertausche das 2. mit dem 3. Glied.

Aufgabe:

6. Vereinfache!

a) $x + 3 + 2$

b) $5 + 3 - x + 2$

c) $4 + x - 3$

d) $3 + x - 8 - 9$

e) $-7 + 2 + a - 1$

f) $9 + y - 10 - 2 + 3$

g) $-3{,}5 + x - 2{,}5 - y$

h) $3\frac{1}{2} - 1\frac{1}{3} + x - 2\frac{2}{3} + y$

Definition: Terme mit gleichen Variablen heißen **gleichartig**.

Beispiel:

Gleichartige Terme:			Beizahlen oder **Koeffizienten** dieser Terme:		
$3x$	$5x$	$-7x$	3	5	–7
$5x^2$	$-x^2$	$8x^2$	5	–1	8
$3a^2b$	$2a^2b$	$-a^2b$	3	2	–1
$-2(a+1)$	$5(a+1)$	$(a+1)$	–2	5	1

Beachte: Terme wie $5a$ und $3a^2$ bzw. $4a^2b$ und $4a^2b^2$ sind nicht gleichartig.

Gleichartige Terme werden zusammengefasst (addiert bzw. subtrahiert), indem man die Koeffizienten (Beizahlen) addiert bzw. subtrahiert.

Beispiel:

$5a + 3a = 8a$

Die Terme sind gleichartig, sie können zusammengefasst werden:
Beizahlen: $5 + 3 = 8$

Beispiel:

$6a^2 + 2a^2 - 8a^2 = 0 \cdot a^2 = 0$

$6 + 2 - 8 = 0$

Beispiel:

$5x^2y^2 + x^2y^2 - 7x^2y^2 = -1 \cdot x^2y^2 = -x^2y^2$

$5 + 1 - 7 = -1$, den Faktor –1 musst du nicht schreiben.

Beispiel:

$3a + 4a^2$

Die Terme sind nicht gleichartig, sie können nicht zusammengefasst werden.

Beispiel:

$2xy + 3x + 5xy - xy + 10x =$
$6xy + 13x$

Die gleichartigen Terme 2xy, 5xy und xy bzw. 3x und 10x können zusammengefasst werden.

Aufgaben:

7. Fasse zusammen.

a) $5x + 3x - 9x$
b) $21y - 18y + 3y$
c) $17z + 3z - 19z$
d) $-23x^2 + 17x^2 + x^2$
e) $15xy - 19xy + 3xy$
f) $10xyz + 20xyz - 25xyz$
g) $-x^2y + 3x^2y - 7x^2y$
h) $15x^2y^2 + 21x^2y^2 + x^2y^2$

8. Vereinfache den Term.

a) $5a + 3b + 5a$
b) $7x - 3x + 4y$
c) $4x - 3y + 3y + x$
d) $3x + 9z + 12x - 8z - z$
e) $4x^2 + 3x - 4x - x$
f) $10x^2 - 10x - 9x^2 + 9x$
g) $5x + 7 + x + 10 - 6x$
h) $13x^2 - 3x^2y + 4x^2 + 3x^2$

9. Vereinfache soweit wie möglich.

a) $5a + 3b + 7a - 10a + 2b + 6a$
b) $4a + 3 + 8b + 7 + 3 - 9a - 7b + a$
c) $-12x^2 + 10x + 13x^2 + 3x^2 - 15x - 8x$
d) $7x^2y + 5xy + 8x^2y - 11x^2y - 6xy$
e) $xy + 4xz - 7xz + 3xy - 7xz - xz$
f) $3{,}5x^2y + 2{,}5x^2y + 1{,}5xy^2 - 7{,}5x^2y + 0{,}5xy^2$
g) $2{,}1ab + 3{,}1ac + 4{,}2bc + 2{,}9ac - 3{,}1ab$
h) $7x^2y^2 - 7x^2y^3 + 3x^3y^2 - 5x^2y^2 - x^3y^2$

10. Vereinfache den Term.

a) $-2(x + 1) + 3(x + 1) + 5(x + 1)$
b) $5(a^2 - 1) + 6(a^2 - 1) - 4(a^2 - 1)$

In einem Produkt darf man die Reihenfolge der Faktoren beliebig verändern (Kommutativgesetz der Multiplikation).

Beispiel:

$2y \cdot (-3x) =$	Ausführliche Schreibweise.
$2 \cdot y \cdot (-3) \cdot x =$	Vertauschen der Reihenfolge der Faktoren.
$2 \cdot (-3) \cdot y \cdot x =$	Berechnung des Produkts aus den Zahlenfaktoren: $2 \cdot (-3) = -6$
$-6 \cdot y \cdot x =$	Die variablen Faktoren werden alphabetisch geordnet, die Malpunkte können entfallen.
$-6xy$	

Beispiel:

$$\begin{aligned}-4x \cdot (-6x) &= (-4) \cdot x \cdot (-6) \cdot x \\ &= (-4) \cdot (-6) \cdot x \cdot x \\ &= 24x^2\end{aligned}$$

Potenzgesetz: $x^n \cdot x^m = x^{n+m}$

Beispiel:

$$\begin{aligned}(5x)^2 \cdot 2y \cdot (-4y^2) \cdot 2x^3 &= 25x^2 \cdot 2y \cdot (-4y^2) \cdot 2x^3 \\ &= 25 \cdot 2 \cdot (-4) \cdot 2 \cdot x^2 \cdot y \cdot y^2 \cdot x^3 \\ &= -400x^5y^3\end{aligned}$$

Aufgaben:

11. Forme den Term um.

a) $3x \cdot 4$

b) $4y \cdot (-3) \cdot 2$

c) $3z \cdot 5 \cdot 2z$

d) $(-4x) \cdot 2 \cdot 3x$

e) $\frac{1}{2} \cdot x \cdot 3 \cdot 4x$

f) $\frac{4}{5}a \cdot 4a \cdot (-5)$

g) $-3a \cdot (-2a) \cdot (-3a)$

h) $3{,}2a \cdot (-2) \cdot 3a \cdot (-5a)$

12. Vereinfache den Term.

a) $5x \cdot 3y$
b) $7a \cdot (-b)$
c) $4{,}5x \cdot 3 \cdot 2y$
d) $-2x \cdot 3y \cdot 2z \cdot \frac{1}{6}$
e) $4x \cdot 5y \cdot (-3) \cdot (-xy)$
f) $2x \cdot y \cdot (-2xyz)$
g) $1{,}2xy \cdot 1{,}2xz \cdot (-yz)$
h) $\frac{2}{3}a \cdot \frac{6}{5}b \cdot \frac{5}{12}ab \cdot 3b$

13. Vereinfache die Produkte.

a) $x^2 \cdot 3x^3$
b) $-4x \cdot 3x^2 \cdot 5x^3$
c) $3x^2 \cdot 2y \cdot (-y^2) \cdot 4$
d) $0{,}5a \cdot 0{,}3a^2b \cdot 4a^3b^2$
e) $-\frac{1}{2}xy^2z \cdot (-4x^3) \cdot y^2z^4$
f) $(-0{,}3uv) \cdot (-6u^2w) \cdot (-2v^2w)$

14. Forme den Term so um, dass keine Klammern auftreten.

a) $(5x)^2$
b) $(2x^2)^3$
b) $(1{,}3xy)^2$
d) $(-2x^2y)^2$
e) $-2 \cdot (xy^2)^2$
f) $(-2x^3y)^3$

Zusammenfassende Aufgaben

Beachte die Reihenfolge der Rechenarten:
Potenzrechnung – Punktrechnung – Strichrechnung

Beispiel:

$5x \cdot 3 - 2 \cdot 4x + 8 \cdot (-2x) \cdot \frac{1}{4} =$ Punktrechnungen
$15x - 8x - 4x =$ Strichrechnung
$3x$

Beispiel:

$(5x)^2 \cdot 2 + (-2x)^2 \cdot 3 + 3x^2 \cdot 2x =$ Potenzrechnungen
$25x^2 \cdot 2 + 4x^2 \cdot 3 + 3x^2 \cdot 2x =$ Berechnung der Produkte
$50x^2 + 12x^2 + 6x^3 =$ Zusammenfassung
$62x^2 + 6x^3$

Aufgaben:

15. Vereinfache den Term.

a) $3\frac{1}{2}a - 2 \cdot \frac{1}{8}ab - 1\frac{3}{4}a \cdot b$

b) $-5x \cdot 3a + 10a \cdot (-2x)$

c) $5a \cdot (-17b) + 15a \cdot (-6b)$

d) $120xy \cdot \frac{1}{10}z^2 - 48x \cdot \frac{1}{6}z^2 \cdot 2y$

e) $3m^2 - 5m^3 + 2m \cdot m - m^2 \cdot m$

f) $4x \cdot 2x + 3y \cdot 2x - 2x \cdot 2y - 2x \cdot (-5x)$

g) $24x \cdot (-4x) \cdot 2z - 3x \cdot 4xz - 2x \cdot 2xy^2$

h) $6x^2 \cdot y \cdot (-2x) \cdot z - 3xz \cdot (-4x^2y)$

16. Vereinfache den Term.

a) $(2ab)^2 \cdot a^2$

b) $8m^3 \cdot (-3m^2)$

c) $(3b)^3 \cdot a + 27a^3$

d) $3x^2 \cdot 2xy + (3x)^2 \cdot y \cdot 2x$

e) $5x^2y \cdot (-3x^2y) \cdot (2x)^2 + 28 \cdot (x^3y)^2$

f) $15y^2 - (3y)^3 + (3y)^2 + 2 \cdot 3y^3 + 2 \cdot (-4y^2)$

Mit Hilfe dieser Gesetze kann man die Äquivalenz zweier Terme nachweisen. Hierzu gibt es zwei Möglichkeiten:

1. Art: Man formt den komplizierter aussehenden Term um, bis man den einfacheren Term erhält.

Beispiel:
$T_1(x) = 5x^2 + 4x \cdot (-x) + (-3x)^2$ und $T_2(x) = 10x^2$

Umformung:
$T_1(x) = 5x^2 + 4x \cdot (-x) + (-3x)^2 = 5x^2 - 4x^2 + 9x^2 = 10x^2 = T_2(x)$

2. Art: Man vereinfacht beide Terme, bis gleiche Terme entstehen.

Beispiel:

$T_1(x) = (3x)^2 + 4x \cdot (-2x) + 2x \cdot (-1)$ und

$T_2(x) = 4x \cdot (-x) - 7x + 15x^2 \cdot \frac{1}{3} + 5x$

Umformungen:

$T_1(x) = (3x)^2 + 4x \cdot (-2x) + 2x \cdot (-1) = 9x^2 - 8x^2 - 2x = x^2 - 2x$
$= T_3(x)$

$T_2(x) = 4x \cdot (-x) - 7x + 15x^2 \cdot \frac{1}{3} + 5x = -4x^2 - 7x + 5x^2 + 5x$
$= x^2 - 2x = T_4(x)$

Wegen $T_3(x) = T_4(x)$ gilt: $T_1(x) = T_2(x)$

Aufgabe:

17. Zeige, dass die beiden Terme äquivalent sind.

a) $T_1(x) = -6x^2 + (2x)^2 + 4 \cdot (-x)^2$ $T_2(x) = 2x^2$

b) $T_1(x) = 5x^2 \cdot x^3 - (2x)^3 \cdot 3x^2$ $T_2(x) = -19x^5$

c) $T_1(x) = 4x^2 \cdot x + (3x)^2 + x^3$ $T_2(x) = 14x^3 + 5x^2 - (-3x)^2 \cdot x + 4x^2$

d) $T_1(x) = 3x \cdot 2x + 4x^2 \cdot 2x - x^2 \cdot (-1)$ $T_2(x) = -4x \cdot 2x \cdot (-x) + 5x^2 + 4x \cdot \frac{1}{2}x$

3 Addition und Subtraktion von Summentermen

Definition: Steht ein Pluszeichen oder kein Zeichen vor einer Klammer, heißt die Klammer **Plusklammer**.

Bei einer Plusklammer können die Klammer und ihr Vorzeichen weggelassen werden.

$$a + (b + c - d) = a + b + c - d$$

Beispiel:

$5x + (7x + 3) =$ — Die Plusklammer kannst du weglassen.
$5x + 7x + 3 =$
$12x + 3$

Beispiel:

$8x + [(4x + 3) + 2 - 12x] - 9 =$ — Beim Auflösen von Schachtelklammern löst man zuerst die innere Klammer auf.
$8x + [4x + 3 + 2 - 12x] - 9 =$ — Vereinfachen des Klammerterms.
$8x + [-8x + 5] - 9 =$ — Auflösen der eckigen Klammer.
$8x - 8x + 5 - 9 =$
-4

Aufgaben:

18. Vereinfache den Term.

a) $5x + (3 - 6x + y) - y + x$

b) $(9 - 3x) + (27x - 80) - 26x$

c) $6xy + (2{,}5x + 3xy) + 9x$

d) $\left(-4x + \frac{1}{2}y\right) + \left(\frac{1}{2}x - 4y\right) - 2x + 3{,}5y$

19. Vereinfache den Term.

a) $5x + [6x^2 + (4x - 3x^2)]$

b) $14x^2 + [(x + 4x^2) + (-x^2 + 2x)]$

Definition: Steht ein Minuszeichen vor der Klammer, heißt die Klammer **Minusklammer**.

Bei einer Minusklammer können die Klammer und ihr Vorzeichen weggelassen werden, wenn man sämtliche Glieder in der Klammer durch ihre Gegenzahlen ersetzt.

$$a - (b + c - d) = a - b - c + d$$

Beispiel:

$3 - (5x - 4) =$ — Gegenzahl von 5x: $-5x$; von -4: $+4$

$3 - 5x + 4 =$

$7 - 5x$

Beispiel:

$5x - [-3x + (1 + x) - (2x + 3)] - 2 =$ — Auflösen der inneren Klammern.

$5x - [-3x + 1 + x - 2x - 3] - 2 =$ — Vereinfachen des Klammerterms.

$5x - [-4x - 2] - 2 =$ — Auflösen der eckigen Klammer.

$5x + 4x + 2 - 2 =$

$9x$

Aufgaben:

20. Vereinfache den Term.

a) $4x - 3y - (2x - y)$

b) $(a + 3) - (5 + a)$

c) $-(x + y) - (-x - y)$

d) $3a + 8a^2 - (12a^2 - 15a)$

e) $a^2 + ab - (ab - a^2b) - a^2$

f) $-(x^2 - 7x) - (3x - x^2)$

21. Fasse zusammen.

a) $(x + y + 4z) - (2x + y + 3z)$

b) $(36 - a - b) - (2a + 3b - 12)$

c) $5 - (x^2 + 6) + (-x^2 - 6)$

d) $xy^2 - y^3 - (xy^2 - y^3 - 2x^2y^3)$

e) $x^2 + (y^2 - z^2) - (2xyz - x^2 + 2y^2)$

f) $4ab + 4a^2 - (6b^2 - 4a^2) - (10ab + 9a^2)$

22. Fasse zusammen.

a) $5x - [3 - (5x + 4)]$

b) $2x - [2y + (3x + 4y)] - (6x - y)$

c) $3a^2 - (a^2 + a) - [5a^2 - (a + a^2)]$

d) $8z - [-4 - (3 + 4z) + (7 - 3z)] + 3$

e) $(20x - 12y) - [-(4x - 12y) + (-4x + y)]$

f) $41a^2 + [3a^2 - (4 + a)] - [7a^2 + (5a - 4)]$

23. Vereinfache den Term.

a) $5x \cdot (-3) - (5x - 3)$

b) $7x + (3x - 3x \cdot 2) - (x - x \cdot 3)$

c) $4x \cdot (-2x) + (4x - 2x \cdot x)$

d) $10x^2 - (5x \cdot 2x - 2x \cdot 3 + 3)$

e) $24xy - [6x + 4x \cdot 5y - 2x \cdot (-y)]$

f) $3x^2y - [(3x \cdot 4xy - 3x^2 \cdot 4y) + 2x^2]$

4 Multiplikation und Division von Summentermen

Oft ist ein Faktor eines Produktes eine Summe (z. B.: 5(x + 2)). Solche Produkte lassen sich in eine algebraische Summe umformen.

Definition: Die Umformung eines Produkts, bei dem mindestens ein Faktor eine Summe ist, in eine algebraische Summe heißt **Ausmultiplizieren** der Klammer.

Faktor mal Summe

Eine Klammer wird ausmultipliziert, indem man den Faktor mit jedem Glied der Klammer multipliziert.

$$\mathbf{a} \cdot (b + c - d) = \mathbf{a} \cdot b + \mathbf{a} \cdot c - \mathbf{a} \cdot d$$

Beachte dabei die Vorzeichenregeln!

Beispiel:

$$7 \cdot (x + y) = 7 \cdot x + 7 \cdot y$$
$$= 7x + 7y$$

Beispiel:

$$2a \cdot (a - 2 + b) = 2a^2 - 4a + 2ab$$

$2a \cdot a = 2a^2$; $2a \cdot (-2) = -4a$;
$2a \cdot b = 2ab$

Beispiel:

$$(3a - 4b) \cdot (-5ab) = -5ab \cdot (3a - 4b)$$
$$= -15a^2b + 20ab^2$$

$-5ab \cdot 3a = -15a^2b$
$-5ab \cdot (-4b) = +20ab^2$

Beispiel:

$$3x \cdot 2y \cdot (x - 2y) = 6xy \cdot (x - 2y) = 6x^2y - 12xy^2$$

Bei einem Produkt aus mehr als zwei Faktoren wird schrittweise multipliziert. Multipliziere zuerst die Faktoren ohne Klammern.

Beispiel:

$$3(x + 1) - 2(x - 3) = 3x + 3 - 2x + 6 = x + 9$$

Beachte, dass du die 2. Klammer mit (–2) multiplizierst!

Aufgaben:

24. Multipliziere aus.

a) $3 \cdot (a + 2)$
b) $4(x - 3)$
c) $4 \cdot (3a - 1)$
d) $-1{,}7 \cdot (2x - 3y)$
e) $-2 \cdot (2x - 7y + 1)$
f) $-\frac{1}{2} \cdot (9x^2 + 18xy - 2)$
g) $-0{,}4 \cdot (x^2 - 3x + 3)$
h) $\frac{4}{5} \cdot (-20x^2 + 25xy - 100y^2)$

25. Multipliziere aus.

a) $2a(x - 2)$
b) $3a(a + 8)$
c) $-a(a^2 - 2a - 1)$
d) $3ab \cdot (ab + 3 + 2b)$
e) $3x^2 \cdot (3x + y - 4xy)$
f) $9xy \cdot \left(\frac{1}{3}xy + x^2 - \frac{1}{9}\right)$
g) $(6x - 3x^2 - 27) \cdot 0{,}5x$
h) $-2xy \cdot \left(-2xy - 4x^2y - \frac{1}{4}x^2\right)$

26. Forme den Term in eine Summe um.

a) $4 \cdot (a - 1) \cdot 2$
b) $-7(3a + 2b) \cdot 4$
c) $3a \cdot (a + 2) \cdot 5$
d) $-2x(x + y + z) \cdot 4x$
e) $2a \cdot 6b \cdot (3a - b + 1)$
f) $6a \cdot (-5x) \cdot (2x^2 + 3x - 1) \cdot (-2)$
g) $(8{,}2xy - 2z) \cdot (-5) \cdot (-4{,}5z)$
h) $4x^2 \cdot (2x - 3) \cdot (-4x) \cdot (-3y)$

27. Multipliziere aus und fasse zusammen.

a) $9a + 3(a + 5)$
b) $21x - 12(2 + 3x)$
c) $2(x - 1) + 3(x + y + 6)$
d) $-3x(x + 3) + 2(x^2 - 2x)$
e) $(2x - 7y) \cdot 4 - 9(5x - y)$
f) $6(5x + 7y) \cdot (-1) + 4x(x + y)$

28. Vereinfache den Term.

a) $5x(7x + 3) + 3x^2 + (2x - 3) \cdot 2x$

b) $-x(y - 3z) - (3xy + yz) + 4y(3x + z)$

c) $(a + b - 2) \cdot (-2ab) + a^2 \cdot (2b - 1) + 3a^2$

d) $(ab - ac) \cdot d + (-ad + c) \cdot (-b) - (2abd - acd)$

e) $5a^2 - [3(a^2 + 1) - 3a(a - 2)]$

f) $15a \cdot (5ab - 2bc) \cdot (-2) + (16a^2 - 5) \cdot b - 60abc$

g) $2xy^2 \cdot (x + y + z) + xy^2 \cdot (x - z - y) - (x^2y^2 - xy^3)$

h) $(3a^2 + 1) + [(7a + 1) \cdot a - 3(4a - a^2) - (5 - 5a)]$

Summe durch Zahl

Eine algebraische Summe wird durch eine Zahl (ungleich null) dividiert, indem man jedes Glied der Summe durch die Zahl dividiert.

$$(a + b) : \mathbf{c} = a : \mathbf{c} + b : \mathbf{c} \qquad c \neq 0$$

Beachte die Vorzeichenregeln!

Beispiel:

$$(25a + 15b - 20) : (-5) = 25a : (-5) + 15b : (-5) - 20 : (-5)$$
$$= -5a - 3b + 4$$

Aufgabe:

29. a) $(6a + 72) : 6$

b) $(2{,}6 - 6{,}5x) : 1{,}3$

c) $(28a + 14 - 56b) : (-14)$

d) $(8x - 12y - 32) : (-4)$

e) $(-3x + z - 3y) : (-1)$

f) $(-17x + 34y - 51z) : 17$

Summe mal Summe

Soll man das Produkt zweier Summen in eine Summe umformen, kann man auf Bekanntes zurückgreifen.

$(a + b) \cdot (c + d) = (a + b) \cdot \square$	Man ersetzt (c + d) durch □.
$= a \cdot \square + b \cdot \square$	Ausmultiplizieren der Klammer.
$= a \cdot (c + d) + b \cdot (c + d)$	Man schreibt □ für wieder (c + d).
$= a \cdot c + a \cdot d + b \cdot c + b \cdot d$	Ausmultiplizieren der Klammern.

Zwei Klammern werden multipliziert, indem man jeden Summanden der ersten Klammer mit jedem Summanden der zweiten Klammer multipliziert.

$$(a + b) \cdot (c + d) = a \cdot c + a \cdot d + b \cdot c + b \cdot d$$

Beachte die Vorzeichenregeln!

Beispiel:

$(a + 2) \cdot (a + 4) =$

Systematisches Multiplizieren:
Um keine Summanden zu vergessen, multipliziere das 1. Glied mit allen Gliedern der 2. Klammer, dann das 2. Glied der 1. Klammer mit allen der 2. Klammer.

$a \cdot a + a \cdot 4 + 2 \cdot a + 2 \cdot 4 =$
$a^2 + 4a + 2a + 8 =$
$a^2 + 6a + 8$

Beispiel:

$(2x + 1)(2 - 3x + 4y) =$
$2x \cdot 2 + 2x \cdot (-3x) + 2x \cdot 4y + 1 \cdot 2 + 1 \cdot (-3x) + 1 \cdot 4y =$
$4x - 6x^2 + 8xy + 2 - 3x + 4y =$
$-6x^2 + 8xy + x + 4y + 2$

Anmerkung: Die erste Klammer hat 2, die zweite 3 Glieder, also hat die Summe $2 \cdot 3 = 6$ Summanden.

Beispiel:

$(2x - 5) \cdot 4z \cdot (3 - 5y) =$

Multipliziere schrittweise:
Vorteilhaft: Multipliziere zuerst die Klammern aus.
Vergiss nicht eine Klammer zu schreiben!

$4z \cdot (6x - 10xy - 15 + 25y) =$
$24xz - 40xyz - 60z + 100yz$

Beispiel:

$(a + 4)(b + 1) - (b + 2)(a - 3) =$

Interpretiere $-(\,)\cdot(\,)$ als $-1 \cdot (\,) \cdot (\,)$, multipliziere zuerst die Klammern aus und vergiss nicht, die Minusklammer zu setzen.

$ab + a + 4b + 4 - (ab - 3b + 2a - 6) =$
$ab + a + 4b + 4 - ab + 3b - 2a + 6 =$
$-a + 7b + 10$

Aufgaben:

30. Multipliziere aus.

a) $(x + y) \cdot (a + b)$
b) $(c - d)(e - f)$
c) $(2x + 3)(6 - y)$
d) $(7x - 8y)(z + 1)$
e) $(-x + 1)(5 + y)$
f) $(1 - a)(a + 1)$
g) $(4u - 3v)(3u - 4v)$
h) $(-a - b)(b - a)$

31. Multipliziere aus.

a) $(xy + z) \cdot (z + 1)$
b) $(3ab - 5a) \cdot (4b - 2a)$
c) $(x^2 + 3y) \cdot (2y^2 - 3x)$
d) $(6xy + 5z) \cdot (5xz - 3y)$
e) $(2x^2 - 1) \cdot (3x^2 + 2)$
f) $(5x^2 - 7yz) \cdot (8y^2 + 3xz)$

32. Forme den Term in eine Summe um.

a) $(x + y) \cdot (2x + 3y + 4)$
b) $(a - 2b) \cdot (3a - 5b - 1)$
c) $(4x - 3) \cdot (x - 3y - 4z)$
d) $(1 - 2x + y) \cdot (x + 3y + 2)$
e) $(x + 2y + 5xy + 1) \cdot (x - 2y)$
f) $(x + y - 1) \cdot (x - y + 1)$

33. Bilde eine Summe.

a) $5 \cdot (x + 1) \cdot (x - 2)$

b) $(2x + 3y) \cdot (x - 2y) \cdot (-4)$

c) $(3x + 1) \cdot 4xy \cdot (y - 3)$

d) $(1 - x) \cdot (x - 2) \cdot 4x$

e) $(7x + y) \cdot (-3) \cdot (x - 7y)$

f) $-3x \cdot (x - 5) \cdot 4y \cdot (3x + 1)$

34. Vereinfache den Term.

a) $(a + 2)(b - 1) + (a + 1)(b + 2)$

b) $(x + y)(x + 4) + (2x - y)(y + 1)$

c) $(x^2 - 1)(3 + x) - (2x - 3)(x - 5)$

d) $(4 + 2a)(a - 2b) - (b + 2a)(a - 3)$

e) $(2x - 7y + 5)(z + 3) + (4z - 3x)(1 - y)$

f) $(2x^2 + 3y^2)(x - 2y) - (4x + 3y)(x^2 - y^2)$

35. Forme die Summe in eine Summe ohne Klammern um.

a) $(3x + y) \cdot (3 - x) + 5x^2 - 2x(6 - x)$

b) $(x + y + z) \cdot a + (x + y)(z - a) - (x + z) \cdot y$

c) $2ab(a + b) - (2a + b)(a - 2b) - (a^2 - b^2)$

d) $(5a + 3)(2b - 1) + 2a(5b - 7) + (a - 1)(b + 2)$

e) $[3a^2 - (5a + 1)] \cdot (-1) + (3a - 8)(a - 5) + 5a(-3 + 7a)$

f) $(-a + b + 2)(a + 3) + 2(a + b)(a - 1) - (3a - b) \cdot 3a$

5 Faktorisieren oder Ausklammern

Oft soll die Umkehrung des Ausmultiplizierens durchgeführt werden, d. h. man soll eine Summe in ein Produkt umformen.

Definition: Die Termumformung einer algebraischen Summe in ein Produkt heißt **Ausklammern** oder **Faktorisieren**.

Haben **alle** Summanden einer algebraischen Summe einen gemeinsamen Faktor, kann man diesen Faktor ausklammern.

$$\mathbf{a} \cdot b + \mathbf{a} \cdot c - \mathbf{a} \cdot d = \mathbf{a} \cdot (b + c - d)$$

Beachte dabei die Vorzeichenregeln!

Beispiel:

$2ax - 3ay = a \cdot (2x - 3y)$ Gemeinsamer Faktor: a

Vereinbarung: Sucht man gemeinsame Zahlenfaktoren, meint man im Allgemeinen ganzzahlige Faktoren.

Beispiel:

$8a^3 + 12a^2b + 4a =$

Bestimmung des gemeinsamen Faktors:
Zahlenfaktor:
$8 = \mathbf{4} \cdot 2$; $12 = \mathbf{4} \cdot 3$; $4 = \mathbf{4} \cdot 1$, also 4
Variabler Faktor:
$a^3 = \mathbf{a} \cdot a^2$; $a^2b = \mathbf{a} \cdot ab$; $a = \mathbf{a} \cdot 1$, also a
Gemeinsamer Faktor: 4a

$4a(2a^2 + 3ab + 1)$ Vergiss nicht den Summanden 1!

Hinweise: Durch Ausmultiplizieren der Klammer kannst du einfach eine Probe des Faktorisierens durchführen. Die Anzahl der Summenglieder ist gleich der Anzahl der Glieder in der Klammer.

Beispiel:

$-3a^2bc + 6ab^2c - 15abc^2 =$

$-3 = \mathbf{3} \cdot (-1);\ 6 = \mathbf{3} \cdot 2;\ 15 = \mathbf{3} \cdot 5$
$a^2bc = \mathbf{abc} \cdot a;\ ab^2c = \mathbf{abc} \cdot b;$
$abc^2 = \mathbf{abc} \cdot c$
Gemeinsamer Faktor: 3abc

$3abc(-a + 2b - 5c)$

Beispiel:

$2x - 3y =$

Faktorisieren von –1 bedeutet das Setzen einer Minusklammer.

$-1 \cdot (-2x + 3y) = -(-2x + 3y)$

Beispiel:

$7x^2 + 14xy - 16y$

Die Summanden besitzen keine gemeinsamen Faktoren, der Term kann nicht faktorisiert werden.

Aufgaben:

36. Klammere aus.

a) $2x + 4y$
b) $5a - 15b + 10$
c) $75x - 120y + 45z$
d) $65x^2 - 26y^2 - 39z^2$
e) $24a + 32b - 60$
f) $12x - 6 + 72y$
g) $34ab - 51a + 85$
h) $-16x + 32y - 8$

37. Faktorisiere.

a) $5ab + 10b$
b) $xy - xz + x$
c) $mx - m + my$
d) $m - am + bm$
e) $15ax + 21ay + 18axy$
f) $2a^2x + 6ax + 10ax^2$

38. Bilde eine Minusklammer.

a) $3x - y + 2z$
b) $-3x^2 + y - 4z$

39. Forme die Summe in ein Produkt um.

a) $7a^2 + 15a^2b^2 - 12a^2b$
b) $25ab^2 + 125abc + 75abd$
c) $14a^2b - 70ab - 56ab^2$
d) $27x^2y - 18x^2y^2 + 18xy^2 - 9xy$
e) $20ab + 16b^2 - 12bc$
f) $54a^2b - 18a + 36ab$

40. Klammere aus.

a) $-2{,}5abc^2 - 7{,}5a^2bc + 5ab^2c$
b) $13x^2y^2 + 39x^2y^2u + 91x^2y^2v - 26x^2y^2w$
c) $2x^2y^2z^3 - 6xy^2z - 8xy^2z^2$
d) $15abc - 35a^2b + 40ab^2c - 25ab^2c^2$
e) $12abc - 18a^2b^2c - 36ab^2c^2$
f) $24a^3b^2c^4d - 36a^2b^2d^3 + 60a^3b^3cd^2$

Ausklammern einer Klammer

Beispiel:

$5x(a + b) - 3y(a + b) =$

$(a + b)(5x - 3y)$

Die Klammer (a + b) ist gemeinsamer Faktor, du kannst sie faktorisieren.

Beispiel:

$8a(a - b) + 16b(a - b) =$
$8(a - b)(a + 2b)$

Gemeinsame Faktoren: 8 und (a – b)

Beispiel:

$x(a - b) + y(b - a) =$

Beachte: In den Klammern stehen jeweils die **Gegenzahlen**. Wenn du bei einer Klammer –1 faktorisierst, ist dieser Klammerterm gemeinsamer Faktor.

$x(a - b) + y \cdot (-1) \cdot (-b + a) =$
$x(a - b) - y(a - b) =$
$(a - b)(x - y)$

Aufgabe:

41. Faktorisiere.

a) $3(x - 2y) - a(x - 2y)$

b) $4a(2x + y) - 4b(2x + y) - (2x + y)$

c) $3(4a + y) + y(-4a - y)$

d) $-2x(a - 3b) + y(-a + 3b) + 3a - 9b$

e) $15x(x + y) + 25y(x + y) - 10z(x + y)$

f) $6a^2(a - 1) - 9a(1 - a) - 15ab(a - 1)$

g) $12b(a + b) - (a + b) \cdot (-2a) + 6b \cdot (a + b) - (2a - b)(a + b)$

Teilweises Ausklammern

Beispiel:

$5xz - 10yz + 3ax - 6ay =$

Die Summanden haben keine gemeinsamen Faktoren. Man kann versuchen, **teilweise** auszuklammern: Faktorisiere die ersten beiden Summanden und getrennt davon die anderen beiden.

$5z(x - 2y) + 3a(x - 2y) =$
$(x - 2y)(5z + 3a)$

Du kannst $(x - 2y)$ ausklammern.

Beispiel:

$6ab - 3a - 2b + 1 =$

Durch Ausklammern von -1 bei den beiden letzten Gliedern entstehen zwei gleiche Klammern.

$3a(2b - 1) - 1(2b - 1) =$
$(2b - 1)(3a - 1)$

Beispiel:

$ab + 3a + bc - 3c =$
$a(b + 3) + c(b - 3)$

Das teilweise Ausklammern ergibt keine gleichen Klammern, der Term kann nicht in ein Produkt umgeformt werden.

Aufgabe:

42. Forme durch teilweises Ausklammern in ein Produkt um.

a) $3a + 4ac + 6b + 8bc$

b) $a^2 + ab + ac + bc$

c) $mx - my - nx + ny$

d) $3ab - 5bc + 3ac - 5c^2$

e) $3ax - 2bx - 3ay + 2by$

f) $6x^2 + 3xy - 4ax - 2ay$

g) $2x^2 + 2xz - 2xy - 2yz$

h) $y^3 - y^2 + y - 1$

Aussageformen mit einer Variablen

Definition: Zwei Aussageformen $A_1(x)$ und $A_2(x)$ (Gleichungen bzw. Ungleichungen) heißen äquivalent, wenn sie in der Grundmenge $\mathbb{G}$ dieselbe Lösungsmenge $\mathbb{L}$ besitzen.

Schreibweise: $A_1(x) \Leftrightarrow A_2(x)$.

Eine Umformung einer Aussageform in eine äquivalente Aussageform heißt **Äquivalenzumformung**.

Beispiel:

$A_1(x) : x + 3 = 5$ $\quad$ $A_2(x) : 2x = 4$ $\quad$ $\mathbb{G}_1 = \mathbb{G}_2 = \mathbb{Q}$

$\mathbb{L}_1 = \{2\}$ $\quad$ $\mathbb{L}_2 = \{2\}$

$x + 3 = 5 \quad \Leftrightarrow \quad 2x = 4$

Die Lösungsmengen der beiden Gleichungen sind gleich, folglich sind die Gleichungen äquivalent.

1 Äquivalenzumformungen für Gleichungen

Lösungsprinzip: Man führt für die gegebene Gleichung schrittweise Äquivalenzumformungen durch, bis eine einfache Form des Typs $x = a$ ($a \in \mathbb{Q}$) entsteht. Bei dieser Gleichung findest du die Lösungsmenge leicht: $\mathbb{L} = \{a\}$.

Führt man bei Linksterm LT und Rechtsterm RT einer Gleichung getrennt Termumformungen durch, entsteht eine äquivalente Gleichung.

Beispiel:

$\mathbb{G} = \mathbb{Q}$	$2x - x$	$= 5 \cdot 3$	Termumformungen: LT: $2x - x = x$ RT: $5 \cdot 3 = 15$
$\Leftrightarrow$	x	$= 15$	
	$\mathbb{L}$	$= \{15\}$	

Beispiel:

$\mathbb{G} = \mathbb{N}$	$(x + 3) \cdot 4 - (4 + x) \cdot 3$	$= 4^3 : 4$	LT: Ausmultiplizieren der beiden Klammern. RT: Anwendung des 2. Potenzgesetzes
$\Leftrightarrow$	$4x + 12 - 12 - 3x$	$= 4^2$	Vereinfachen von LT und RT
$\Leftrightarrow$	x	$= 16$	
	$\mathbb{L}$	$= \{16\}$	

Anmerkungen: Ist bei einer Aussageform die Grundmenge nicht angegeben, gilt: $\mathbb{G} = \mathbb{Q}$.
Die Äquivalenzpfeile werden bei den folgenden Beispielen weggelassen.

Aufgaben:

43. a) $7x - 6x = 1$
b) $9x - 6x - 2x = 0$
c) $5x - 4x = 3(x - 1) - 3x$
d) $3x - 4 - 2x + 4 = 3 \cdot 4 - 10$

44. a) $5(x + 1) - 4x - 5 = 3 \cdot (4 - 3 \cdot 5)$
b) $15x - (8x - 15) - 3(2x + 5) = 2$
c) $(x + 3)(x - 1) - x(x + 1) + 3 = 4x + 2(5 - 2x)$
d) $(3x + 2)(-4x) + 6(2x^2 + 1{,}5x) = 5x - 2(2{,}5x - 1)$

Addiert (subtrahiert) man zum (vom) Linksterm LT und zum (vom) Rechtsterm RT einer Gleichung dieselbe Zahl, entsteht eine äquivalente Gleichung.

$$LT = RT \quad \Leftrightarrow \quad LT \pm a = RT \pm a$$

Beispiel:

$x - 4 = 5$	Im LT stört – 4. Wegen – 4 + 4 = 0 addiert man zu beiden Termen 4, also LT + 4 = RT + 4, kurz | + 4.
$x - 4 + 4 = 5 + 4$	Vereinfachen von LT und RT.
$x = 9$	
$\mathbb{L} = \{9\}$	

Beispiel:

$\mathbb{G} = \mathbb{N} \quad 2(x + 3) - (x + 4) = 1$	Multipliziere die 1. Klammer mit 4 und löse die Minusklammer auf.
$2x + 6 - x - 4 = 1$	Vereinfache LT.
$x + 2 = 1$	Wegen 2 – 2 = 0 subtrahiere vom LT und RT 2. kurz: | –2
$x + 2 - 2 = 1 - 2$	Vereinfache LT und RT.
$x = -1$	Beachte die Grundmenge!
$\mathbb{L} = \varnothing$	

Aufgaben:

45. a) $\mathbb{G} = \mathbb{N} \quad x + 5 = 7$
b) $\mathbb{G} = \mathbb{Z} \quad x + 7 = 21$
c) $\mathbb{G} = \mathbb{Z} \quad x - 7 = -9$
d) $\mathbb{G} = \mathbb{N} \quad x - 16 = -18$
e) $\mathbb{G} = \mathbb{N} \quad -21 + x = 25$
f) $\mathbb{G} = \mathbb{Q}^+ \quad 3\frac{1}{2} + x = 2\frac{1}{4}$

46. a) $3x + 20 - 2(x + 12) = 8$
b) $3(x - 10) - (2x + 20) = 3(x + 1) + 3 \cdot (-x)$
c) $4x - [4x - (x - 4)] = 3(x + 2) - 3x$
d) $5(x + 6) - 4(9 + 2x) + 2(1 + 2x) = -3$

Vertauscht man Linksterm LT und Rechtsterm RT einer Gleichung, entsteht eine äquivalente Gleichung.

Beispiel:

$$3 = x - 2$$

Vertauschen von LT und RT:
kurz: | ↷

$$x - 2 = 3$$

| +2

$$x - 2 + 2 = 3 + 2$$

Vereinfachen der Terme.

$$x = 5$$

$$\mathbb{L} = \{5\}$$

Aufgaben:

47. a) $\mathbb{G} = \mathbb{Z}$ $5 = x + 3$

b) $\mathbb{G} = \mathbb{Q}_0^+$ $-7{,}6 = -3{,}2 + x$

c) $\mathbb{G} = \mathbb{Z}$ $-3\frac{1}{3} = x + \frac{2}{3}$

d) $\mathbb{G} = \mathbb{Q}_0^+$ $4\frac{1}{2} = x - 2\frac{1}{4}$

48. a) $6 = 3 - 5x - (10 - 6x)$

b) $42 = 2(9 - 8x) + 9(x - 4) + 8x$

c) $7x - (4 + 7x) = (x + 1)(2 - x) + x^2$

d) $21(x + 1) - 21x = 3(2x + 1) - 5(x - 3)$

Multipliziert (dividiert) man den Linksterm LT und den Rechtsterm RT einer Gleichung mit derselben von null verschiedenen Zahl, entsteht eine äquivalente Gleichung.

$$LT = RT \Leftrightarrow LT \cdot a = RT \cdot a \qquad (\Leftrightarrow LT : a = RT : a) \qquad a \neq 0$$

Beispiel:

$\frac{1}{2} \cdot x = 4$	Im LT stört der Faktor $\frac{1}{2}$, wegen $\frac{1}{2} \cdot 2 = 1$ multipliziert man beide Terme mit 2: $LT \cdot 2 = RT \cdot 2$, kurz: $\mid \cdot 2$
$\frac{1}{2} \cdot x \cdot 2 = 4 \cdot 2$	Vereinfachen von LT und RT.
$x = 8$	
$\mathbb{L} = \{8\}$	

Beispiel:

$-3x = 21$	Wegen $(-3) : (-3) = 1$ dividiert man LT und RT mit (-3): $LT: (-3) = RT: (-3)$, kurz: $\mid : (-3)$
$-3x : (-3) = 21 : (-3)$	Vereinfachen von LT und RT.
$x = -7$	
$\mathbb{L} = \{-7\}$	

Beispiel:

$5x + 2 - 2x = 2(19 - 3 \cdot 5)$	Termumformungen
$3x + 2 = 2(19 - 15)$	
$3x + 2 = 2 \cdot 4$	
$3x + 2 = 8$	Denke an das Ziel: $x = a$ ($a \in \mathbb{Q}$). Es stören im LT der Summand 2 und der Faktor 3. **Beachte:** Beseitige stets zuerst den störenden Summanden! $\mid + (-2)$
$3x + 2 + (-2) = 8 + (-2)$	
$3x = 6$	$\mid : 3$
$x = 2$	
$\mathbb{L} = \{2\}$	

Aufgaben:

49. a) $2x = 7$

b) $-5x = 30$

c) $-\frac{1}{2}x = \frac{1}{4}$

d) $-x = -6$

e) $-7x = 4\frac{2}{3}$

f) $\frac{3}{4}x = -1\frac{1}{8}$

50. a) $\mathbb{G} = \mathbb{N}$ $\quad 2x + 1 = 7$

b) $\mathbb{G} = \mathbb{N}_0$ $\quad 4x - 3 = 13$

c) $\mathbb{G} = \mathbb{Z}$ $\quad -3x + 5 = 8$

d) $\mathbb{G} = \mathbb{Z}^-$ $\quad \frac{1}{4} - \frac{1}{2}x = 3\frac{3}{4}$

51. a) $5(x + 2) - 3x = 8$

b) $6 = 10 - (x + 2)$

c) $100 + (x - 1) + (2x + 1) = 101$

d) $3x + 19 - 2(5x - 7) = -2$

e) $3{,}6(3 - 2x) -3(3 - x) + 1{,}8x = -3$

f) $(x + 3)(2x + 3) - (2x + 1)(x + 1) = 14$

Addiert (subtrahiert) man zum (vom) Linksterm LT und zum (vom) Rechtsterm RT einer Gleichung denselben **Term**, so entsteht eine äquivalente Gleichung.

$$LT = RT \quad \Leftrightarrow \quad LT \pm T(x) = RT \pm T(x)$$

Beispiel:

$\frac{1}{3}x + 15 = 1 - 2x$	Es stören im RT der Summand –2x und im LT der Summand 15. Man geht schrittweise vor: $\mid + 2x$
$\frac{1}{3}x + 15 + 2x = 1 - 2x + 2x$	Termumformungen
$\frac{7}{3}x + 15 = 1$	$\mid + (-15)$ und Vereinfachen
$\frac{7}{3}x = -14$	$\mid \cdot \frac{3}{7}$
$x = -14 \cdot \frac{3}{7}$	Berechnen des RT.
$x = -6$	
$\mathbb{L} = \{-6\}$	

Beispiel:

$\mathbb{G} = \mathbb{Z} \quad (x + 7)(8 - 2x) = 2(22 - x^2)$	Multipliziere die Terme aus.
$8x - 2x^2 + 56 - 14x = 44 - 2x^2$	Vereinfachen des LT
$-2x^2 - 6x + 56 = 44 - 2x^2$	$\mid + 2x^2$
$-6x + 56 = 44$	$\mid - 56$
$-6x = -12$	$\mid : (-6)$
$x = 2$	$\mathbb{G} = \mathbb{Z}$ beachten.
$\mathbb{L} = \{2\}$	

Beispiel:

$\mathbb{G} = \mathbb{N} \quad (x + 3)(x + 5) - (x + 1)(x + 6) = 8$	Multipliziere die Klammern aus.
$x^2 + 5x + 3x + 15 - (x^2 + 6x + x + 6) = 8$	Vereinfache die Terme.
$x^2 + 8x + 15 - (x^2 + 7x + 6) = 8$	
$x^2 + 8x + 15 - x^2 - 7x - 6 = 8$	
$x + 9 = 8$	$\mid -9$
$x = -1$	$\mathbb{G} = \mathbb{N}$ beachten.
$\mathbb{L} = \emptyset$	

Aufgaben:

52. a) $\mathbb{G} = \mathbb{N}$ $2x + 1 = x + 3$ b) $\mathbb{G} = \mathbb{Z}$ $-2x + 2 = 5 + x$

c) $\mathbb{G} = \mathbb{N}_0$ $2x + 2 = x + 4$ d) $\mathbb{G} = \mathbb{Z}$ $9x + 6 = 2x - 36$

e) $\mathbb{G} = \mathbb{N}_0$ $3 - 6x = 8x + 5$ f) $\mathbb{G} = \mathbb{Z}$ $-6x + 9 = 11 + 8x$

53. a) $3x - (x + 3) = 5x + 9$

b) $x + 6(x + 3) = 2(x - 6) + 2x$

c) $-5(3x - 2) + 2(7x + 1) = 16x$

d) $8(x + 3) - 8x = x(x + 2) - (x^2 + 1)$

54. a) $(x + 2)(x - 3) = (x + 1)(x + 2)$

b) $2(7 - 2x) + 13(2x + 5) = 6 \cdot 5x - 1$

c) $3(1 - 9x) = 2(1 - 5x) - (23x - 19)$

d) $5x - x^2 - 4 + 2x = (2 - x)(x - 3)$

55. a) $7 \cdot [3x + 2(3x - 2)] = 14(4x - 1)$

b) $(x - 4)(x + 4) = x^2 + 3x + 1$

c) $(2x - 1)(x + 7) = (x + 3)(2x + 5)$

d) $(4 - x)(x - 2) = (x - 5) \cdot (-x)$

e) $(3x - 4)(2x - 1) + 4(5 - 3x) = (4x - 6)(x - 3) + 2x^2$

f) $(5x - 3)(2x - 3) - 4x(3 - x) = (14x + 1)(x - 6)$

Beachte folgende **Sonderfälle**:

Beispiel:

$3x + 2 = 3x + 1$ $\quad | - 3x$

$2 = 1$ (f) Die Variable x hebt sich auf. Eigentlich entsteht: $0 \cdot x + 2 = 1$. Alle Belegungen für x ergeben eine falsche Aussage.

Es entsteht eine **falsche Aussage** für **alle x-Werte**. Man sagt: Die Gleichung ist **nicht erfüllbar**. $\mathbb{L} = \varnothing$.

Beispiel:

$-x + 5 = 5 - x$		$\mid + x$
$5 = 5$	(w)	Die Variable x hebt sich auf. Eigentlich entsteht: $0 \cdot x + 5 = 5$. Alle Belegungen für x ergeben eine wahre Aussage.

Es entsteht eine **wahre Aussage** für **alle x-Werte**. Man sagt: Die Gleichung ist **allgemein gültig**. $\mathbb{L} = \mathbb{G}$.

Aufgabe:

56. a) $5x + 8 = 5(x + 1)$

b) $3x + 4 = 6x - (3x - 4)$

c) $3(x + 3) = 2(x + 4) + x + 1$

d) $3(1 - x) - 4x = 2(4 - x) - 5(1 + x)$

e) $4(2x - 1) - 3 = 8(x - 1)$

f) $(x - 1)(x - 2) + 2x = x - (3 - x)(x + 1)$

g) $25 - 2 \cdot [x - 6 + 2 \cdot (x + 9)] = 3 \cdot [4x - (x + 8)] - 15x$

h) $(4 + x)(12 + x) = 6(2x + 8) + x(4 + x)$

2 Äquivalenzumformungen bei Ungleichungen

Für Ungleichungen gelten dieselben Äquivalenzumformungen wie für Gleichungen bis auf zwei **Ausnahmen**.
Das Vertauschen von Linksterm und Rechtsterm einer Ungleichung ist keine Äquivalenzumformung.

Beispiel:

$2 < 4$	(w)	| ↷	Wahre Aussage.
$4 < 2$	(f)		Falsche Aussage. Ersetzt man das <-Zeichen durch das >-Zeichen, entsteht eine wahre Aussage.
$4 > 2$	(w)		

Multipliziert (dividiert) man eine Ungleichung mit einer negativen Zahl, entsteht ebenfalls keine äquivalente Ungleichung.

Beispiel:

$2 < 4$	(w)	$\mid \cdot (-1)$	$2 < 4$	(w)	$\mid : (-2)$	Wahre Aussage.
$-2 < -4$	(f)		$-1 < -2$	(f)		Falsche Aussage. Verändern der Ungleichheitszeichen
$-2 > -4$	(w)		$-1 > -2$	(w)		Wahre Aussagen

Beim Vertauschen des Linksterms LT und des Rechtsterms RT einer Ungleichung muss man das Ungleichheitszeichen ändern.
Multipliziert (dividiert) man Linksterm LT und Rechtsterm RT einer Ungleichung mit einer **negativen** Zahl, muss man das Ungleichheitszeichen ändern.

Beispiel:

$\mathbb{G} = \mathbb{N}$

$$4{,}5 > x + 2$$
$$x + 2 < 4{,}5$$
$$x < 2{,}5$$

| ↷ , verändere das >-Zeichen

$$\mathbb{L} = \{1; 2\}$$

Aufzählende Form der Lösungsmenge.

Beispiel:

$\mathbb{G} = \mathbb{Z}$

$$-2x \geq 6$$
$$x \leq -3$$

| : (–2), verändere das ≥-Zeichen.

Die Lösungsmenge lässt sich in der **aufzählenden** Form angeben.

$$\mathbb{L} = \{-3; -4; -5; ...\}$$

Beispiel:

$\mathbb{G} = \mathbb{Q}$

$$-\frac{1}{3}x < -8$$
$$x > 24$$

| · (–3), verändere das <-Zeichen.

Die Lösungselemente kann man nicht aufzählen, man muss die Lösungsmenge **beschreiben**.

$$\mathbb{L} = \{x \mid x > 24\}$$

Aufgaben:

57. $\mathbb{G} = \mathbb{N}$

a) $4x > 8$

b) $-3x \geq -10$

c) $2 > \frac{1}{2}x$

d) $-\frac{3}{4}x \leq 2$

58. $\mathbb{G} = \mathbb{Z}$

a) $-x + 5 > 5$

b) $2x + 4 \leq 7$

c) $\frac{1}{3}(x + 3) \geq 8$

d) $13 > -1{,}2x + 1$

59. $\mathbb{G} = \mathbb{Q}$

a) $8x \leq -10 + 3x$

b) $-4x + 3 > -6$

c) $4x + 32 \geq -4x$

d) $-13 + x < 7{,}5x$

60. a) $\mathbb{G} = \mathbb{Z}^-$ $3(x + 4) > 0$

b) $\mathbb{G} = \mathbb{Z}$ $3(x - 2) + 5 < 8 + 6x$

c) $\mathbb{G} = \mathbb{N}$ $3(5x - 2) \leq 8x + 1$

d) $\mathbb{G} = \mathbb{Q}^+$ $4(4 + x) > 2(x + 5) + 4x$

e) $\mathbb{G} = \mathbb{Q}^-$ $7(1 - 7x) < 21(2 - x) + 7$

f) $\mathbb{G} = \mathbb{N}_0$ $3(x + 5) - 6x < 6(3 - x)$

61. a) $(x + 1)(x + 3) - 14 \geq (x - 2)(x + 5)$

b) $(3 - 2x)(x + 4) < -3 - 2x(x - 5)$

c) $5(2 - 3x) + 2(7x + 1) > 18$

d) $105 + 4x(x - 9) \geq (4x - 1)(5 + x)$

e) $3x(x - 6) < 3x^2 - (10x + 1)$

f) $2(x + 3)(4 - x) \leq -2x(x + 5)$

3 Textaufgaben

Beispiel:

Addiert man zum 12-fachen einer ganzen Zahl das 8-fache der um 3 vergrößerten Zahl, so erhält man 64. Wie heißt die Zahl?

Die gesuchte ganze Zahl:	x	Festlegen der Variablen. Schrittweiser Aufbau des Ansatzes (der Gleichung).
Das 12-fache der Zahl:	$12x$	
Die um 3 vergrößerte Zahl:	$x + 3$	
Das 8-fache der neuen Zahl:	$8 \cdot (x + 3)$	

$12x + 8 \cdot (x + 3) = 64 \qquad \mathbb{G} = \mathbb{Z}$ — Ansatz mit Angabe der Grundmenge.

$12x + 8x + 24 = 64$ — Lösen der Gleichung.

$20x + 24 = 64$

$20x = 40$

$x = 2$ — Angabe der Lösungsmenge

$\mathbb{L} = \{2\}$ — Antwortsatz.

Die gesuchte Zahl ist 2.

Beispiel:

In einem Rechteck ist die eine Seite 10 cm lang. Verkürzt man diese Länge um 4 cm und verlängert man die Breite um 6 cm, so nimmt der Flächeninhalt um 4 cm² zu. Wie breit ist das Rechteck?

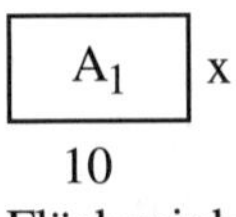

neu:

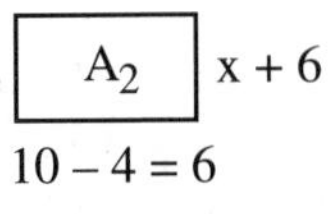

Festlegen der Variablen. Bei Aufgaben aus dem Bereich der Geometrie ist das Anfertigen einer Skizze sinnvoll.

Flächeninhalte: — Erstellen des Ansatzes.

$A_1 = 10x \qquad A_2 = 6 \cdot (x + 6)$

Vergleich der Flächeninhalte:

$A_1 = A_2 - 4$

also: $10x = 6 \cdot (x + 6) - 4 \qquad \mathbb{G} = \mathbb{Q}^+$ — Ansatz der Grundmenge.

$10x = 6x + 36 - 4$ — Lösen der Gleichung.

$4x = 32$

$x = 8$

$\mathbb{L} = \{8\}$ — Lösungsmenge angeben.

Das Rechteck ist 8 cm breit. — Antwortsatz.

Aufgaben:

62. Subtrahiert man vom 4-fachen einer natürlichen Zahl die Zahl 9, so erhält man 27. Wie heißt die Zahl?

63. Addiert man zum 3-fachen einer ganzen Zahl die Zahl 8, so erhält man -4. Wie heißt die Zahl?

64. Addiert man zum 10-fachen einer ganzen Zahl die um 3 vergrößerte Zahl, so erhält man dasselbe, wenn man vom 6-fachen der Zahl die Zahl 12 subtrahiert. Bestimme die Zahl.

65. Addiert man das 4-fache einer natürlichen Zahl und das 3-fache der um 2 vergrößerten Zahl, so erhält man um 13 mehr als das 5-fache der um 3 vergrößerten Zahl. Wie heißt die Zahl?

66. Addierst du 2 zum 4-fachen einer Zahl und multiplizierst du diese Summe mit 5, dann erhältst du weniger als wenn du die um 3 vergrößerte Zahl mit 10 multiplizierst. Welche Zahlen kommen infrage?

67. Zwei natürliche Zahlen haben den Summenwert 50. Vergrößert man die 1. Zahl um 2 und verkleinert man die 2. Zahl um 6, so ändert sich der Produktwert nicht. Bestimme die beiden Zahlen.

68. Die Seitenlängen eines Rechtecks unterscheiden sich um 5 cm. Verkürzt man die längere Seite um 2 cm und verlängert man die andere Seite um 1 cm, so entsteht ein neues Rechteck mit gleichem Flächeninhalt.
Berechne Länge und Breite des gegebenen Rechtecks.

69. Die Seitenlängen eines Rechtecks unterscheiden sich um 2 cm. Verkürzt man die längere Seite um 3 cm und verlängert man die kürzere um 6 cm, so nimmt der Flächeninhalt um 3 cm^2 zu. Wie lang sind die Seiten des Rechtecks?

70. Der Umfang eines gleichschenkligen Dreiecks ist 33 cm. Die Basis ist um 3 cm kürzer als ein Schenkel. Berechne die Seitenlängen des Dreiecks.

71. Ein Dreieck hat einen Umfang von 28 cm. Die zweite Seite ist 4 cm länger als die erste und die dritte Seite ist doppelt so lang wie die erste Seite. Berechne die Seitenlängen.

72. Der Winkel α eines Dreiecks ist um 54° größer als β; γ ist doppelt so groß wie β. Bestimme die Maße der Dreieckswinkel.

73. Der Basiswinkel eines gleichschenkligen Dreiecks ist um 36° größer als der Winkel an der Spitze. Welche Maße haben die Dreieckswinkel?

74. Verkürzt man eine Seite eines Quadrats um 6 cm und verlängert man die andere um 8 cm, so entsteht ein Rechteck, dessen Flächeninhalt um 24 cm^2 größer ist als der des Quadrats. Wie lang ist die Quadratseite?

4 Gleichungen mit Formvariablen

Folgende Gleichungen sollen gelöst werden:

$x + 2 = (x + 2) \cdot 3 \qquad x + 3 = (x + 3) \cdot 3 \qquad x + 4 = (x + 4) \cdot 3$

Du merkst, dass alle Gleichungen ähnlich aussehen. Sie unterscheiden sich im Linksterm und im Rechtsterm jeweils nur in den Zahlen 2, 3 bzw. 4.

$x + 2 = 3x + 6$	$x + 3 = 3x + 9$	$x + 4 = 3x + 12$	Ausklammern der Klammer
$x = 3x + 4$	$x = 3x + 6$	$x = 3x + 8$	Addition von 2 bzw. 3 bzw. 4
$-2x = 4$	$-2x = 6$	$-2x = 8$	Subtraktion von 3x
$x = -2$	$x = -3$	$x = -4$	Division durch –2
$\mathbb{L} = \{-2\}$	$\mathbb{L} = \{-3\}$	$\mathbb{L} = \{-4\}$	

Um die Gleichungen zu lösen, musst du bei allen Gleichungen dieselben Äquivalenzumformungen durchführen. Deshalb ist es zweckmäßig, für die Zahlen 2, 3 bzw. 4 eine **Hilfsvariable** a **(Formvariable, Parameter)** einzuführen. So können alle Gleichungen durch eine einzige mit einer Formvariablen angegeben werden:

$$x + a = (x + a) \cdot 3 \qquad a \in \{2; 3; 4\}$$

Man bestimmt die Lösungsmenge dieser Gleichung in **Abhängigkeit vom Parameter a**.

	Ausmultiplizieren der Klammer
$x + a = 3x + 3a$	$\mid -a$
$x = 3x + 2a$	$\mid -3x$
$-2x = 2a$	$\mid : (-2)$
$x = -a$	Angabe der Lösungmenge
$\mathbb{L} = \{-a\}$	

Nun können die Lösungsmengen der gegebenen Gleichungen einfach bestimmt werden:

$a = 2$: $\mathbb{L} = \{-2\}$
$a = 3$: $\mathbb{L} = \{-3\}$
$a = 4$: $\mathbb{L} = \{-4\}$

Vereinbarung: Ist eine Gleichung mit mehreren Variablen gegeben, soll x die Hauptvariable sein, die anderen sind die Formvariablen.

Beispiel:

Gegeben ist die Gleichung $x + 3a = 3x + a + 2$.

1. Löse die Gleichung in Abhängigkeit von a.

$x + 3a = 3x + a + 2$	Im LT stört der Summand 3a, im RT der Summand 3x | –3a
$x = 3x - 2a + 2$	| –3x
$-2x = -2a + 2$	| : (–2)
$x = (-2a + 2) : (-2)$	
$x = a - 1$	
$\mathbb{L} = \{a - 1\}$	

2. Bestimme das Lösungselement für den Parameterwert 5.

Gegeben: $a = 5$ Gesucht: x

	Zur Berechnung von x verwendet man nicht die gegebene, sondern die einfachste äquivalente Gleichung $x = a - 1$.
$x = a - 1$	Belege a mit 5
$x = 5 - 1$	Berechne x
$x = 4$	

3. Für welchen Paramterwert ist 6 Lösungselement?

Gegeben: $x = 6$ Gesucht: a

	Verwende wieder die Gleichung $x = a - 1$, diesmal ist a Hauptvariable und x der Paramter.
$x = a - 1$	Belege x mit 6
$6 = a - 1$	Berechne a
$a - 1 = 6$	
$a = 7$	

Beispiel:

Gegeben ist die Gleichung $x + a - 1 = 2(ax + 0{,}5x)$.
Löse die Gleichung in Abhängigkeit von a. Welchen Paramterwert muss man ausschließen, um genau ein Lösungselement zu erhalten?

$x + a - 1 = 2(ax + 0{,}5x)$	Ausmultiplizieren
$x + a - 1 = 2ax + x$	| – x
$a - 1 = 2ax$	
$2ax = a - 1$	**Beachte:** Du musst durch 2a dividieren. Da man nicht durch null dividieren darf, musst du fordern: $2a \neq 0$, d. h. $a \neq 0$
$x = \frac{a-1}{2a}$	
$\mathbb{L} = \left\{\frac{a-1}{2a}\right\}$	

Beispiel:

Gegeben ist die Gleichung $a(x - 4) = 8 - x$.

1. Löse die Gleichung in Abhängigkeit von a.

$$a(x-4) = 8 - x$$
$$ax - 4a = 8 - x$$
$$ax = 8 - x + 4a$$
$$ax + x = 8 + 4a$$

Beachte: Im LT darf nur ein x-Glied stehen. Da man ax und x nicht zusammenfassen kann, **klammert** man x **aus**.

$$x(a+1) = 8 + 4a$$

Du dividierst einen Term durch eine Variable! Dieser Term darf nicht den Wert null annehmen. Also muss gelten: $a + 1 \neq 0$, d. h. $a \neq -1$

$$x = \frac{8+4a}{a+1}$$
$$\mathbb{L} = \left\{\frac{8+4a}{a+1}\right\}$$

2. Wie heißt die Lösung für $a = -1$?

Für $a = -1$ erhält die Lösung nicht aus der Gleichung $x = \frac{8+4a}{a+1}$.

Man setzt den Wert in die Gleichung $x(a + 1) = 8 + 4a$ ein.

$$x(-1+1) = 8 + 4 \cdot (-1)$$
$$x \cdot 0 = 8 - 4$$
$$0 = 4 \qquad \text{(f)}$$
$$\mathbb{L} = \varnothing$$

3. Für welchen Paramterwert gilt: $\mathbb{L} = \{0\}$?

Gegeben: $x = 0$ Gesucht: a

$$\frac{8+4a}{a+1} = 0$$

Ein Bruch hat den Wert null, wenn der Zähler den Wert null hat.

$$8 + 4a = 0$$
$$4a = -8$$
$$a = -2$$
$$\mathbb{L} = \{0\}$$

Aufgaben:

75. Bestimme die Lösungsmenge in Abhängigkeit vom Parameter.

a) $x + a = 4a$ b) $12b + 2x = 10b$

c) $(3 + c)x - c = cx + 5c$ d) $(x + 1)(a - 1) = (a + 1)(x - 1)$

76. Bestimme die Lösungsmenge in Abhängigkeit von den Parametern.

a) $a + 2b = 2x + 3b$ b) $a + x + b = 6 - a + 2b$

c) $2(4x + 3b) - 7(x - 3a) = 9a + 2b$ d) $3x + 3a(a + 2) = (a + b) \cdot 6$

77. Bestimme die Lösungsmenge und gib an, welcher Parameterwert ausgeschlossen werden muss, um stets genau ein Lösungselement zu erhalten.

a) $2ax - 3 = ax + 1$ b) $ax - 9 = 9 - 9a$

c) $(4a + cx) + 5 = 7ax + cx$ d) $(a + 3)x - 3(x - a) = (a + 1) \cdot 3$

78. Löse die Gleichung in Abhängigkeit vom Parameter. Welchen Parameterwert musst du ausschließen, um genau ein Lösungselement zu erhalten?

a) $(a - 1)x + (a + 2) \cdot 2 + (a + 1)x - 2x(1 - a) = 2(2a - x)$

b) $(x + a) \cdot 2x - 3(x - 3a) + 3x(a + 1) = 2x(x + 9) - ax$

c) $(x + 7)(2 - 4a) = (x + 9)(3 - 4a)$

d) $2ab - x = ax - 2b$

e) $(6a + 5)(6 - x) = 5(14 - 3x)$

f) $2ax - 5x - 4 = ax + 5x + 1$

Textaufgaben:

79 Gegeben: $2a(2 + 3x) + 2x = 8a + 2(5 + 3ax)$

79.1 Löse die Gleichung in Abhängigkeit vom Parameter a.

79.2 Für welchen Wert des Paramters a hat die Gleichung die Lösung $\mathbb{L} = \{1\}$?

80 Gegeben: $(a + 3)(2 - x) = (a - 3)(2 + x)$

80.1 Bestimme die Lösungsmenge in Abhängigkeit von a.

80.2 Welcher Wert für a ergibt $\mathbb{L} = \varnothing$?

80.3 Für welchen Paramterwert ist 12 Lösungselement?

81 Gegeben: $(a - x)(2 + x) + x^2 = 2b$

81.1 Bestimme die Lösungsmenge in Abhängigkeit der Formvariablen a und b.

81.2 Welche Bedingung muss a erfüllen, damit du genau ein Lösungselement erhältst?

81.3 Welche Lösung erhältst du bei $a = b$?

82 Gegeben: $2x(x - 1) - 4a(a + 3) = ax - 4a + 2x^2$

82.1 Löse die Gleichung mit dem Paramter a.

82.2 Für welchen Paramterwert erhält man kein eindeutiges Lösungselement?

82.3 Bestimme die Lösungsmenge für $a = -2$.

Binomische Formeln

1 Die drei binomischen Formeln

Bei einem Produkt aus zwei Summentermen tritt häufig der Sonderfall auf, dass die Summen gleich sind. Dann gilt:

$$(a+b)(a+b)=a^2+ab+ba+b^2=a^2+2ab+b^2$$

Das Produkt $(a+b)(a+b)$ lässt sich auch als Quadrat $(a+b)^2$ schreiben. Dieser Sonderfall spielt in der Algebra eine wichtige Rolle. Es lohnt sich deshalb, sich diese Beziehung als Formel zu merken.

$(a+b)^2 = a^2 + 2ab + b^2$ **1. binomische Formel**

Beispiel:

$(x+3)^2 =$

Vergleiche den Term mit der Formel $(a+b)^2$. Es entsprechen einander
a und x: $a \mathrel{\hat{=}} x$
b und 3: $b \mathrel{\hat{=}} 3$
daraus folgt:
$a^2 \mathrel{\hat{=}} x^2$ $2ab \mathrel{\hat{=}} 2 \cdot x \cdot 3$ $b^2 \mathrel{\hat{=}} 3^2$

$x^2 + 2 \cdot x \cdot 3 + 3^2 =$
$x^2 + 6x + 9$

Beispiel:

$(4x+3y)^2 =$

Es gilt: $a \triangleq 4x$ und $b \triangleq 3y$
$a^2 \triangleq (4x)^2$, $2ab \triangleq 2 \cdot 4x \cdot 3y$, $b^2 \triangleq (3y)^2$

$(4x)^2 + 2 \cdot 4x \cdot 3y + (3y)^2 =$
$16x^2 + 24xy + 9y^2$

Beachte: Vergiss den Faktor 2 beim Term 2ab nicht.

Aufgaben:

83. a) $(x + y)^2$ b) $(a + 3)^2$
c) $(4 + z)^2$ d) $(a + 2b)^2$
e) $(3a + x)^2$ f) $(1 + 5y)^2$
g) $\left(2x+\frac{1}{2}\right)^2$ h) $(5x + 3)^2$
i) $\left(4+\frac{1}{3}b\right)^2$ k) $(3 + 1{,}1y)^2$

84. a) $(3x + y)^2$ b) $(4x + z)^2$
c) $(3{,}2x + 2y)^2$ d) $(3a + 4{,}4b)^2$
e) $(8a + 3r)^2$ f) $(3s + 7r)^2$
g) $(1{,}4u + 1{,}5v)^2$ h) $(1{,}9y + 4{,}5z)^2$

85. a) $(a + bc)^2$ b) $(2a + 3cd)^2$
c) $(ac + 3de)^2$ d) $(2x + 3xy)^2$
e) $(2x + y^2)^2$ f) $(3x^2 + 2y)^2$
g) $(4a^2 + 3b)^2$ h) $(4x^2y + 3yz^2)^2$

Sind bei einem Produkt die Faktoren jeweils $(a-b)$, so gilt:

$$(a-b)^2 = (a-b)\,(a-b) = a^2 - ab - ba + b^2 = a^2 - 2ab + b^2$$

$(a-b)^2 = a^2 - 2ab + b^2$ **2. binomische Formel**

Beispiel:

$(z-5)^2 =$

Beim Vergleich des Terms mit $(a-b)^2$ gilt: $a \mathrel{\hat{=}} z$ und $b \mathrel{\hat{=}} 5$, also: $a^2 \mathrel{\hat{=}} z^2$, $2ab \mathrel{\hat{=}} 2 \cdot z \cdot 5$, $b^2 \mathrel{\hat{=}} 5^2$

$z^2 - 2 \cdot z \cdot 5 + 5^2 =$
$z^2 - 10z + 25$

Beispiel:

$(3x-2z)^2 =$

Es gilt: $a \mathrel{\hat{=}} 3x$ und $b \mathrel{\hat{=}} 2z$
$a^2 \mathrel{\hat{=}} (3x)^2$, $2ab \mathrel{\hat{=}} 2 \cdot 3x \cdot 2z$, $b^2 \mathrel{\hat{=}} (2z)^2$

$(3x)^2 - 2 \cdot 3x \cdot 2z + (2z)^2 =$
$9x^2 - 12xz + 4z^2$

Beispiel:

$(-3a+4b)^2 =$

Wende das Vertauschungsgesetz der Addition an. Achte darauf, dass man die Zeichen + und – als Vorzeichen auffasst: die Vorzeichen müssen ebenfalls vertauscht werden!

$(4b-3a)^2 =$

Wende die 2. binomische Formel an.

$(4b)^2 - 2 \cdot 4b \cdot 3a + (3a)^2 =$
$16b^2 - 24ab + 9a^2$

Beispiel:

$(-5a-2b)^2 =$

Klammere –1 aus und setze eine eckige Klammer.

$[-1 \cdot (5a+2b)]^2 =$

Verwende das Potenzgesetz $(a \cdot b)^2 = a^2 \cdot b^2$

$(-1)^2 \cdot (5a+2b)^2 =$

Wende die 1. binomische Formel an.

$1 \cdot (5a+2b)^2 =$
$25a^2 + 20ab + 4b^2$

Aufgaben:

86. a) $(x - y)^2$ b) $(3 - s)^2$
c) $(d - 1)^2$ d) $(e - 2)^2$
e) $(x - 2y)^2$ f) $(2a - 3b)^2$
g) $(4a - 1)^2$ h) $(0{,}2 - 4c)^2$
i) $(3x - 9a)^2$ k) $(1{,}1r - 1{,}2s)^2$

87. a) $(3x - yz)^2$ b) $(4xy - 2z)^2$
c) $(3x^2 - 5xy)^2$ d) $(1{,}5xy^2 - yz^2)^2$
e) $(3ab - c^2)^2$ f) $\left(7y - \frac{1}{2}xy\right)^2$
g) $\left(\frac{1}{2}a - 1\frac{1}{2} \cdot bc\right)^2$ h) $(2{,}5a - 8a^3)^2$
i) $\left(1\frac{1}{3} - y^2z^2\right)^2$ k) $(1{,}2a^2d^3 - 5bc^4)^2$

88. a) $(-a + 2)^2$ b) $(-4ax + 1)^2$
c) $(-2x - 1)^2$ d) $(-3a - 2x)^2$
e) $(-5a^2 + 2b^2)^2$ f) $(-6ab - 2c^2)^2$

Häufig treten Produkte der Form $(a + b)(a - b)$ auf. Für diesen Term gilt:

$$(a + b)(a - b) = a^2 - ab + ba - b^2 = a^2 - b^2$$

$(a+b) \cdot (a-b) = a^2 - b^2$ **3. binomische Formel**

Anmerkung: Bei der 3. binomischen Formel entsteht eine Differenz aus zwei Quadraten.

Beispiel:

$(x+1)(x-1) =$

Beim Vergleich des Terms mit $(a+b)(a-b)$ gilt: $a \triangleq x$ und $b \triangleq 1$, also: $a^2 \triangleq x^2$ und $b^2 \triangleq 1^2$

$x^2 - 1^2 =$
$x^2 - 1$

Beispiel:

$(6x-7y)(6x+7y) =$

Es gilt: $a \triangleq 6x$ und $b \triangleq 7y$, also:
$a^2 \triangleq (6x)^2$ und $b^2 \triangleq (7y)^2$

$(6x)^2 - (7y)^2 =$
$36x^2 - 49y^2$

Beispiel:

$(-5a^2 - 4x)(-5a^2 + 4x) =$

Klammere bei beiden Klammern den Faktor -1 aus.

$(-1)\cdot(-1)\cdot(5a^2 + 4x)(5a^2 - 4x) =$

Berechne $(-1)^2$ und wende die 3. binomische Formel an.

$25a^4 - 16x^2$

Aufgaben:

89. a) $(x-y)(x+y)$ b) $(r+1)(r-1)$
c) $(e+2f)(e-2f)$ d) $(1-a)(1+a)$
e) $(x+2)(x-2)$ f) $(0{,}1+x)(0{,}1-x)$
g) $(0{,}2a-5b)(0{,}2a+5b)$ h) $(1{,}5x+y)(1{,}5x-y)$

90. a) $(5a+3z)(5a-3z)$ b) $(-7a+9b)(-7a-9b)$
c) $(6a-4xy)(6a+4xy)$ d) $(2{,}5rs+2t)(2{,}5rs-2t)$
e) $(2x^2-3y)(2x^2+3y)$ f) $(-6x^3+y^2z)(-6x^3-y^2z)$

Zusammenfassende Aufgaben

Potenzrechnung geht vor Punktrechnung.

Beispiel:

$5(3a+6b)^2 =$

Gegeben ist ein Produkt aus der Zahl 5 und dem Quadrat $(3a + 6b)^2$. Wende zuerst die 1. binomische Formel an. Vergiss nicht die Klammer!

$5(9a^2+36ab+36b^2) =$

Multipliziere die Klammer aus.

$45a^2+180ab+180b^2$

Beispiel:

$(5x-y)^2-(2x-3y)^2 =$

Wende zweimal die 2. binomische Formel an. Beachte die Minusklammer!

$25x^2-10xy+y^2-(4x^2-12xy+9y^2) =$

Löse die Klammer auf.

$25x^2-10xy+y^2-4x^2+12xy-9y^2 =$

Fasse zusammen.

$21x^2+2xy-8y^2$

Beispiel:

$(-1+x)^2\cdot y^2-2x(3y-2)(3y+2) =$

Wende die 1. und die 3. binomische Formel an.

$(1-2x+x^2)\cdot y^2-2x\,(9y^2-4) =$

Multipliziere die erste Klammer mit y^2 und die zweite mit $-2x$.

$y^2-2xy^2+x^2y^2-18xy^2+8x =$

Fasse zusammen.

$y^2-20xy^2+x^2y^2+8x$

Aufgaben:

91. Vereinfache den Term.

a) $3\cdot(x-1)^2$

b) $-2\,(2x-3y)^2$

c) $-5a\cdot(3a+1)^2$

d) $(3a-7b)^2\cdot 4ab$

e) $10\cdot(2x-7y)^2\cdot 3$

f) $5a\,(5a-1)^2\cdot(-8)$

g) $10\cdot(10x+y)\,(10x-y)$

h) $-2a\,(4b-3s)\,(4b+3s)$

92. Verwandle das Produkt in eine Summe.

a) $(a + 1) \cdot (a + 2)^2$
b) $(a + 3) \cdot (b - 2)^2 \cdot (-2)$
c) $(4 - x)^2 \cdot (3 - x)$
d) $4\,(2 - x) \cdot (2 + x) \cdot (1 - x)$

93. Vereinfache die algebraischen Summen.

a) $(a + 1)^2 + (a + 2)^2$
b) $(2 - a)^2 + (a - 3)^2$
c) $(5x - 3y)^2 + (3x + y)^2$
d) $(a - 2)^2 - (a - 4)^2$
e) $(4x - 7y)^2 + (2x - 5y)\,(2x + 5y)$
f) $(8x + 11y)^2 - (5y - 4x)^2$
g) $(6x - 5)\,(6x + 5) - 2\,(6x - 5)^2$
h) $(5x + 3y)^2 + (-2) \cdot (11x + 15y) \cdot (15y - 11x)$

94. Vereinfache den Term.

a) $T = (2x - y)^2 - 2\,(x - y)^2 + (2x - y)\,(2x + y)$
b) $T = (2x - 3y)\,(2x + 3y) - (5x - 3y)\,(5x + 3y) + 3\,(6x - y)^2$
c) $T = 5\,(8a - 3b)\,(8a + 3b) - 2\,(16a - 9b)^2 + 3\,(4a - 5b)\,(5a - 6b)$
d) $T = (-5x - 4y)^2 \cdot (-3x) - (6x - 7y)^2 - 3xy\,(8x - 9y)\,(8x + 9y)$
e) $T = (2a + 3)^2\,(1 - a) - (2a + 3)\,(1 - a)^2 + (2a + 3)\,(1 - a)$

95. Löse die Gleichungen.

a) $(x + 1)^2 = x^2 - 3$
b) $4x^2 + 1 = (2x - 3)^2 + 4$
c) $(x + 3)\,(x - 3) - (x - 3)^2 = 6$
d) $(2x + 1)^2 - 4x\,(x + 1) = 5x$
e) $(4x + 5)^2 + (3x - 4)^2 = (5x - 3)\,(5x + 3) + 2$
f) $x^2 + (x + 3)\,(x - 4) = (x + 3)^2 + (x - 4)^2$
g) $8(x + 3) - 8x = x(x + 4) - (x + 1)^2$
h) $(x + 3)^2 + 3(x + 2)\,(x - 2) = (2x - 3)^2 + 19\,x$

96. Löse die Ungleichungen.

a) $(x + 3)^2 - x^2 > 12$
b) $(2x - 3)^2 - 4x\,(x + 2) \leqq 5$
c) $2(x + 1)^2 + 3(2 - x)^2 + 72 < 5x(7 + x)$
d) $(9 + 2x)\,(9 - 2x) + (4x + 5)^2 \geqq 3(2x + 1)^2 - 9$

2 Faktorisieren mit Hilfe der binomischen Formeln

Vertauscht man bei den binomischen Formeln Linksterm (LT) und Rechtsterm (RT), wird eine algebraische Summe in ein Produkt (Quadrat) verwandelt.

1. und 2. binomische Formel: $a^2 \pm 2ab + b^2 = (a \pm b)^2$

Am Plus- bzw. Minuszeichen siehst du, ob es sich um die 1. oder 2. binomische Formel handelt.

Zwei Bedingungen müssen erfüllt sein, damit eine algebraische Summe aus drei Gliedern in ein Quadrat umgeformt werden kann:

Bedingung 1: Das 1. und 3. Glied des Terms müssen ein Quadrat sein: a^2 und b^2

Bedingung 2: Das 2. Glied muss das doppelte Produkt aus a und b sein.

Beispiel:

$T = a^2 + 8ab + 16b^2$

Bedingung 1:
Das 1. Glied ist ein Quadrat: a^2
Das 3. Glied $16b^2$ kann als Quadrat geschrieben werden: $16b^2 = (4b)^2$

Bedingung 2:
Für das 3. Glied muss gelten:
$2 \cdot a \cdot 4b = 8ab$ (w)
Das ist eine wahre Aussage. Deshalb lässt sich die Summe mit Hilfe der 1. binomischen Formel in ein Produkt verwandeln.

$T = (a + 4b)^2$

Beispiel:

$T = 4x^2 + 30xy + 25y^2$

Bedingung 1:
$4x^2 = (2x)^2$ und $25y^2 = (5y)^2$ sind Quadrate.

Bedingung 2:
$2 \cdot 2x \cdot 5y = 20\,xy \neq 30\,xy$
Die 2. Bedingung ist nicht erfüllt.

Der Term kann nicht mit Hilfe der binomischen Formeln faktorisiert werden.

Beispiel:

$$T = 5a^2 + 10ab + 16b^2$$

Bedingung 1:
$5a^2$ ist kein Quadrat.

Dieser Term kann nicht in einen quadratischen Term umgeformt werden.

Aufgaben:

97. a) $a^2 + 2a + 1$ b) $a^2 + 4a + 4$

c) $x^2 + 18x + 81$ d) $1 + c + \frac{1}{4}c^2$

e) $4z^2 + 1{,}2z + 0{,}09$ f) $\frac{4}{9}c^2 + cd + \frac{9}{16}d^2$

98. a) $a^2 - 24a + 144$ b) $36 - 12b + b^2$

c) $c^2 - 1{,}4c + 0{,}49$ d) $36d^2 - 12dc + c^2$

e) $0{,}16f^2 - 0{,}48fg + 0{,}36g^2$ f) $\frac{4}{9}x^4 - x^2y + \frac{9}{16}y^2$

Vertauscht man Linksterm und Rechtsterm bei der 3. binomischen Formel, wird eine Differenz in ein Produkt umgeformt.

3. binomische Formel: $a^2 - b^2 = (a+b)(a-b)$

Eine Bedingung muss erfüllt sein, damit eine Differenz in ein Produkt umgeformt werden kann:

Bedingung: Die beiden Glieder der Differenz müssen Quadrate sein.

Beispiel:

$$T = 0{,}49a^2 - 1{,}44b^2$$

Bedingung:
$0{,}49a^2 = (0{,}7a)^2$;
$1{,}44b^2 = (1{,}2\,b)^2$
Beide Glieder können als Quadrate geschrieben werden. Deshalb lässt sich die Differenz mit Hilfe der 3. binomischen Formel in ein Produkt verwandeln.

$$T = (0{,}7a + 1{,}2b)(0{,}7a - 1{,}2b)$$

Beispiel:

$T = 81x^4 - 25z^3$

$25z^3$ kann nicht als Quadrat geschrieben werden.

Der Term kann nicht faktorisert werden.

Beispiel:

$T = 36x^2 + 49$

Beachte: Dieser Term ist keine Differenz.

Der Term kann nicht faktorisert werden.

Aufgabe:

99. a) $a^2 - 9$ b) $1{,}69 - b^2$

c) $1 - 0{,}36x^2$ d) $1{,}44 - 1{,}21y^2$

e) $y^2 - 0{,}01x^2$ f) $2{,}25v^2 - 3{,}24w^2$

g) $4x^4 - 25y^2$ h) $81x^4 - 16y^4$

Zusammenfassende Aufgaben

Beachte: Um eine algebraische Summe zu faktoriseren, gibt es verschiedene Möglichkeiten:
1. Ausklammern
2. Teilweises Ausklammern
3. Faktorisieren mit Hilfe der binomischen Formeln

Hinweis: Es ist vorteilhaft, wenn du dich an diese Reihenfolge hältst.

Beispiel:

$T = 50a^2b - 40ab^2 + 8b^3$ — Du kannst 2b ausklammern.

$T = 2b(25a^2 - 20ab + 4b^2)$ — Der Term in der Klammer lässt sich mit Hilfe der 2. binomischen Formel faktoriseren.

$T = 2b(5a - 2b)^2$

Beispiel:

$T = 3 - 48z^2$ — 3 ausklammern

$T = 3(1 - 16z^2)$ — 3. binomische Formel anwenden

$T = 3(1 + 4z)(1 - 4z)$

Beispiel:

Forme den Term $(a+5)^2 - 9$ in ein Produkt um.

$T = (a+5)^2 - 9$ — Beachte die Aufgabenstellung: Das Ausmultiplizieren der Klammer wäre der falsche Weg, da eine Summe entstehen würde. Lösungsidee: Wende die 3. binomische Formel an!

$T = (a+5)^2 - 3^2$ — Setze eine eckige Klammer.

$T = [(a+5)+3] \cdot [(a+5)-3]$ — Löse die inneren Klammern auf, fasse zusammen und schreibe für die eckigen runde Klammern.

$T = [a+5+3] \cdot [a+5-3]$

$T = (a+8)(a+2)$

Beispiel:

Suche die Belegung für □ , ❍ und Δ, sodass eine wahre Aussage entsteht.

$16a^2 - 40ac + \square = (\bigcirc - \Delta)^2$

Es gilt:

$16a^2 = (4a)^2$ also: $\bigcirc = 4a$

$40ac = 2 \cdot \bigcirc \cdot \Delta$

$= 2 \cdot 4a \cdot \Delta$

$= 8 \cdot a \cdot \Delta$ also: $\Delta = 5c$

$\square = \Delta^2$

$\square = (5c)^2$ also: $\square = 25c^2$

$$16a^2 - 40ac + 25c^2 = (4a - 5c)^2$$

Aufgaben:

100. Schreibe – wenn möglich – als Produkt.

a) $25 + 10a + a^2$
b) $9x^2 - 12xy + 4y^2$
c) $a^4 - 2a^2b + b^2$
d) $9x^2 + 70xy^2 + 100y^4$
e) $18a^2 - 8b^2$
f) $20c^2 + 40cd + 20d^2$
g) $-x^2 + 2xy - y^2$
h) $-3x^2 - 15xy - 75y^2$
i) $8a^6 - 32b^4$
k) $0{,}25x^2y^2 - 5xyz + 25z^2$
l) $0{,}04a^4 - 0{,}4a^2bc + b^2c^2$
m) $12abc^2 - 36abcd + 27abd^2$
n) $4x^2 + x + \frac{1}{9}$
o) $169a^2 - 52abc + 4b^2c^2$
p) $3x^2 + 27y^2$
q) $\frac{3}{4}xy^2 + \frac{3}{5}xyz + \frac{3}{25}xy^2$

101. Schreibe als Produkt.

a) $(a + 1)^2 - 4$
b) $(a + 1)^2 - (a - 2)^2$
c) $(3x + 1)^2 - x^2$
d) $9 - (3a - 7)^2$
e) $(2a + 1)^2 - (3a - 2)^2$
f) $(4x + y)^2 - (x + 4y)^2$

102. Ergänze, dass eine wahre Aussage entsteht.

a) $25x^2 - 10x + \square = (\bigcirc - \Delta)^2$
b) $\square + 40ab + \bigcirc = (4a + \Delta)^2$
c) $81 + \square + 16y^2 = (\bigcirc + \Delta)^2$
d) $\square + 12ab^2 + \bigcirc = (\Delta + 9b^2)^2$
e) $\square - \bigcirc + \Delta = \left(1 - \frac{1}{2}x\right)^2$
f) $\square - 144y^4 = (5x + \bigcirc)(5x - \bigcirc)$

3 Die quadratische Ergänzung

Definition: Ein Term, bei dem eine Variable quadratisch auftritt, heißt **quadratischer Term.**

Quadratische Terme sind zum Beispiel:

$T = x^2 + 8 \qquad T = x^2 - 6 \qquad T = 3x^2 + 5x - 1$

Ein quadratischer Term T_1 soll so zu einem Term T_2 ergänzt werden, dass die 1. oder 2. binomische Formel entsteht, d. h. der quadratische Term T_1 soll zum Quadrat T_2 ergänzt werden.

Beispiel:

$T_1 = x^2 + 16x$

$T_2 = x^2 + 16x + \square$

Wegen des Plus-Zeichens bei 16x soll die 1. binomische Formel entstehen mit der Form $(\bigcirc + \Delta)^2$

x^2 ist Quadratzahl also: $\bigcirc = x$

Form $(x + \Delta)^2$

$2 \cdot x \cdot \Delta = 16x$

$2 \cdot \Delta = 16$ also: $\Delta = 8$

Form: $(x + 8)^2$

$\square = 8^2 = 64$

$T_2 = x^2 + 16x + 64 = (x + 8)^2$

Beispiel:

$T_1 = -18x + 36x^2$

$= 36x^2 - 18x$ — Vertausche die Summanden.

$T_2 = 36x^2 - 18x + \square$

Form: $(\bigcirc - \Delta)^2$

$36x^2 = (6x)^2$ also: $\bigcirc = 6x$

$2 \cdot 6x \cdot \Delta = 18x$

$12 \cdot \Delta = 18$ also: $\Delta = \frac{18}{12} = \frac{3}{2}$

Form: $(6x - \frac{3}{2})^2$

$\square = (\frac{3}{2})^2 = \frac{9}{4}$

$T_2 = 36x^2 - 18x + \frac{9}{4} = \left(6x - \frac{3}{2}\right)^2$

Beachte: Hat der Koeffizient (die Beizahl) des quadratischen Gliedes den Wert 1, kann besonders einfach quadratisch ergänzt werden.

Beispiel:

$x^2 \pm px + \square = (x \pm \Delta)^2$

$2 \cdot x \cdot \Delta = px$

$2 \cdot \Delta = p$ also: $\Delta = \frac{p}{2}$

$\square = \left(\frac{p}{2}\right)^2$

$x^2 \pm px + \left(\frac{p}{2}\right)^2 = \left(x \pm \frac{p}{2}\right)^2$

Bei einem quadratischen Term der Form $\mathbf{x^2 \pm px}$ heißt der Ausdruck $\left(\frac{p}{2}\right)^2$ **quadratische Ergänzung.**
Die quadratische Ergänzung ist das Quadrat der Hälfte der Beizahl von x.
Achte darauf, dass die Beizahl von x^2 die Zahl 1 ist.

Beispiel:

$T = x^2 + 5x + \square$

Die Beizahl von x^2 ist 1; die Beizahl von x ist 5:
$p = 5$

$\frac{p}{2} = \frac{5}{2}$, $\left(\frac{p}{2}\right)^2 = \left(\frac{5}{2}\right)^2 = \frac{25}{4}$

$T = x^2 + 5x + \frac{25}{4} = \left(x + \frac{5}{2}\right)^2$

Aufgaben:

103. Ergänze den Term, dass eine binomische Formel entsteht.

a) $x^2 + 6x + \square$
b) $x^2 - 8x + \square$
c) $x^2 - 7x + \square$
d) $x^2 - 3x + \square$
e) $\square + 5y + y^2$
f) $\square - 11a + a^2$
g) $b^2 - 2{,}2b + \square$
h) $c^2 + 1{,}4cd + \square$

104. Ergänze den Term so, dass du ihn in ein Quadrat umformen kannst.

a) $4x^2 - 6x + \square$

b) $16x^2 - 32x + \square$

c) $9x^2 + 9x + \square$

d) $25x^2 - 100xy^2 + \square$

e) $4z^2 - 6yz + \square$

f) $1{,}44a^2 - 3{,}6ab + \square$

g) $x^2 + \frac{4}{3}cx + \square$

h) $16d^2 + 24def + \square$

4 Faktorisieren mit Hilfe der quadratischen Ergänzung

Bis jetzt hast du folgende Verfahren kennengelernt, um eine algebraische Summe zu faktorisieren:

1. Ausklammern
2. Teilweises Ausklammern
3. Faktorisieren mit Hilfe der binomischen Formeln

Wenn diese Verfahren ungeeignet sind, versuche eine weitere Möglichkeit:
4. Faktorisieren mit Hilfe der quadratischen Ergänzung.

Beispiel:

$T(x) = x^2 + 6x + 5$

Man ergänzt den Term $x^2 + 6x$ quadratisch, ohne die Konstante 5 zu berücksichtigen.

$p = 6 \quad \frac{p}{2} = 3 \quad \left(\frac{p}{2}\right)^2 = 9$

Die quadratische Ergänzung wird sofort wieder subtrahiert, da der Termwert nicht geändert werden darf.

$= x^2 + 6x + \square - \square + 5$

$= \underbrace{x^2 + 6x + 3^2}_{} \underbrace{- 9 + 5}_{}$ ($+3^2 - 9 = 0$)

Auf die ersten drei Glieder wendet man die 1. binomische Formel an und fasst die übrigen Zahlen zusammen.

$= \quad (x + 3)^2 - 9 + 5$

$= (x + 3)^2 - 4$

Es entsteht "zufällig" die 3. binomische Formel: $(\ )^2 - 2^2$.

$= [(x + 3) + 2]\,[(x + 3) - 2]$

$= [x + 3 + 2]\,[x + 3 - 2]$

$= (x + 5)\,(x + 1)$

Hinweis: Durch Ausmultiplizieren der Klammern kannst du sehr einfach eine Probe deiner Rechnung durchführen.

Beispiel:

$$\begin{aligned} T &= 4x^2 - 20x - 24 \\ &= 4\,(x^2 - 5x - 6) \\ &= 4\left[x^2 - 5x + \left(\tfrac{5}{2}\right)^2 - \tfrac{25}{4} - 6\right] \\ &= 4\left[\left(x - \tfrac{5}{2}\right)^2 - \tfrac{49}{4}\right] \\ &= 4\left[x - \tfrac{5}{2} + \tfrac{7}{2}\right]\left[x - \tfrac{5}{2} - \tfrac{7}{2}\right] \\ &= 4\,(x + 1)\,(x - 6) \end{aligned}$$

Klammere die Beizahl von x^2 aus, hier: 4

Ergänze den Klammerterm quadratisch.

Wende die 2. binomische Formel an.

Wende die 3. binomische Formel für den Klammerterm an und vereinfache.

Beispiel:

$$\begin{aligned} T(x) &= -x^2 + 8x - 17 \\ &= -\,[x^2 - 8x + 17] \\ &= -\,[x^2 - 8x + 4^2 - 16 + 17] \\ &= -\,[(x - 4)^2 + 1] \end{aligned}$$

Klammere –1 aus.

Ergänze quadratisch.

2. binomische Formel

Auf den Klammerterm ist **nicht** die 3. binomische Formel anwendbar (keine Differenz!).

Der Term ist nicht faktorisierbar.

Beispiel:

$$\begin{aligned} T(a) &= 2a^2 + 7a + 4 \\ &= 2\left(a^2 + \tfrac{7}{2}a + 2\right) \\ &= 2\left[a^2 + \tfrac{7}{2}a + \left(\tfrac{7}{4}\right)^2 - \tfrac{49}{16} + 2\right] \\ &= 2\left[\left(a + \tfrac{7}{4}\right)^2 - \tfrac{17}{16}\right] \end{aligned}$$

Klammere 2 aus.

Ergänze quadratisch.

1. binomische Formel

keine 3. binomische Formel, denn $\frac{17}{16}$ ist keine Quadratzahl.

Der Term ist nicht faktorisierbar.

Aufgaben:

105. Schreibe die Summe als Produkt.

a) $T(x) = x^2 + 4x + 3$
b) $T(x) = x^2 - 8x + 7$
c) $T(x) = x^2 + 10x + 21$
d) $T(x) = x^2 + 2x - 1{,}25$
e) $T(x) = x^2 - 5x + 5{,}25$
f) $T(x) = x^2 + 6x + 5$
g) $T(x) = x^2 + 9x + 20$
h) $T(x) = x^2 - 10x + 24$

106. a) $T(x) = -x^2 - 2x + 3$
b) $T(x) = 2x^2 + 6x + 4$
c) $T(x) = 3x^2 + 9x - 12$
d) $T(x) = -5x^2 - 5x + \frac{15}{4}$
e) $T(x) = 2x^2 - 10x + 12$
f) $T(x) = -2x^2 + 6x - 4$

107. Faktorisiere so weit wie möglich.

a) $T = x^2 + 5x$
b) $T = 3x^2 + 27$
c) $T = 2xz + 4yz + 5x + 10y$
d) $T = x^2 - 12x + 35$
e) $T = 5a^2 - 25a$
f) $T = 32a^2 - 98$
g) $T = 4x^2 + 28x - 32$
h) $T = 5x^2 - 20x + 20$
i) $T = a^2 + a - ab - b$
k) $T = -x^2 + 2x + 3$
l) $T = 2xy\,(4a - z) + 3z\,(4a - z)$
m) $T = 50ab^2 - 200abc + 200ac^2$
n) $T = 5b^2c + 30bc + 45c$
o) $T = 32a^2b^2c - 50a^2cd^2$

5 Extremwerte quadratischer Terme

Definition: Gibt es unter den Termwerten, die bei den möglichen Belegungen eines Terms entstehen, einen größten (kleinsten) Wert, dann heißt dieser Wert **Maximum** (**Minimum**) des Terms. Das Maximum bzw. das Minimum bezeichnet man auch als **Extremwert** des Terms.

Extremwerte von Termen der Form $T(x) = a\,(x + b)^2 + c$

Der Wert eines Quadrates ist stets nicht-negativ, also positiv oder null.

Beispiel:

$T(x) = x^2$

Es gilt: $x^2 \geq 0$
also $T(x) \geq 0$
$T(x) > 0$ oder $T(x) = 0$
Der Term besitzt ein Minimum mit dem Wert 0, das Minimum wird erreicht für $x = 0$.

$T_{min} = 0$ für $x = 0$

Beispiel:

$T(x) = x^2 + 3$

Es gilt: $x^2 \geq 0 \quad | +3$
Man führt Äquivalenzumformungen durch, sodass im LT der Term T(x) entsteht.
$x^2 + 3 \geq 3$
$T(x) \geq 3$
$T(x) > 3$ oder $T(x) = 3$
Es existiert ein Minimum.

$T_{min} = 3$ für $x = 0$

Beispiel:

$T(a) = -(a-4)^2$

Es gilt: $(a-4)^2 \geq 0 \quad | \cdot (-1)$
$-(a-4)^2 \leq 0$
$T(a) \leq 0$
$T(a) < 0$ oder $T(a) = 0$
Es existiert ein Maximum.

$T_{max} = 0$ für $a - 4 = 0$
$T_{max} = 0$ für $a = 4$

Beispiel:

$T(a) = (a+5)^2 - 2$

Es gilt: $(a+5)^2 \geq 0 \quad | -2$
$(a+5)^2 - 2 \geq -2$
$T(a) \geq -2$
$T(a) > -2$ oder $T(a) = -2$
Es existiert ein Minimum.

$T_{min} = -2$ für $a + 5 = 0$, d. h. für $a = -5$

Beispiel:

$T(z) = -2\,(z-6)^2 + 1$

$(z-6)^2 \geq 0 \quad | \cdot (-2)$
$-2\,(z-6)^2 \leq 0 \quad | +1$
$-2\,(z-6)^2 + 1 \leq 1$
$T(z) \leq 1$ Maximum

$T_{max} = 1$ für $z = 6$

Termform	$T(x) = a\,(x+b)^2 + c$
Extremwert	$a > 0$: Der Term hat ein Minimum.
	$a < 0$: Der Term hat ein Maximum.

Aufgaben:

108. Berechne den Extremwert. Gib auch den x-Wert an.

a) $T(x) = x^2 - 6$
b) $T(x) = -x^2 + 2$
c) $T(x) = (x-5)^2$
d) $T(x) = -2(x-7)^2$

109. Berechne den Extremwert.

a) $T(x) = (x-1)^2 + 4$
b) $T(a) = 17 + (a+4)^2$
c) $T(b) = -(b-9)^2 + 16$
d) $T(c) = 2(c+5)^2 - 1$

Der Graph eines quadratischen Terms

Der quadratische Term

$$T(x) = x^2 - 2x + 3$$

soll graphisch dargestellt werden.

Für die Tabelle soll gelten:
$x \in [-2; 4]; \Delta x = 1$

x	−2	−1	0	1	2	3	4
T(x)	11	6	3	2	3	6	11

Tastenfolge auf dem eTR:

(×) [x^2] [−] (2) [x] (×) [+] (3) [=]

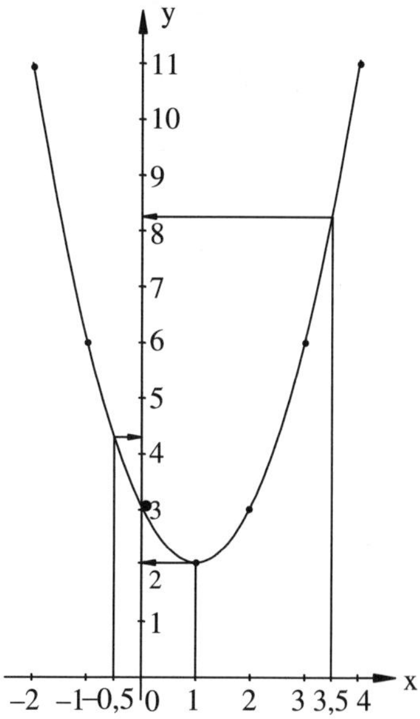

Der Graph dieser Form heißt Parabel.

Mit Hilfe des Graphen kannst du für x-Werte die Termwerte ablesen.

Z. B.: $T(-0{,}5) = 4{,}25$
$T(3{,}5) = 8{,}25$

Weiterhin erkennst du:
Der Graph hat einen kleinsten Wert, der Term hat also ein Minimum.
$T_{min} = 2$ für $x = 1$

Der Graph eines quadratischen Terms ist eine **Parabel**. Jeder quadratische Term besitzt demnach einen **Extremwert**, d. h. ein Minimum oder ein Maximum.

Beispiel:

Tabellarisiere den Term $T(x) = -2x^2 - 8x - 3$ für $x \in [-4; 0]$, $\Delta x = 0{,}5$ und bestimme mit Hilfe des Graphen den Extremwert des Terms.

Tabelle:

x	–4	–3,5	–3	–2,5	–2	–1,5	–1	–0,5	0
T(x)	–3	0,5	3	4,5	5	4,5	3	0,5	–3

Tastenfolge auf dem eTR:

(2) [+/–] [x] (X) [x²] [–] (8) [x] (X) [–] (3) [=]

Du kannst ablesen:

$T_{max} = 5$ für $x = -2$

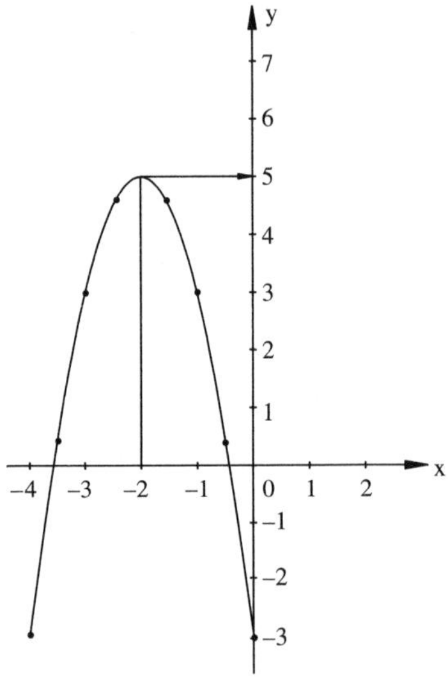

Aufgabe:

110. Erstelle zum Term eine Wertetabelle, zeichne den Graphen und lies aus der Zeichnung den Extremwert ab.

a) $T(x) = 3x^2 - 5$ $\quad x \in [-2; 2]$; $\Delta x = 0{,}5$

b) $T(x) = (x - 3)^2 - 3$ $\quad x \in [1; 5]$; $\Delta x = 0{,}5$

c) $T(x) = -x^2 - 8x - 16$ $\quad x \in [-7; -1]$; $\Delta x = 1$

d) $T(x) = -2x^2 + 4x + 3$ $\quad x \in [-1; 3]$; $\Delta x = 0{,}5$

Extremwert eines Terms der Form $T(x) = ax^2 + bx + c$

Du weißt aus der graphischen Darstellung, dass jeder Term der Form

$$T(x) = ax^2 + bx + c$$

einen Extremwert besitzt. Doch ist dieser aus dieser Form nicht erkennbar.

Zur Bestimmung des Extremwerts muss man den Term auf die Form $T(x) = a\,(x + b)^2 + c$ bringen.

Anmerkung: Die Variable darf nicht außerhalb eines Quadrates stehen.

Als Termumformungen sind die binomischen Formeln und das quadratische Ergänzen geeignet.

Beispiel:

$T(x) = x^2 + 10x + 25$

$T(x) = (x + 5)^2$

Wende die 1. binomische Formel an.

Es gilt: $(x + 5)^2 \geq 0$

$T(x) \geq 0$

Minimum für: $(x + 5)^2 = 0$

$x + 5 = 0$

$x = -5$

$T_{min} = 0$ für $x = -5$

Beispiel:

$T(x) = x^2 + 4x - 5$

$T(x) = x^2 + 4x + 2^2 - 4 - 5$

$T(x) = (x + 2)^2 - 9$

Ergänze quadratisch.

Es gilt: $(x + 2)^2 \geq 0 \quad | -9$

$(x + 2)^2 - 9 \geq -9$

$T(x) \geq -9$

Minimum für: $(x + 2)^2 = 0$

$x + 2 = 0$

$x = -2$

$T_{min} = -9$ für $x = -2$

Beispiel:

$T(x) = -5x\,(x-1) + x + 2$ — Multipliziere die Klammer und fasse zusammen.

$T(x) = -5x^2 + 5x + x + 2$

$T(x) = -5x^2 + 6x + 2$ — Klammere –5 aus, damit x^2 in der Klammer die Beizahl 1 hat.

$T(x) = -5\left[x^2 - \frac{6}{5}x - \frac{2}{5}\right]$ — Ergänze den Klammerterm quadratisch.

$T(x) = -5\left[x^2 - \frac{6}{5}x + \left(\frac{3}{5}\right)^2 - \frac{9}{25} - \frac{2}{5}\right]$

$T(x) = -5\left[\left(x - \frac{3}{5}\right)^2 - \frac{19}{25}\right]$ — Multipliziere die eckige Klammer aus.

$T(x) = -5\left(x - \frac{3}{5}\right)^2 + \frac{19}{5}$

Es gilt:

$$(x - \tfrac{3}{5})^2 \geq 0 \quad | \cdot (-5)$$
$$-5\,(x - \tfrac{3}{5})^2 \leq 0 \quad | + \tfrac{19}{5}$$
$$-5\,(x - \tfrac{3}{5})^2 + \tfrac{19}{5} \leq \tfrac{19}{5}$$
$$T(x) \leq \tfrac{19}{5}$$

$T_{max} = \frac{19}{5}$ für $x = \frac{3}{5}$ — Maximum für $x - \frac{3}{5} = 0$

Aufgaben:

111. Bestimme den Extremwert des Terms.

a) $T(x) = x^2 - 2x + 1$ b) $T(x) = x^2 + 8x + 16$

c) $T(x) = 2x^2 - 12x + 18$ d) $T(x) = -5x^2 + 50x - 125$

112. a) $T(x) = t^2 + 4t + 7$ b) $T(a) = a^2 - 16a + 71$

c) $T(x) = x^2 + 9x - 1{,}75$ d) $T(y) = y^2 - \frac{2}{3}y + \frac{4}{9}$

113. a) $T(x) = -x^2 - 10x + 9$ b) $T(x) = 3x^2 + 27x - 0{,}75$

c) $T(x) = \frac{1}{2}x^2 - x + 4$ d) $T(x) = -\frac{3}{2}x^2 + 6x + 15$

114. a) $T(x) = x\,(x + 4)$ b) $T(x) = (2x + 3) \cdot (x - 2)$

c) $T(x) = (x - 1)^2 + 4x - 7$ d) $T(x) = 3\,(x - 7) - \frac{1}{2}x^2$

Textaufgaben

Beispiel:

Ein Rechteck hat den Umfang von 30 cm.

1. Stelle den Flächeninhalt der möglichen Rechtecke in Abhängigkeit von einer Seitenlänge x cm dar.
2. Welche Seitenlängen hat das Rechteck mit dem größten Flächeninhalt? Gib auch den maximalen Flächeninhalt an.

Lösung:

1. Länge: x
   Breite: y
   Flächeninhalt: $A = x \cdot y$

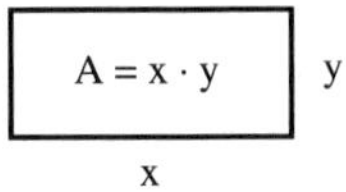

y muss in Abhängigkeit von x angegeben werden.
Umfang: u = 30 cm
Für die Maßzahlen gilt:

$2x + 2y = 30$ — Löse die Gleichung nach y auf: Subtrahiere 2x

$2y = 30 - 2x$ — $|:2$

$y = 15 - x$ — Für y im Term $A = x \cdot y$ kannst du nun $15 - x$ setzen.

also: $A(x) = x \cdot (15 - x)$
$A(x) = 15x - x^2$
$A(x) = -x^2 + 15x$

2. $A(x) = -x^2 + 15x$ — Klammere –1 aus.

$A(x) = -[x^2 - 15x]$ — Ergänze den Klammerterm quadratisch.

$A(x) = -[x^2 - 15x + 7{,}5^2 - 56{,}25]$

$A(x) = -[(x - 7{,}5)^2 - 56{,}25]$ — Löse die Minusklammer auf.

$A(x) = -(x - 7{,}5)^2 + 56{,}25$ — Es gilt:
$$(x - 7{,}5)^2 \geq 0$$
$$-(x - 7{,}5)^2 \leq 0$$
$$-(x - 7{,}5)^2 + 56{,}25 \leq 56{,}25$$
$$A(x) \leq 56{,}25$$

$A_{max} = 56{,}25\ cm^2$ — Maximum für $x - 7{,}5 = 0$

Seitenlängen: $x = 7{,}5$ cm
$y = (15 - 7{,}5)$ cm $= 7{,}5$ cm

Das Rechteck ist ein Quadrat.

Aufgaben:

115 Multipliziere eine rationale Zahl x mit der um 10 kleineren Zahl. Für welche Zahlen wird der Produktwert am kleinsten?

116 Multipliziere eine Zahl $x \in \mathbb{Q}$ mit der um 20 größeren Zahl. Für welche Zahl x wird der Wert des Produkts der beiden Zahlen extrem?

117 Die Summe zweier Zahlen ist 40.
117.1 Stelle das Produkt der beiden Summanden in Abhängikeit vom 1. Summanden x dar.
117.2 Bestimme die Summanden, für die das Produkt am größten wird.

118 Mit einem 24 m langen Draht soll eine rechteckige Fläche abgesteckt werden.
118.1 Bestimme den Flächeninhalt der möglichen Rechtecke in Abhängigkeit von einer Rechtecksseite.
118.2 Bestimme den maximalen Wert der Fläche. Gib hierfür die Rechtecksseiten an. Was fällt auf?

119 Ein 100 cm langer Draht soll zu einem Rechteck gebogen werden.
119.1 Bestimme den Inhalt der Rechtecke in Abhängigkeit von einer Seitenlänge x cm.
119.2 Berechne den maximalen Flächeninhalt.

120 Ein Rechteck ist 10 cm lang und 8 cm breit. Man erhält neue Rechtecke, indem man die größere Seite um x cm verkürzt und gleichzeitig die kleinere um x cm vergößert.
120.1 Fertige eine Skizze.
120.2 Stelle den Flächeninhalt der Rechtecke in Abhängigkeit von x dar.
120.3 Berechne den extremen Inhalt und die Seitenlängen.

121 Ein Quader hat die Maße a = 8 cm, b = 6 cm, h = 10 cm. Man erhält neue Quader, indem man die größere Grundkante nach beiden Seiten jeweils um x cm verlängert, die Breite beibehält und die Höhe um x cm verkürzt.
121.1 Fertige eine Skizze.
121.2 Stelle das Volumen der Quader in Abhängigkeit von x dar.
121.3 Bestimme den Extremwert des Volumens und die dazugehörigen Kantenlängen.

122 Gegeben ist ein Quadrat mit der Länge 6 cm. Von jedem Eckpunkt aus werden x cm lange Strecken abgetragen (siehe Skizze). Dadurch entsteht ein neues Quadrat.

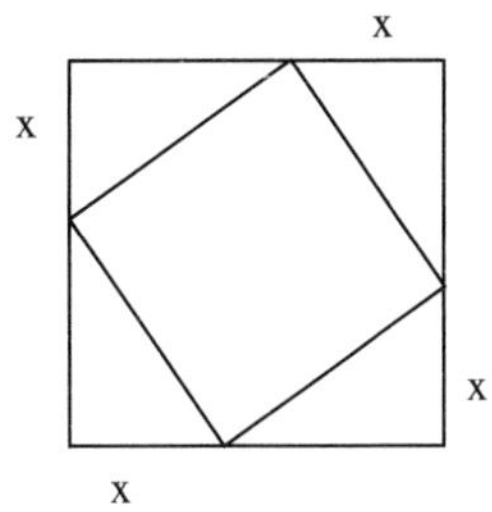

122.1 Stelle den Flächeninhalt des neuen Quadrats in Abhängigkeit von x dar.

122.2 Bestimme denjenigen Wert für x, für den der Inhalt am kleinsten wird. Gib auch A_{min} an.

Verknüpfungen

1 Die UND-Verknüpfung

Gesucht ist die kleinste Zahl, die Vielfaches von 3 und zugleich Vielfaches von 5 ist.
Für x gelten gleichzeitig zwei Bedingungen: $x \in V(3)$ und zugleich $x \in V(5)$.

Definition: Sind zwei Aussageformen durch **und zugleich** verbunden, spricht man von einer **UND-Verknüpfung**.
Schreibweise: $A_1(x) \wedge A_2(x)$

Lösungsverfahren einer UND-Verknüpfung:
1. Man löst $A_1(x)$: $\mathbb{L}_1$
2. Man löst $A_2(x)$: $\mathbb{L}_2$
3. Man bildet die Schnittmenge: $\mathbb{L} = \mathbb{L}_1 \cap \mathbb{L}_2$

Beispiel:

$\mathbb{G} = \mathbb{Z}$

$$-2x < 3 \quad \wedge \quad 3x \leq 9$$
$$x > -1{,}5 \quad \wedge \quad x \leq 3$$
$$\mathbb{L}_1 = \{-1; 0; 1; 2; ...\} \qquad \mathbb{L}_2 = \{3; 2; 1; 0; -1; ...\}$$
$$\mathbb{L} = \mathbb{L}_1 \cap \mathbb{L}_2 = \{-1; 0; 1; 2; 3\}$$

Zeichnerische Lösung auf der Zahlengerade:

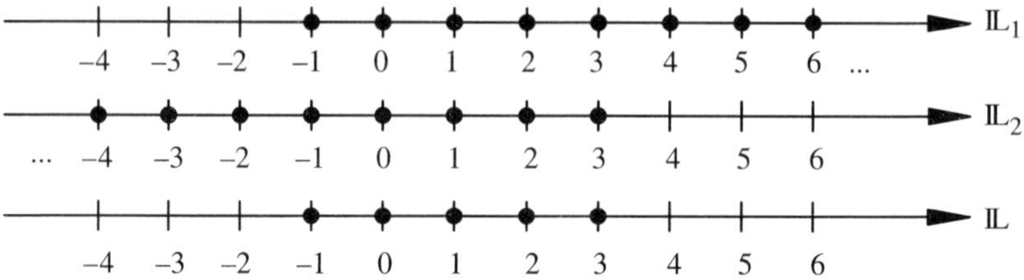

Beispiel:

$\mathbb{G} = \mathbb{Q}$

$$8x + 6 > 2(5 + 3x) \quad \wedge \quad 2(13 + 2x) \geq 3(2 + 3x) - x$$
$$8x + 6 > 10 + 6x \quad \wedge \quad 26 + 4x \geq 6 + 9x - x$$
$$2x + 6 > 10 \quad \wedge \quad 26 + 4x \geq 6 + 8x$$
$$2x > 4 \quad \wedge \quad 4x \geq -20 + 8x$$
$$x > 2 \quad \wedge \quad -4x \geq -20$$
$$x \leq 5$$

$$\mathbb{L}_1 = \{x \mid x > 2\} \qquad \mathbb{L}_2 = \{x \mid x \leq 5\}$$

$$\mathbb{L} = \{x \mid x > 2 \wedge x \leq 5\}$$
$$=]2; 5]$$

Beschreibende Form:
$\mathbb{L} = \{x \mid A_1(x) \wedge A_2(x)\}$
Intervallschreibweise.

Zeichnerische Lösung auf der Zahlengerade:

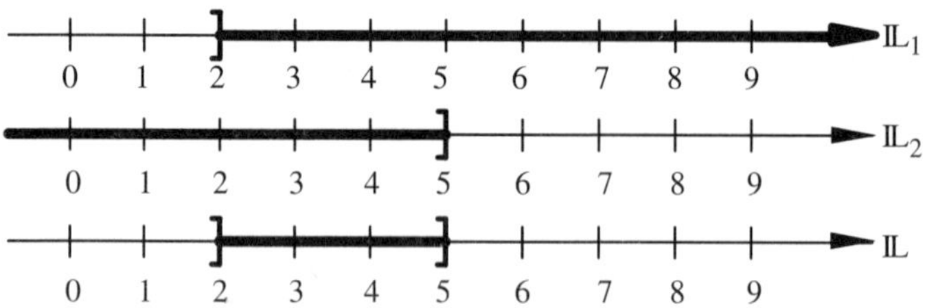

Aufgaben:

123. Bestimme die Lösungsmenge und stelle sie an der Zahlengeraden dar.

a) $3x > 6 \wedge -2x > -5$

b) $x + 1 > 2 \wedge 2x + 3 < 6$

c) $x + 7 = 15 \wedge x > 2$

d) $4x + 12 > 3x + 21 \wedge 2x + 3 \leq 14 + x$

e) $-3x < 6 \wedge 4x < 12$

f) $3x + 20 \geq 9 \wedge 2(x + 8) \leq 5$

124. Welche Zahlen erfüllen die Bedingungen?

a) $6(x - 1) - 32 > 7(x - 1) \wedge 7x + 3 > 3(1 + 2x)$

b) $6x + 4(3x - 2) > -4(1 - 4x) \wedge (x + 5) \cdot 2 < 48$

c) $4(3x - 8) - 16 \geq 6(3x - 5) \wedge 6(x + 7) < (x + 9) \cdot 5$

125. Bestimme die Lösungsmenge.

a) $(x + 6)(7 - x) + (x + 4)(x + 3) > -3x - 1 \wedge$
$(x + 1)(5x - 3) - (x - 4)(3x - 1) > 13 + 2x^2$

b) $(x + 3)^2 > 4 + (x - 1)(x + 1) \wedge (x + 2)(x - 2) \leq x^2 + 5x + 16$

c) $3(x - 4)^2 - 2(x + 1)^2 \geq x^2 + 46 \wedge (3 - x)(x + 4) < (x - 4)(5 - x) + 52$

126. Welche zweistelligen Zahlen sind Vielfache von 6 und 18?

127. Subtrahiert man das Doppelte einer ganzen Zahl von 5, so erhält man mindestens 10. Addiert man das Doppelte der ganzen Zahl zu 21, so erhält man mehr als 9. Welche ganzen Zahlen kommen in Frage?

128. Addiert man zum 3-fachen einer natürlichen Zahl 2, so erhält man mehr als 11. Subtrahiert man vom 6-fachen dieser Zahl die Zahl 9, so erhält man höchstens 18. Wie heißt die Zahl?

2 Doppelungleichung

Definition: Sind drei Terme durch das Zeichen $<$ bzw. $\leq$ verknüpft, spricht man von einer **Doppelungleichung**.

Beispiel:

$$5x + 27 < 31 - 2x \leq 8x - 21$$

Eine Doppelungleichung kann man in zwei Ungleichungen, die durch ein $\wedge$-Zeichen verknüpft werden, zerlegen.

$$5x + 27 < 31 - 2x \;\wedge\; 31 - 2x \leq 8x - 21$$

Eine Doppelungleichung ist eine UND-Verknüpfung zweier Aussageformen.

Beispiel:

$$3x - 8 < 2x - 7 \leq 3(x - 2)$$

Zerlegen in zwei Ungleichungen
Lösen der beiden Ungleichungen.

$$3x - 8 < 2x - 7 \;\wedge\; 2x - 7 \leq 3(x - 2)$$
$$3x - 8 < 2x - 7 \;\wedge\; 2x - 7 \leq 3x - 6$$
$$x - 8 < -7 \;\wedge\; -x - 7 \leq -6$$
$$x < 1 \;\wedge\; -x \leq 1$$
$$x \geq -1$$

$\mathbb{L}_1 = \{x \mid x < 1\}$ $\mathbb{L}_2 = \{x \mid x \geq -1\}$

$\mathbb{L} = \{x \mid x < 1 \wedge x \geq -1\}$

$= \{x \mid -1 \leq x < 1\}$

Die Lösungsmenge lässt sich übersichtlicher in Form einer Doppelungleichung beschreiben.

$= [\,-1; 1\,[$

Intervallschreibweise

Zeichnerische Hilfe:

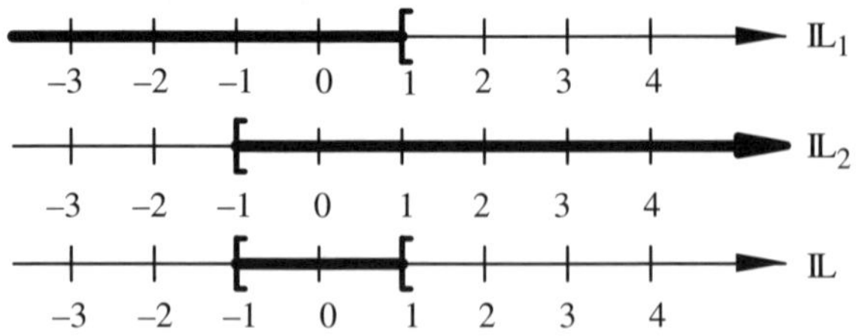

Beispiel:

$\mathbb{G} = \mathbb{N}$ $\quad 5 \leq 4x - 7 < 9$

Beachte: Sind die äußeren Terme Zahlenterme, kann man die Doppelgleichung unmittelbar lösen.

$| +7$

$12 \leq 4x < 16$ $\quad | :4$

$3 \leq x < 4$

$\mathbb{L} = \{3\}$

Aufgaben:

129. Löse die Doppelungleichung.

a) $x < 2x + 3 < 3x + 4$

b) $6 + x < 2x + 1 < x + 8$

c) $x \leq 2x - 5 < 19$

d) $2(x + 1) + 3(x - 1) \leq 3(2x + 1) < 5(1 + x)$

e) $(x + 1)(x - 1) < (x + 3)^2 < (x + 1)(x - 3)$

f) $(x - 2)^2 < x^2 - 4 < (x + 2)^2$

g) $(x + 5)(x - 4) \leq (x - 5)(x + 4) < (x + 5)(x + 4)$

130. Bestimme die Lösungsmenge.

a) $x - 1 < x + 1 < 2x + 3$ $\quad \mathbb{G} = \mathbb{Z}$

b) $-x \leq x \leq x + 2$ $\quad \mathbb{G} = \mathbb{Q}$

c) $4 - 2x \leq 2(3 - 2x) < -2x + 2$ $\quad \mathbb{G} = \mathbb{N}$

131. a) $7 < 2x - 1 \leq 15$ b) $-2 \leq 5x + 8 < 28$

c) $16 < (x + 6) \cdot 2 < 30$ d) $-16{,}5 < 3(x - 2) \leq -1{,}5$

e) $26 \leq 2(1 - 3x) \leq 38$ f) $x + 2 \leq 3x + 5 \leq x + 7$

132. Addiert man zum 3-fachen einer ganzen Zahl 37, so liegt der Summenwert zwischen 30 und 40. Welche Zahlen erfüllen die Bedingung?

133. Subtrahiert man von einer natürlichen Zahl 2, dann liegt das Vierfache dieser Differenz zwischen 10 und 14. Berechne die Zahl.

134. Von Rechtecken ist die eine Seite jeweils um 3 cm länger als die andere. Der Umfang der Rechtecke soll zwischen 50 cm und 60 cm groß sein. Wie lang können die kürzeren Seiten sein?

3 Die ODER-Verknüpfung

Gesucht sind die zweistelligen Zahlen, die durch 30 oder durch 45 teilbar sind.
Gesucht sind also die zweistelligen Zahlen, für die gilt:

$x \in V(30)$ oder $x \in V(45)$

$\mathbb{L}_1 = \{30; 60; 90\}$; $\mathbb{L}_2 = \{45; 90\}$, daraus folgt: $\mathbb{L} = \{30; 45; 60; 90\}$

Definition: Sind zwei Aussageformen durch ein **oder** verbunden, spricht man von einer **ODER-Verknüpfung**.
Schreibweise: $A_1(x) \vee A_2(x)$

Lösungsverfahren einer ODER-Verknüpfung:
1. Man löst $A_1(x)$: $\mathbb{L}_1$
2. Man löst $A_2(x)$: $\mathbb{L}_2$
3. Man bildet die Vereinigungsmenge: $\mathbb{L} = \mathbb{L}_1 \cup \mathbb{L}_2$

Beispiel:

$\mathbb{G} = \mathbb{Z}$

$$3 - x \geq 4 \quad \vee \quad 2x + 4 > 7$$
$$-x \geq 1 \quad \vee \quad 2x > 3$$
$$x \leq -1 \quad \vee \quad x > 1{,}5$$

$\mathbb{L}_1 = \{-1; -2; -3; ...\}$ $\mathbb{L}_2 = \{2; 3; 4; ...\}$

$\mathbb{L} = L_1 \cup L_2 = \{..., -3; -2; -1; 2; 3; 4; ...\}$

Darstellung auf der Zahlengeraden:

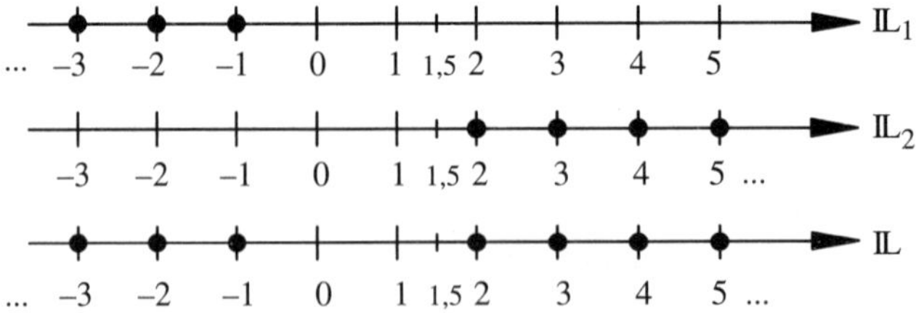

Beispiel:

$$\mathbb{G} = \mathbb{Q} \qquad \begin{array}{rcl} 2(3x-8) < 9x-7 & \vee & 4(3-x) > x+7 \\ 6x-16 < 9x-7 & \vee & 12-4x > x+7 \\ 6x < 9x+9 & \vee & -4x > x-5 \\ -3x < 9 & \vee & -5x > -5 \\ x > -3 & \vee & x < 1 \end{array}$$

$\mathbb{L}_1 = \{x \mid x > -3\}$ $\qquad$ $\mathbb{L}_2 = \{x \mid x < 1\}$

$\mathbb{L} = \{x \mid x > -3 \vee x < 1\} = \mathbb{Q}$

Zeichnerische Darstellung:

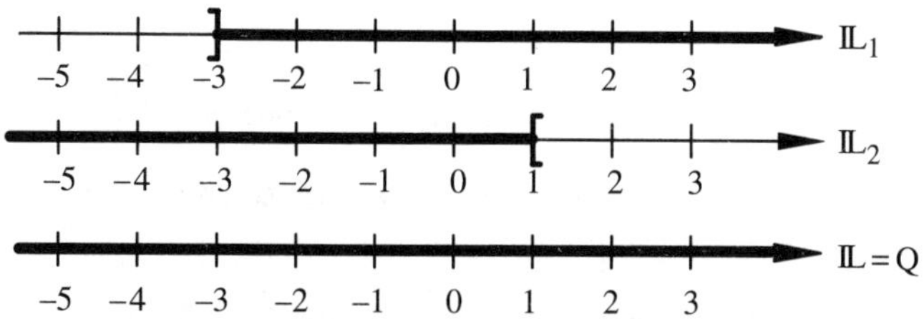

Anmerkung: Zwei Ungleichungen, die mit „oder" verknüpft sind, können nicht als Doppelungleichung geschrieben werden.

Aufgaben:

135. Bestimme die Lösungsmenge.

a) $2x = 8 \ \vee\ -x = 5$

b) $2x + 3 = 0 \ \vee\ -4x + 1 = 9$

c) $3x - 5 = 16 \ \vee\ 3x + 16 = -5$

d) $2(2x - 3) = 10 \ \vee\ 4(1 - 2x) = 12$

e) $35(2x - 1) = 70 \ \vee\ 4 = (5x - 7) \cdot (-2)$

f) $2x - 7 = -7 \ \vee\ 3(x - 1) = 12$

136. Bestimme die Lösungsmenge und stelle sie an der Zahlengeraden dar.

a) $3x > 3 \lor -x > 4$

b) $2 + x \geq 4 \lor 2 - x \leq 5$

c) $8 + x < 9 \lor 4x + 1 \leq 9$

d) $5x + 2 > -3 \lor 7x - 5 \geq 9$

137. a) $4(x + 1) > 3x + 4 \lor 3(8x - 1) \leq 2(x - 7)$ $\qquad \mathbb{G} = \mathbb{N}$

b) $-5(x - 1) + 3 > 10(1 - x) + 3x \lor (x + 1)(x - 4) < x(x + 3)$ $\qquad \mathbb{G} = \mathbb{Z}$

c) $(x + 4)^2 > (x - 4)(x + 4) \lor (x - 2)^2 > 38 - 3x\left(7 - \frac{1}{3}x\right)$ $\qquad \mathbb{G} = \mathbb{Q}^+$

d) $(x + 5)^2 + (x - 5)^2 > x(2x + 1) \lor x(1 - 2x) > 2(5 - x)(5 + x)$ $\qquad \mathbb{G} = \mathbb{Q}$

138. Welche zweistelligen Zahlen sind Vielfache von 12 oder von 25?

139. Subtrahiert man vom 6-fachen einer ganzen Zahl 15, so erhält man 45 oder –45. Welche Zahlen kommen infrage?

140. Die Basis und ein Schenkel eines gleichschenkligen Dreiecks unterscheiden sich um 5 cm. Das Dreieck hat einen Umfang von 34 cm. Wie lang kann die Basis sein?

141. Welche Zahl ist von der Zahl 3 auf der Zahlengeraden 10 LE entfernt?

142. Welche ganzen Zahlen sind auf der Zahlengeraden von –3 mehr als 8 LE entfernt?

143. Der Abstand des Doppelten von x von –6 ist größer als die Summe der gesuchten Zahl und 9. Wie heißt die Zahl?

4 Anwendungen

Die UND- bzw. die ODER-Verknüpfung kommt beim Lösen vielfältiger mathematischer Aufgabentypen zur Anwendung.

Betragsgleichung

Definition: Eine Gleichung, bei der die Variable zwischen zwei Betragsstrichen steht, nennt man **Betragsgleichung**.

Beispiel:

$|x| = 5$

Die Pfeile der Zahlen +5 und –5 sind gleich lang, die Zahlen haben denselben Betrag: $|+5| = |-5| = 5$
also gilt: x = 5 **oder** x = –5

$x = 5 \quad \vee \quad x = -5$

$\mathbb{L} = \{-5; 5\}$

Beispiel:

$$
\begin{aligned}
|x+4| &= 10 \\
x+4 &= 10 \quad \vee \quad x+4 = -10 \\
x &= 6 \quad \vee \quad x = -14 \\
\mathbb{L} &= \{-14; 6\}
\end{aligned}
$$

Es gilt: x + 4 = 10 **oder** x + 4 = –10

Beispiel:

$$
\begin{aligned}
|a-3| &= 0 \\
a-3 &= 0 \\
a &= 3 \\
\mathbb{L} &= \{3\}
\end{aligned}
$$

Die Zahl 0 hat den Betrag 0.

Beispiel:

$$
\begin{aligned}
|z+1| &= -2 \\
\mathbb{L} &= \emptyset
\end{aligned}
$$

Der Betrag einer Zahl kann nie negativ sein.

Aufgaben:

144. Löse die Betragsgleichung.

a) $|x| = 10$ b) $2 \cdot |x| = 8$

c) $|x + 5| = 5$ d) $|x - 1| = 6$

e) $|2x + 3| = 7$ f) $|5 - 2x| = 0$

g) $|8x - 19| = -1$ h) $3 \cdot |4 - 7x| = 75$

145. Welche Zahlen haben auf der Zahlengeraden von –5 den Abstand 4 LE?

Ein Produkt mit dem Produktwert null

Du weißt, dass hier wahre Aussagen vorliegen: $0 \cdot 3 = 0$ bzw. $4 \cdot 0 = 0$

Ein Produkt hat den Wert null, wenn mindestens ein Faktor null ist.

$$a \cdot b = 0 \quad \Leftrightarrow \quad a = 0 \vee b = 0$$

Beispiel:

$\mathbb{G} = \mathbb{Q}$ $x \cdot (x - 2) = 0$

$0 \cdot b = 0$ **oder** $a \cdot 0 = 0$
d. h. $x = 0$ **oder** $x - 2 = 0$

$$x = 0 \vee x - 2 = 0$$
$$x = 0 \vee x = 2$$
$$\mathbb{L} = \{0; 2\}$$

Beispiel:

$\mathbb{G} = \mathbb{Z}$ $(y - 3)(5 + 3y) = 0$

Der 1. Faktor (y – 3) hat den Wert null **oder** der 2. Faktor (5 + 3y) hat den Wert null.

$$y - 3 = 0 \vee 5 + 3y = 0$$
$$y = 3 \vee 3y = -5$$
$$y = -\frac{5}{3}$$

Grundmenge beachten!

$$\mathbb{L} = \{3\}$$

Aufgaben:

146. Für welche rationalen Zahlen hat das Produkt den Wert null?

a) $x(x + 1) = 0$ b) $x(4 - x) = 0$

c) $(2x - 3)(x + 2) = 0$ d) $(x - 5)(x + 4) = 0$

147. Löse die Produktgleichung. Gib die Lösungsmenge jeweils für die Grundmenge $\mathbb{G}_1 = \mathbb{N}$, $\mathbb{G}_2 = \mathbb{Z}$, $\mathbb{G}_3 = \mathbb{Q}^+$ und $\mathbb{G}_4 = \mathbb{Q}$ an.

a) $x^2 \cdot (x - 7) = 0$ b) $(x + 1)(x - 3) \cdot x = 0$

c) $(x - 2)(x + 2)(x - 5) = 0$ d) $(4x + 5)(7 - x)(3 + x) = 0$

e) $(2x - 9)(2x + 11)(x + 9) = 0$ f) $(x^2 + 1)(x + 9)(x - 9) = 0$

g) $x \cdot (x + 1)(x - 2)(2x - 3) = 0$ h) $2x \cdot (3x - 1)(4x + 5)(5 - 3x) = 0$

Quadratische Gleichung

Definition: Eine Gleichung, bei der die Variable quadratisch auftritt, heißt **quadratische Gleichung**.

Beispiele für quadratische Gleichungen:

$x^2 - 9 = 0$ $x^2 + 6x = 0$ $2x^2 + 4x = 3$ $4x^2 + 4x = 3x - 1$

Eine quadratische Gleichung kann man lösen, indem man die Gleichung auf die Form **$a \cdot b = 0$** bringt.

Beispiel:

$$x^2 = 4$$

Der Rechtsterm soll null werden: RT = 0

$$x^2 - 4 = 0$$

Der Linksterm muss faktorisiert werden: wende die 3. binomische Formel an.

$$(x + 2)(x - 2) = 0$$

$$x + 2 = 0 \quad \vee \quad x - 2 = 0$$

$$x = -2 \quad \vee \quad x = 2$$

$$\mathbb{L} = \{-2; 2\}$$

Beispiel:

$2x^2 + 9x = x$	RT = 0
$2x^2 + 8x = 0$	Die Beizahl von x^2 soll 1 sein, also $\mid :2$
$x^2 + 4x = 0$	Klammere im LT x aus.
$x(x + 4) = 0$	
$x = 0 \vee x + 4 = 0$	
$x = 0 \vee x = -4$	
$\mathbb{L} = \{0; -4\}$	

Beispiel:

$-4x^2 - 24x = 36$	RT = 0
$-4x^2 - 24x - 36 = 0$	$\mid :(-4)$
$x^2 + 6x + 9 = 0$	Wende im LT die 1. binomische Formel an.
$(x + 3)^2 = 0$	Ein Quadrat hat den Wert null, wenn die Basis null ist.
$x + 3 = 0$	
$x = -3$	
$\mathbb{L} = \{-3\}$	

Beispiel:

$\mathbb{G} = \mathbb{N}$ $\quad 5x^2 - 10 = 10(7 - 3x)$	Ausmultiplizieren der Klammer.
$5x^2 - 10 = 70 - 30x$	Ziel: RT = 0
$5x^2 + 30x - 10 = 70$	
$5x^2 + 30x - 80 = 0$	$\mid :5$
$x^2 + 6x - 16 = 0$	Quadratische Ergänzung des LT.
$x^2 + 6x + 3^2 - 9 - 16 = 0$	
$(x + 3)^2 - 25 = 0$	Wende die 3. binomische Formel an.
$(x + 3 + 5)(x + 3 - 5) = 0$	
$(x + 8)(x - 2) = 0$	
$x + 8 = 0 \vee x - 2 = 0$	
$x = -8 \vee x = 2$	
$\mathbb{L} = \{2\}$	

Anmerkung: Entsteht nach der quadratischen Ergänzung keine 3. binomische Formel, kann der LT nicht in ein Produkt umgeformt werden. Es gilt: $\mathbb{L} = \varnothing$

Aufgaben:

148. Löse die Gleichung.

a) $x^2 - 9 = 0$ b) $x^2 = 81$

c) $2x^2 - 50 = 0$ d) $3x^2 - 3 = 0$

e) $\frac{1}{2}x^2 = 2$ f) $27 - \frac{1}{3}x^2 = 0$

149. Bestimme die Lösungsmenge.

a) $x^2 - x = 0$ b) $2x^2 - 6x = 0$

c) $5x - 2x^2 = 0$ d) $3x^2 + 2x = 0$

e) $4x^2 + x = 2x$ f) $8x\,(x + 3) = 3x$

150. Löse die quadratische Gleichung.

a) $x^2 + 8x + 16 = 0$ b) $x^2 - 16x + 64 = 0$

c) $-x^2 + 2x - 1 = 0$ d) $2x^2 + 20x + 50 = 0$

e) $x(x - 12) = -36$ f) $3(x^2 + 6x) = -27$

151. a) $x^2 + 6x + 5 = 0$ b) $x^2 - 9x + 14 = 0$

c) $-x^2 - 3x + 10 = 0$ d) $2x^2 - 14x + 24 = 0$

e) $-2x^2 + 14x = 12$ f) $3x^2 + 6x - 9 = 0$

152. Bringe die Gleichung auf die Produktform und löse sie.

a) $x(x + 4) = -4$ b) $x^2 - 18 = 6(x - 3)$

c) $(x - 3)^2 = 25$ d) $x(x + 1) + 5 = x + 9$

e) $(x + 1)^2 + (x - 1)^2 = 7x + 2$ f) $(2 - x)\,(x + 8) = (x - 8)\,(x + 2)$

Ein Produkt mit positivem Wert

Es gilt: $5 \cdot 3 = 15$, ebenso ist $(-5) \cdot (-3) = 15$.
Ein Produkt hat also einen positiven Wert, wenn beide Faktoren positiv oder wenn beide Faktoren negativ sind.

Ein Produkt ist positiv, wenn für die Vorzeichen gilt:

$+ \cdot +$ oder $- \cdot -$

Folglich: $a \cdot b > 0 \Leftrightarrow (a > 0 \wedge b > 0) \vee (a < 0 \wedge b < 0)$

Beispiel:

$\mathbb{G} = \mathbb{Z} \quad x(x-3) > 0$	Das Produkt ist positiv: Es gibt zwei Möglichkeiten: beide Faktoren sind positiv, also $x > 0$ und zugleich $x - 3 > 0$ oder beide Faktoren sind negativ, also $x < 0$ und zugleich $x - 3 < 0$.
$(x > 0 \wedge x - 3 > 0) \vee (x < 0 \wedge x - 3 < 0)$	Vereinfachen der Ungleichungen.
$(x > 0 \wedge x > 3) \vee (x < 0 \wedge x < 3)$	Bestimmung der Lösungsmengen der beiden UND-Verknüpfungen.
$\mathbb{L}_1 = \{4; 5; 6; ...\} \quad \mathbb{L}_2 = \{-1; -2; -3; ...\}$	Bestimmung der Vereinigungsmenge von $\mathbb{L}_1$ und $\mathbb{L}_2$.
$\mathbb{L} = L_1 \cup L_2 = \{...; -3; -2; -1; 4; 5; 6; ...\}$	

Zeichnerische Veranschaulichung der Lösung:

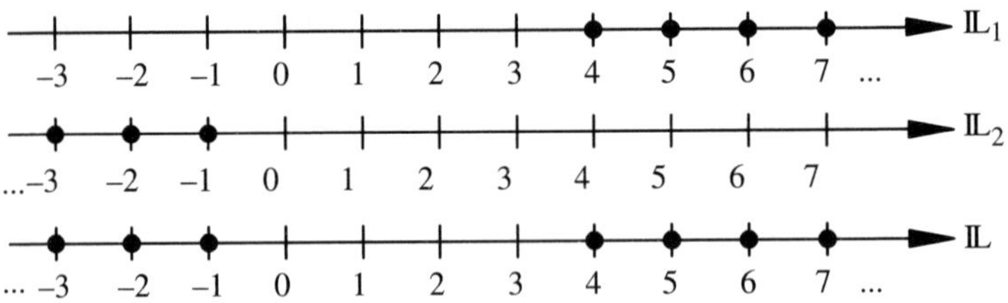

Beispiel:

$\mathbb{G} = \mathbb{Q} \qquad (x + 3)(5 - 2x) \geq 0$

$a \cdot b \geq 0$:
1. Fall: $a \geq 0 \wedge b \geq 0$
hier: $x + 3 \geq 0 \wedge 5 - 2x \geq 0$
2. Fall: $a \leq 0 \wedge b \leq 0$
hier: $x + 3 \leq 0 \wedge 5 - 2x \leq 0$

$(x + 3 \geq 0 \wedge 5 - 2x \geq 0) \vee (x + 3 \leq 0 \wedge 5 - 2x \leq 0)$ Vereinfache die Ungleichungen

$(x \geq -3 \wedge -2x \geq -5) \vee (x \leq -3 \wedge -2x \leq -5)$ Beachte die Division mit (–2)!

$(x \geq -3 \wedge x \leq 2{,}5) \vee (x \leq -3 \wedge x \geq 2{,}5)$ Bestimme die Lösungsmengen der UND-Verknüpfungen.

$\mathbb{L}_1 = \{x \mid -3 \leq x \leq 2{,}5\} \qquad \mathbb{L}_2 = \varnothing$ Bestimme die Vereinigungsmenge von $\mathbb{L}_1$ und $\mathbb{L}_2$.

$\mathbb{L} = \mathbb{L}_1 \cup L_2 = \mathbb{L}_1 = [-3; 2{,}5]$

Zeichnerische Veranschaulichung der Lösung:

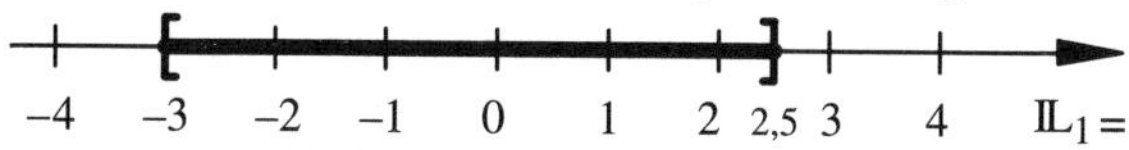

$\mathbb{L}_1 = \mathbb{L}$
$\mathbb{L}_2 = \varnothing$

Aufgaben:

153. Bestimme die Lösungsmenge und stelle die Lösung an der Zahlengeraden dar.

a) $x(x - 1) \geq 0$ b) $(x - 3)(x + 3) > 0$
c) $(x + 2)(12 - 3x) \geq 0$ d) $(x + 4)(4 - 5x) \geq 0$

Hinweis: Beim Lösen folgender quadratischer Ungleichungen musst du die Ungleichung erst auf die Form $a \cdot b > 0$ bzw. $a \cdot b \geq 0$ bringen.

154. Löse die Ungleichung.

a) $x^2 - 9 > 0$ b) $4x^2 - 100 \geq 0$
c) $x^2 - 2x + 1 > 0$ d) $2x^2 + 8x + 8 \geq 0$

155. a) $x^2 + 4x - 5 > 0$ b) $x^2 - 5x + 6 \geq 0$
c) $2x^2 - 5x \geq 0$ d) $5 + 4x < (x + 2)^2$

156. Das Produkt aus einer negativen ganzen Zahl und der um 6 vergrößerten Zahl ist positv. Welche Zahlen kommen infrage?

Ein Produkt mit negativem Wert

Es gilt: $5 \cdot (-3) = -15$, ebenso $(-5) \cdot 3 = -15$.
Ein Produkt hat also einen negativen Wert, wenn entweder der 1. Faktor positiv und gleichzeitig der 2. Faktor negativ ist oder wenn der 1. Faktor negativ und der 2. Faktor zugleich positiv ist.

Ein Produkt ist negativ, wenn für die Vorzeichen der Faktoren gilt:

$+ \cdot -$ oder $- \cdot +$

Folglich: $a \cdot b < 0 \Leftrightarrow (a > 0 \wedge b < 0) \vee (a < 0 \wedge b > 0)$

Beispiel:

$\mathbb{G} = \mathbb{Z}$ $(x - 1)(2x - 7) < 0$

Das Produkt ist negativ: Es gibt zwei Möglichkeiten: der 1. Faktor (x – 1) ist positiv und zugleich der 2. Faktor (2x – 7) ist negativ, oder der 1. Faktor (x – 1) ist negativ und zugleich der 2. Faktor (2x – 7) ist positiv.

$(x - 1 > 0 \wedge 2x - 7 < 0) \vee (x - 1 < 0 \wedge 2x - 7 > 0)$

Vereinfachen der Ungleichungen.

$(x > 1 \wedge 2x < 7) \vee (x < 1 \wedge 2x > 7)$

Bestimmung der Lösungsmengen der beiden UND-Verknüpfungen.

$(x > 1 \wedge x < 3{,}5) \vee (x < 1 \wedge x > 3{,}5)$

Bestimmung der Vereinigungsmenge von $\mathbb{L}_1$ und $\mathbb{L}_2$.

$\mathbb{L}_1 = \{2; 3\}$ $\mathbb{L}_2 = \varnothing$
$\mathbb{L} = \mathbb{L}_1 \cup \mathbb{L}_2 = \mathbb{L}_1 = \{2; 3\}$

Zeichnerische Veranschaulichung der Lösung:

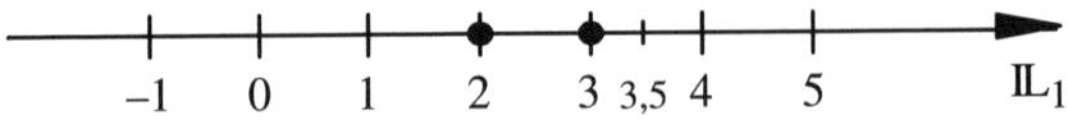

$\mathbb{L}_1 = \mathbb{L}$
$\mathbb{L}_2 = \varnothing$

Aufgaben:

157. Bestimme die Lösungsmenge und stelle die Lösung an der Zahlengeraden graphisch dar.

a) $x(x + 3) < 0$ b) $(x + 4)(x - 7) \leq 0$

c) $(4 - x)(2x + 5) \leq 0$ d) $(4x + 9)(5x - 8) < 0$

158. Löse die Ungleichung.

a) $x^2 - 25 < 0$ b) $2x^2 - 32 \leq 0$

c) $-x^2 - 6x - 9 \geq 0$ d) $4x^2 - 8x + 4 < 0$

159. a) $4x^2 - 12x < 0$ b) $x^2 + x - 12 < 0$

c) $-3x^2 > 24x$ d) $(x + 2)^2 < 8 + 4x$

160. Das Produkt aus einer ganzen Zahl und der um 7 vergrößerten Zahl ist negativ. Welche Zahlen kommen infrage?

Bruchterme

Bildet man den Quotienten zweier Terme T_1 und T_2, so entsteht ein neuer Term.

Beispiel:

$T_1 = 4x + 1$ $\qquad$ $T_2 = 3 \cdot 5$

$T_3 = \frac{T_1}{T_2} = \frac{4x+1}{3 \cdot 5}$ $\qquad$ $T_4 = \frac{T_2}{T_1} = \frac{3 \cdot 5}{4x + 1}$

Beim Term T_3 ist der Nenner variablenfrei, beim Term T_4 steht im Nenner die Variable x.

Definition: Ein Term, bei dem im Nenner mindestens eine Variable steht, heißt **Bruchterm**.

Aufgabe:

161. Welche der folgenden Terme sind Bruchterme?

$\frac{5}{4} \quad \frac{2}{2x} \quad \frac{3x+1}{x-1} \quad \frac{(4x+1)^2}{7} \quad \left(\frac{2x+1}{4x}\right)^2 \quad \frac{x+y}{(x-1)^2} \quad \frac{4x-y}{x+y}$

1 Die Definitionsmenge eines Bruchterms

Bei Belegungen eines Bruchterms mit Elementen der Grundmenge $\mathbb{G}$ kann der Nenner den Wert null annehmen. Da durch null nicht dividiert werden darf, schließt man die Nullstellen des Nenners von den Belegungen aus.

Definition: Die Grundmenge ohne der Menge der Nullstellen des Nenners heißt **Definitionsmenge** $\mathbb{D}$ des Bruchterms.
Man schreibt: $\mathbb{D} = \mathbb{G} \setminus \{\text{Nullstellen des Nenners}\}$

Beispiel:

$\mathbb{G} = \mathbb{Q}$ $\quad T(x) = \frac{3}{x-1}$

Nullstellen des Nenners:
$x - 1 = 0$
$x = 1$
1 darf wegen $\frac{3}{0}$ nicht in den Term eingesetzt werden. Die Definitionsmenge besteht somit aus allen rationalen Zahlen außer 1.

$\mathbb{D} = \mathbb{Q} \setminus \{1\}$

Beispiel:

$\mathbb{G} = \mathbb{Q}$ $\quad T(x) = \frac{5x-1}{(x+3)(x-2)}$

Nullstellen des Nenners:
$(x + 3) \cdot (x - 2) = 0$
$x + 3 = 0 \quad \vee \quad x - 2 = 0$
$x = -3 \quad \vee \quad x = 2$
–3 und 2 dürfen nicht in den Term eingesetzt werden.

$\mathbb{D} = \mathbb{Q} \setminus \{-3; 2\}$

Beispiel:

$\mathbb{G} = \mathbb{Z}$ $\quad T(x) = \frac{2-x}{3x^2+6x}$

Nullstellen des Nenners:
$3x^2 + 6x = 0 \quad |:3$
$x^2 + 2x = 0$ Ausklammern von x
$x(x + 2) = 0$
$x = 0 \quad \vee \quad x + 2 = 0$
$x = 0 \quad \vee \quad x = -2$
–2 und 0 dürfen nicht in den Term eingesetzt werden.

$\mathbb{D} = \mathbb{Z} \setminus \{-2; 0\}$

Beispiel:

$\mathbb{G} = \mathbb{N}$ $\qquad T(a) = \frac{3a}{a^2+6a+9}$

Nullstellen des Nenners:
$a^2 + 6a + 9 = 0$ 1. binomische Formel
$(a + 3)^2 = 0$
$a + 3 = 0$
$a = -3$
Wegen $-3 \notin \mathbb{N}$ muss kein Element aus $\mathbb{G}$ ausgeschlossen werden.

$\mathbb{D} = \mathbb{G} = \mathbb{N}$

Beispiel:

$\mathbb{G} = \mathbb{N}$ $\qquad T(z) = \frac{11}{z^2-49}$

Nullstellen des Nenners:
$z^2 - 49 = 0$ 3. binomische Formel
$(z + 7)(z - 7) = 0$
$z = -7 \vee z = 7$
Beachte: $-7 \notin \mathbb{N}$

$\mathbb{D} = \mathbb{N} \setminus \{7\}$

Beispiel:

$\mathbb{G} = \mathbb{Q}$ $\qquad T(x) = \frac{5x}{x^2+6x+5}$

Nullstellen des Nenners:
$a^2 + 6a + 5 = 0$ Quadratisches Ergänzen
$x^2 + 6x + 3^2 - 9 + 5 = 0$
$(x + 3)^2 - 4 = 0$ 3. binomische Formel
$(x + 3 + 2) \cdot (x + 3 - 2) = 0$
$(x + 5) \cdot (x + 1) = 0$
$x = -5 \vee x = -1$

$\mathbb{D} = \mathbb{G} \setminus \{-5; -1\}$

Aufgaben:

162. Bestimme die Definitionsmenge des Terms $\frac{2}{x+1}$ für die Grundmenge $\mathbb{G}$.

a) $\mathbb{G} = \{-3; -2; ...; 2; 3\}$ $\qquad$ b) $\mathbb{G} = [-2; 3]$

c) $\mathbb{G} = \mathbb{N}$ $\qquad$ d) $\mathbb{G} = \mathbb{Z}$

163. Bestimme die Definitionsmenge bei $\mathbb{G} = \mathbb{N}$.

a) $\frac{3}{x}$ $\qquad$ b) $\frac{5}{x-3}$

c) $\frac{6x}{2x+8}$ $\qquad$ d) $\frac{12}{63-7x}$

e) $\frac{1}{(x-3)(x-5)}$ $\qquad$ f) $\frac{5x}{(x+3)(x-2)}$

164. Bestimme $\mathbb{D}$ bezüglich $\mathbb{G}_1 = \mathbb{N}$, $\mathbb{G}_2 = \mathbb{Z}$, $\mathbb{G}_3 = \mathbb{Q}$.

a) $\frac{3}{2x-5}$ b) $\frac{4x}{4+2x}$

c) $\frac{7}{x(x-3)}$ d) $\frac{8x+1}{(x+5)(x-6)}$

e) $\frac{3x-1}{(2x-3)(3x+2)}$ f) $\frac{4+x}{(x-7)(3+x)(3x-7)}$

165. Bestimme $\mathbb{D}$.

a) $\frac{5}{x^2+2x}$ b) $\frac{7x+1}{2x^2-9x}$

c) $\frac{x+1}{3x^3-6x^2}$ d) $\frac{5-2x}{2x^3-2x^2}$

166. Bestimme $\mathbb{D}$.

a) $\frac{5}{x^2+2x+1}$ b) $\frac{7x}{x^2-8x+16}$

c) $\frac{x}{3x^2-18x+27}$ d) $\frac{5x-1}{x^3-12x^2+36x}$

167. Bestimme $\mathbb{D}$.

a) $\frac{2}{x^2-1}$ b) $\frac{6x}{x^2+9}$

c) $\frac{3x}{2x^2-18}$ d) $\frac{3+x}{7x^2-28}$

168. Bestimme $\mathbb{D}$.

a) $\frac{3x}{x^2-7x+10}$ b) $\frac{4x-3}{x^2+2x-8}$

2 Erweitern und Kürzen von Bruchtermen

Erweitern von Bruchtermen

$\frac{4}{5}$ wird mit 3 erweitert: $\frac{4}{5} = \frac{4 \cdot 3}{5 \cdot 3} = \frac{12}{15}$.

Beim Erweitern mit 3 werden Zähler und Nenner jeweils mit 3 multipliziert. Der Wert des Bruchs ändert sich dabei nicht. Analoges gilt für Bruchterme.

Ein Bruchterm $T = \frac{T_1}{T_2}$ wird erweitert, indem man Zählerterm T_1 und Nennerterm T_2 jeweils mit dem Erweiterungsterm T_e multipliziert.

$$T = \frac{T_1}{T_2} = \frac{T_1 \cdot T_e}{T_2 \cdot T_e}$$

Der gegebene und der erweiterte Bruchterm sind nur dann äquivalent, wenn sie die gleiche Definitionsmenge besitzen. Die gemeinsame Definitionsmenge ist die Definitionsmenge des erweiterten Terms.

Beispiel:

Erweitern von $T = \frac{x+5}{x-5}$ mit $T_e = x$. $\mathbb{G} = \mathbb{Q}$

$$\frac{x+5}{x-5} = \frac{(x+5) \cdot x}{(x-5) \cdot x}$$

T_1 und T_2 werden jeweils mit $T_e = x$ multipliziert. Vergiss nicht die Klammern! Auf das Ausmultiplizieren des Zählers und des Nenners kannst du verzichten.
Definitionsmenge:
Nullstelle des gegebenen Terms: 5
Nullstellen des erweiterten Terms: 5 und 0
Der gegebene Term ist für x = 0 definiert, aber nicht der erweiterte Term. Damit beide Terme äquivalent sind, müssen 5 **und auch** 0 von den Belegungen ausgeschlossen werden.

$\mathbb{D} = \mathbb{Q} \setminus \{0; 5\}$

Beispiel:

Gegeben: $T = \frac{x}{x^2 - 3x}$; $T_e = 2x + 5$. $\mathbb{G} = \mathbb{Z}$

$$\frac{x}{x^2 - 3x} = \frac{x \cdot (2x+5)}{(x^2 - 3x) \cdot (2x+5)}$$

Bestimmung der Nullstellen des Nenners des erweiterten Terms:
$(x^2 - 3x)(2x + 5) = 0$
$x(x - 3)(2x + 5) = 0$
$x = 0 \vee x = 3 \vee x = -2{,}5$
$-2{,}5 \notin \mathbb{Z}$

$\mathbb{D} = \mathbb{Z} \setminus \{0; 3\}$

Beispiel:

Der Term $T = \frac{3x}{x^2 - 12x + 36}$ soll so erweitert werden, dass der neue Zählerterm $3x^2 + 12x$ ist. $\mathbb{G} = \mathbb{N}$

$$\frac{3x}{x^2 - 12x + 36} = \frac{3x^2 + 12x}{\square}$$

$$\frac{3x}{x^2 - 12x + 36} = \frac{3x^2 + 12x}{(x^2 - 12x + 36) \cdot (x+4)}$$

Bestimmung des Erweiterungsterms
Gegebener Zähler: $3x$
neuer Zähler: $3x^2 + 12x = 3x(x + 4)$
also: $T_e = (x + 4)$

Nullstellen des Nenners des erweiterten Bruchs:
$(x^2 - 12x + 36)(x + 4) = 0$
$(x - 6)^2 \cdot (x + 4) = 0$
$x = 6 \vee x = -4$

$\mathbb{D} = \mathbb{N} \setminus \{6\}$

Aufgaben:

169. Erweitere den Term mit $x - 5$ und gib die Definitionsmenge an:

a) $\frac{4}{x}$ b) $\frac{4}{x+1}$

c) $\frac{3x+1}{x-5}$ d) $\frac{x-5}{x+5}$

170. Erweitere den Term mit dem angegebenen Erweiterungsterm.

a) $\frac{5}{x}$ $T_e = 2x$ b) $\frac{a}{3c}$ $T_e = 4ac$

c) $\frac{3xy}{5ab}$ $T_e = 3ax$ d) $\frac{4x^2}{3yz}$ $T_e = x^2y^2$

e) $\frac{7az}{6by}$ $T_e = -5xz$ f) $\frac{12a^2b}{13a^2d^3}$ $T_e = 3ab^2c^3$

171. Erweitere den Term so, dass er den angegebenen Zählerterm erhält.

a) $\frac{5x}{6y}$ $10x^2$

b) $\frac{3a}{7b}$ $9a^3$

c) $\frac{2xy}{3z}$ $8x^3y^3$

d) $\frac{3x}{2x+3}$ $6x^2 - 3x$

e) $\frac{4(x+3)}{x+1}$ $8(x^2 - 9)$

f) $\frac{5x+2}{2x+5}$ $100x^2 - 16$

172. Erweitere den Term auf den angegebenen Nennerterm. Bestimme $\mathbb{D}$.

a) $\frac{4}{x}$ x^3

b) $\frac{2}{x+1}$ $x^2 + x$

c) $\frac{x}{x+4}$ $(x + 4)^2$

d) $\frac{11+x}{2-x}$ $4 - x^2$

e) $\frac{a-5}{2a+4}$ $2(a^2 - 4)$

f) $\frac{2}{2b-6}$ $6(b^2 - 9)$

g) $\frac{3+x}{2-x}$ $4x - 8$

h) $\frac{10}{x+5}$ $5(x + 5)^2$

173. Bestimme $\square$, dass beide Terme äquivalent sind.

a) $\frac{4x}{5y} = \frac{\square}{15xy}$

b) $\frac{6x^2}{11y^2z} = \frac{24x^2z}{\square}$

c) $\frac{3a}{a+1} = \frac{\square}{2a(a+1)}$

d) $\frac{8}{a+1} = \frac{16ab}{\square}$

e) $\frac{3x+1}{4x+4} = \frac{\square}{4(x^2-1)}$

f) $\frac{x-2}{x+2} = \frac{9x^2-18x}{\square}$

Kürzen von Bruchtermen

Beispiel:

$\frac{15}{35}$ soll gekürzt werden.

$$\frac{15}{35} = \frac{3 \cdot 5}{7 \cdot 5} = \frac{(3 \cdot 5) : 5}{(7 \cdot 5) : 5} = \frac{3}{5}$$

Man faktorisiert Zähler und Nenner und dividiert beide durch den gemeinsamen Faktor ($\neq 0$).

Der Wert des Bruchs ändert sich beim Kürzen nicht. Analoges gilt für Bruchterme.

Ein Bruchterm $T = \frac{T_1}{T_2}$ wird gekürzt, indem man Zählerterm T_1 und Nennerterm T_2 durch den gleichen Kürzungsfaktor ($\neq 0$) dividiert.

Der gegebene und der gekürzte Term sind äquivalent, wenn beide die gleiche Definitionsmenge $\mathbb{D}$ haben. Die gemeinsame Definitionsmenge ist die Definitionsmenge des ungekürzten Bruchterms.

Beispiel:

$$\frac{27x^2y}{18xy^2}$$

$$= \frac{3x}{2y}$$

Gemeinsame Faktoren:
$27x^2y = 3 \cdot 9 \cdot x^2 \cdot y$
$18xy^2 = 2 \cdot 9 \cdot x \cdot y$
Kürzungsfaktor: $9 \cdot x \cdot y$

Beispiel:

$$\frac{4x}{x(x-1)}$$

$$= \frac{4}{x-1}$$

$\mathbb{D} = \mathbb{Q} \setminus \{0; 1\}$

x tritt im Zähler und im Nenner als Faktor auf, man kann also mit x kürzen.
$\frac{4x}{x} = 4$; $\frac{x(x-1)}{x} = x - 1$
Nullstellen des Nenners des ungekürzten Bruchs:
$x(x - 1) = 0$
$x = 0 \vee x = 1$

Beispiel:

$$\frac{3x^2+15x}{6x+30}$$

$$= \frac{3x(x+5)}{6(x+5)}$$

$$= \frac{x}{2}$$

$\mathbb{D} = \mathbb{Q} \setminus \{-5\}$

Um gemeinsame Faktoren zu finden, muss man Zähler und Nenner faktorisieren.

Gemeinsame Faktoren: 3 und $x + 5$, d. h.
Kürzungsfaktor: $3(x + 5)$

Nullstellen des Nenners des ungekürzten Bruchs:
Betrachte die faktorisierte Form:
$6(x + 5) = 0$
$x = -5$

Beispiel:

$$\frac{2x^2-18}{4x^2+24x^2+36x} \qquad \mathbb{G} = \mathbb{N}$$

Faktorisieren des Zählers und des Nenners:
$2x^2 - 18 = 2(x^2 - 9)$
$= 2 \cdot (x + 3) \cdot (x - 3)$
$4x^3 + 24x^2 + 36x = 4x\,(x^2 + 6x + 9)$
$= 4 \cdot x \cdot (x + 3)^2$
Kürzungsfaktor: $2 \cdot (x + 3)$

$$= \frac{2(x+3)(x-3)}{4x \cdot (x+3)^2}$$

$$= \frac{x-3}{2x(x+3)}$$

Nullstellen des Nenners des gegebenen faktorisierten Nenners.
$4x(x + 3)^2 = 0$
$x = 0 \lor x = -3$
$0 \notin \mathbb{N} \quad -3 \notin \mathbb{N}$

$\mathbb{D} = \mathbb{N}$

Beispiel:

$$\frac{x^2+1}{x^2+4} \qquad \mathbb{G} = \mathbb{Q}$$

Zähler und Nenner lassen sich nicht faktorisieren, sie haben keine gemeinsamen Faktoren. Der Term lässt sich somit nicht kürzen.
Hinweis: Achte stets darauf, dass du nur Faktoren, keine Summanden kürzt. Es wäre falsch, im Beispiel etwa mit x^2 zu kürzen.

$\mathbb{D} = \mathbb{Q}$

Aufgaben:

174. Kürze den Bruchterm.

a) $\frac{8}{12x}$

b) $\frac{36x^2}{-9x}$

c) $\frac{35xy}{5y^2}$

d) $\frac{-7a}{14ab}$

e) $\frac{144a}{48a^2}$

f) $\frac{25x^2yz^3}{30xyz^3}$

g) $\frac{12a^3b}{18a^2}$

h) $\frac{-5xy \cdot 54y^3}{-9y \cdot (-30y^2)}$

175. Klammere im Zähler oder im Nenner –1 aus und kürze dann.

a) $\frac{x-3y}{-x+3y}$

b) $\frac{7x^2-3y}{3y-7x^2}$

176. Klammere im Zähler und Nenner aus und kürze dann.

a) $\frac{8a-32b}{2a-8b}$ b) $\frac{6x^2-30xy}{5x^3-25x^2y}$

c) $\frac{uv^2+v^2}{uv+u^2v}$ d) $\frac{14x^2-21xy}{42x}$

177. Kürze und bestimme die Definitionsmenge.

a) $\frac{x^2}{x(x-9)}$ b) $\frac{x+2}{2x+4}$

c) $\frac{16}{16x+16}$ d) $\frac{3x-9}{15-5x}$

e) $\frac{4x+9}{8x^2+18x}$ f) $\frac{38x+57}{19x}$

178. Kürze den Bruchterm und bestimme $\mathbb{D}$.

a) $\frac{x^2+x}{x^3+x^2}$ b) $\frac{x^2-4x}{x^2-16}$

c) $\frac{4x^2+6x}{4x^2-9}$ d) $\frac{x^2-100}{2x-20}$

e) $\frac{x^2+10x+25}{2x^2-50}$ f) $\frac{144-x^2}{x^3-24x^2+144x}$

179. Bestimme die Definitionsmenge und kürze den Term.

a) $\frac{x^2-1}{(x^2+x)(x-1)}$ b) $\frac{(x-2)^2}{x^2+x-6}$

c) $\frac{5x^2-45}{2x^2-6x}$ d) $\frac{(x-4)^2\cdot(x^2-4)}{(x+2)(x^2-16)}$

Gleichnamigmachen von Bruchtermen

Bei vielen Aufgaben ist es nötig, Bruchterme mit gleichen Nennern zu betrachten.

Definition: Bruchterme mit gleichen Nennern heißen **gleichnamig**.

Durch Erweitern kann man Brüche gleichnamig machen.

Beispiel:

$$\frac{2}{3} = \frac{8}{12} = \frac{16}{24} = \frac{24}{36} = \frac{32}{48} = \ldots$$

$$\frac{3}{4} = \frac{9}{12} = \frac{18}{24} = \frac{27}{36} = \frac{36}{48} = \ldots$$

Es ist zweckmäßig, das kleinste gemeinsame Vielfache (das kgV) der Nenner zu bestimmen.

Definition: Das kleinste gemeinsame Vielfache der Nenner von Bruchtermen heißt **Hauptnenner HN**.

Um das kgV der Nenner zu finden, zerlegt man die Nenner in Primfaktoren. Der Hauptnenner ist dann das Produkt aus den höchsten Potenzen der vorkommenden Primfaktoren.

Beispiel:

Die Bruchzahlen $\frac{5}{48}$ und $\frac{7}{54}$ sollen gleichnamig gemacht werden.

Bestimmung des Hauptnenners HN:

Zerlegen von 48 und 54 in Primfaktoren:

$48 = 2 \cdot 2 \cdot 2 \cdot 2 \cdot 3 = 2^4 \cdot 3$ — Primfaktoren 2 und 3

$54 = 2 \cdot 3 \cdot 3 \cdot 3 = 2 \cdot 3^3$ — Primfaktoren 2 und 3

Die höchste vorkommende Potenz von 2 ist 2^4, von 3 ist 3^3.

$$\text{HN} = 2^4 \cdot 3^3 = 16 \cdot 27 = 432$$

Erweiterungsfaktoren:

Um die Erweiterungsfaktoren zu finden, betrachtet man die faktorisierten Nenner:

$\text{HN} = 2^4 \cdot 3^3$, $48 = 2^4 \cdot 3$, $54 = 2 \cdot 3^3$

von $\frac{5}{48}$: $3^2 = 9$

von $\frac{7}{54}$: $2^3 = 8$

also: $\frac{5}{48} = \frac{5 \cdot 9}{48 \cdot 9} = \frac{45}{432}$

$\frac{7}{54} = \frac{7 \cdot 8}{54 \cdot 8} = \frac{56}{432}$

Beispiel:

Gegeben: $\frac{5a}{6x^2yz}$; $\frac{ab}{12xy^2}$

Zerlegen der Nenner in Primfaktoren:

$6x^2yz = 2 \cdot 3 \cdot x^2 \cdot y \cdot z$

$12xy^2 = 2^2 \cdot 3 \cdot x \cdot y^2$

$HN = 2^2 \cdot 3 \cdot x^2 \cdot y^2 \cdot z = 12x^2y^2z$

Erweiterungsfaktoren:

$2 \cdot y = 2y$

$x \cdot z = xz$

Gleichnamigmachen:

$$\frac{5a}{6x^2yz} = \frac{5a \cdot 2y}{6x^2yz \cdot 2y} = \frac{10ay}{12x^2y^2z}$$

$$\frac{ab}{12xy^2} = \frac{ab \cdot xz}{12xy^2 \cdot xz} = \frac{abxz}{12x^2y^2z}$$

Beispiel:

Gegeben: $\frac{1}{x}$; $\frac{2}{3y}$ und $\frac{3}{4z}$

Bestimmung des HN:

$x = x$

$3y = 3 \cdot y$

$4z = 2^2 \cdot z$

$HN = 3 \cdot 2^2 \cdot x \cdot y \cdot z = 12xyz$

Erweiterungsfaktoren:

$3 \cdot 2^2 \cdot y \cdot z = 12yz$

$2^2 \cdot x \cdot z = 4xz$

$3 \cdot x \cdot y = 3xy$

Die Nenner x, 3y und 4z haben keine gemeinsame Faktoren, sie sind teilerfremd. Der HN ist das Produkt dieser Nenner.

Gleichnamigmachen:

$$\frac{1}{x} = \frac{1 \cdot 12yz}{12xyz} = \frac{12yz}{12xyz}$$

$$\frac{2}{3y} = \frac{2 \cdot 4xz}{12xyz} = \frac{8xz}{12xyz}$$

$$\frac{3}{4z} = \frac{3 \cdot 3xy}{12xyz} = \frac{9xy}{12xyz}$$

Beispiel:

Gegeben: $\frac{x+3}{x^2-16}$; $\frac{x-1}{x+4}$

Bestimmung des HN:		Erweiterungsfaktoren:
$x^2 - 16$	$= (x + 4) \cdot (x - 4)$	–
$x + 4$	$= (x + 4)$	$x + 4$
HN	$= (x + 4) \cdot (x - 4)$	

Der Nenner des ersten Bruchterms ist ein Vielfaches des zweiten, der Hauptnenner ist der Nenner des ersten Bruchterms.

Gleichnamigmachen:

$$\frac{x+3}{x^2-16} = \frac{x+3}{(x+4)(x-4)}$$

$$\frac{x-1}{x+4} = \frac{(x-1)(x-4)}{(x+4)(x-4)}$$

Beispiel:

Gegeben: $\frac{4}{3x^2+6x}$; $\frac{3}{x^2-4}$

Bestimmung des HN:		Erweiterungsfaktoren:
$3x^2 + 6x$	$= 3 \cdot x \cdot (x + 2)$	$x - 2$
$x^2 - 4$	$= \quad (x + 2) \cdot (x - 2)$	$3 \cdot x = 3x$
HN	$= 3 \cdot x \cdot (x + 2) \cdot (x - 2)$	

Gleichnamigmachen:

$$\frac{4}{3x^2+6x} = \frac{4(x-2)}{3x(x+2)(x-2)}$$

$$\frac{3}{x^2-4} = \frac{3 \cdot 3x}{3x(x+2)(x-2)} = \frac{9x}{3x(x^2-4)}$$

Beispiel:

Gegeben: $\frac{5}{4x^2-2xy}$; $\frac{4}{4x^2-4xy+y^2}$; $\frac{7}{6xy-3y^2}$

Bestimmung des HN:		Erweiterungsfaktoren:
$4x^2 - 2xy$	$= 2 \cdot x \cdot (2x - y)$	$3 \cdot y \cdot (x - y) = 3y(2x - y)$
$4x^2 - 4xy+y^2$	$= (2x - y)^2$	$2 \cdot 3 \cdot x \cdot y = 6xy$
$6xy - 3y^2$	$= 3 \cdot y \cdot (2x- y)$	$2 \cdot x \cdot (2x - y) = 2x(2x - y)$
HN	$= 2 \cdot 3 \cdot x \cdot y \cdot (2x -y)^2$	

Gleichnamigmachen:

$$\frac{5}{4x^2-2xy}=\frac{5\cdot 3y(2x-y)}{6xy(2x-y)^2}=\frac{15y(2x-y)}{6xy(2x-y)^2}$$

$$\frac{4}{4x^2-4xy+y^2}=\frac{4\cdot 6xy}{6xy(2x-y)^2}=\frac{24xy}{6xy(2x-y)^2}$$

$$\frac{7}{6xy-3y^2}=\frac{7\cdot 2x(2x-y)}{6xy(2x-y)^2}=\frac{14x(2x-y)}{6xy(2x-y)^2}$$

Aufgaben:

180. Suche das kgV der Terme:

a) a^2bc ab^2d b) $45xy^2$ $5x^2y$

c) $-13xyz^2$ $39x^2y$ d) $42abd$ $-54ace$

181. Bestimme den Hauptnenner und mache die Terme gleichnamig.

a) $\frac{5a}{36b^2}$ $\frac{-7b}{48a^2}$

b) $\frac{8z}{35x^2y}$ $\frac{-4z}{45xy}$

c) $\frac{5}{24ab^2c}$ $\frac{-1}{18a^2b^2}$

d) $\frac{-3}{25x^2y^2}$ $\frac{y^2}{50x^2}$

182. Bestimme den Hauptnenner und die gemeinsame Definitionsmenge.

a) $\frac{6}{6x+12}$ $\frac{x-1}{3x+6}$

b) $\frac{x+3}{x-3}$ $\frac{2}{x(x-3)}$

c) $\frac{4a}{3-3a}$ $\frac{1}{5a-5a^2}$

d) $\frac{5-x}{7x^2+14x}$ $\frac{-5x}{6x^3+12x^2}$

e) $\frac{3}{2(x+5)(x-3)}$ $\frac{5}{(5x-15)(x-5)}$

f) $\frac{4y}{(4y-1)(y-1)}$ $\frac{3y}{4y\cdot(y-1)}$

183. Mache die Terme gleichnamig und bestimme $\mathbb{D}$.

a) $\frac{a}{3a-1}$ $\frac{2a}{9a^2-1}$

b) $\frac{2x}{x^2-25}$ $\frac{x+2}{2x-10}$

c) $\frac{3x}{2x-6}$ $\frac{x+1}{3x^2-27}$

d) $\frac{x+1}{(x-1)^2}$ $\frac{-x}{3x-3}$

e) $\frac{3}{y^3-y^2}$ $\frac{-5}{y^3-y}$

f) $\frac{x-2}{x^2+4x+4}$ $\frac{x+5}{5x+10}$

g) $\frac{4x+1}{x^2-10x+25}$ $\frac{x-2}{(4x-20)\cdot x}$

h) $\frac{x+6}{2x^2-24x+72}$ $\frac{x-4}{2x^2-72}$

184. Mache die Bruchterme gleichnamig.

a) $\frac{x}{x+y}$ $\frac{y}{x-y}$

b) $\frac{2x+1}{(x+y)^2}$ $\frac{y-5}{xy+y^2}$

c) $\frac{ab}{9a^2-24ab+16b^2}$ $\frac{a+b}{15a-20b}$

d) $\frac{a+b}{3a^3-12ab^2}$ $\frac{a-b}{5ab+10b^2}$

3 Addition und Subtraktion von Bruchtermen

Addition und Subtraktion von gleichnamigen Bruchtermen

$\frac{2}{7}+\frac{3}{7}=\frac{2+3}{7}=\frac{5}{7}$ $\frac{9}{11}-\frac{4}{11}=\frac{9-4}{11}=\frac{5}{11}$

Gleichnamige Bruchterme werden addiert (subtrahiert), indem man die Zählerterme addiert (subtrahiert) und den Nennerterm beibehält.

$$\frac{T_1}{T_3}+\frac{T_2}{T_3}=\frac{T_1+T_2}{T_3} \qquad \frac{T_1}{T_3}-\frac{T_2}{T_3}=\frac{T_1-T_2}{T_3}$$

Beispiel:

$\frac{x-3}{x+2}+\frac{x+7}{x+2}$ — Die Bruchterme sind gleichnamig.

$=\frac{x-3+x+7}{x+2}$ — Zusammenfassen des Zählers.

$=\frac{2x+4}{x+2}$ — Faktorisieren, um eventuell kürzen zu können.

$=\frac{2(x+2)}{x+2}$ — Kürzen mit (x + 2).

$=2$

Beispiel:

$\frac{x(x+3)}{7-3x}-\frac{4x(x-1)}{7-3x}$ — Die Bruchterme sind gleichnamig.

$=\frac{x(x+3)-4x(x-1)}{7-3x}$ — Vereinfachen des Zählers.

$=\frac{x^2+3x-4x^2+4x}{7-3x}$

$=\frac{-3x^2+7x}{7-3x}$ — Klammere im Zähler x aus.

$=\frac{x(-3x+7)}{7-3x}$ — Kürze mit (7 – 3x).

$=\frac{x}{1}=x$

Aufgaben:

185. Fasse zusammen und kürze gegebenenfalls.

a) $\frac{3}{x}+\frac{5}{x}-\frac{9}{x}$

b) $\frac{5x}{x+1}-\frac{6x}{x+1}+\frac{2x+1}{x+1}$

c) $\frac{5a}{a-3}-\frac{7}{a-3}-\frac{8}{a-3}$

d) $\frac{36c^2+5}{6c-5}-\frac{5(6c+1)}{6c-5}$

e) $\frac{2x^2+5x+2}{4x^2-12x}+\frac{4x^2-9x-2}{4x^2-12x}$

f) $\frac{7(x-1)}{4x^2+4x}-\frac{2(x-6)}{4x^2+4x}$

186. Fasse zusammen.

a) $\frac{x}{a}+\frac{y}{a}-\frac{z}{a}$

b) $\frac{5x-y}{x-1}+\frac{3y+1}{x-1}$

c) $\frac{16x}{x-3y}-\frac{4x}{x-3y}$

d) $\frac{5a+3b}{5a-2b}-\frac{6b+5a}{5a-2b}$

Addition und Subtraktion ungleichnamiger Bruchterme

$$\frac{3}{5}+\frac{2}{15}=\frac{3\cdot 3}{15}+\frac{2}{15}=\frac{9+2}{15}=\frac{11}{15}$$

Ungleichnamige Bruchterme werden vor dem Addieren (Subtrahieren) gleichnamig gemacht.

Beispiel:

$$\frac{7}{8x}+\frac{4}{3yz}-\frac{5}{6xz}$$

Bestimmung des HN:

$8x = 2^3 \cdot x$
$3yz = 3 \cdot y \cdot z$
$6xz = 2 \cdot 3 \cdot x \cdot z$
$HN = 2^3 \cdot 3 \cdot x \cdot y \cdot z = 24xyz$

Erweiterungsfaktoren:
3yz
8x
4y

$$=\frac{7\cdot 3yz+4\cdot 8x-5\cdot 4y}{24xyz}$$

$$=\frac{21yz+32x-20y}{24xyz}$$

Beispiel:

$$\frac{1}{3x} - \frac{1}{3+x}$$

Die Nenner sind teilerfremd, also HN = 3x(3 + x)

$$= \frac{1 \cdot (3+x) - 1 \cdot 3x}{3x(3+x)}$$

$$= \frac{3+x-3x}{3x(3+x)}$$

$$= \frac{3-2x}{3x(3+x)}$$

Definitionsmenge:
Nullstellen des HN: $x = 0 \vee x = -3$

$$\mathbb{D} = \mathbb{Q} \setminus \{-3; 0\}$$

Beispiel:

$$\frac{3x}{2x-4y} - \frac{6y}{3x-6y}$$

Bestimmung des HN:

		Erweiterungsfaktoren:
$2x - 4y$	$= 2 \cdot \quad (x - 2y)$	3
$3x - 6y$	$= \quad 3 \cdot (x - 2y)$	2
HN	$= 2 \cdot 3 \cdot (x - 2y)$	
	$= 6(x - 2y)$	

$$= \frac{3x \cdot 3 - 6y \cdot 2}{6(x-2y)}$$

$$= \frac{9x-12y}{6(x-2y)}$$

Klammere im Zähler 3 aus!

$$= \frac{3(3x-4y)}{6(x-2y)}$$

Kürze mit 3.

$$= \frac{3x-4y}{2(x-2y)}$$

Beispiel:

$$\frac{x^2+1}{x-1} - (x-1)$$

Beachte: $x - 1 = \frac{x-1}{1}$

HN = x – 1

$x - 1 = \frac{x-1}{1} = \frac{(x-1)^2}{x-1}$

$$= \frac{x^2+1-(x-1)^2}{x-1}$$

$$= \frac{x^2+1-(x^2-2x+1)}{x-1}$$

$$= \frac{x^2+1-x^2+2x-1}{x-1}$$

$$= \frac{2x}{x-1}$$

$$\mathbb{D} = \mathbb{Q} \setminus \{1\}$$

Beispiel:

$$\frac{1}{x^2+3x}+\frac{3}{x(x-3)}-\frac{2x}{x^3-9x^2}$$

Bestimmung des HN:

			Erweiterungsfaktoren:
x^2+3x	$= x \cdot (x+3)$		$x-3$
$x(x-3)$	$= x \cdot$	$(x-3)$	$x+3$
x^3-9x^2	$= x \cdot (x+3) \cdot$	$(x-3)$	–
HN	$= x \cdot (x+3) \cdot$	$(x-3)$	

$$=\frac{1 \cdot (x-3)+3 \cdot (x+3)-2x}{x(x+3)(x-3)}$$

$$=\frac{x-3+3x+9-2x}{x(x+3)(x-3)}$$

$$=\frac{2x+6}{x(x+3)(x-3)}$$

Ausklammern von 2

$$=\frac{2(x+3)}{x(x+3) \cdot (x-3)}$$

Kürzen mit (x + 3)

$$=\frac{2}{x(x-3)}$$

$\mathbb{D} = \mathbb{Q} \setminus \{-3; 0; 3\}$

Definitionsmenge:
$x(x+3)(x-3) = 0$
$x = 0 \vee x = -3 \vee x = 3$

Beispiel:

$$\frac{2}{x^2-4x+4}+\frac{1}{2x^2-8} \qquad \mathbb{G} = \mathbb{N}$$

Bestimmung des HN:

			Erweiterungsfaktoren:
x^2-4x+4	$= (x-2)^2$		$2(x+2)$
$2x^2-8$	$= 2 \cdot (x-2) \cdot$	$(x+2)$	$(x-2)$
HN	$= 2 \cdot (x-2)^2 \cdot$	$(x+2)$	

$$=\frac{2 \cdot 2(x+2)+1 \cdot (x-2)}{2(x-2)^2 \cdot (x+2)}$$

$$=\frac{4x+8+x-2}{2(x-2)^2 \cdot (x+2)}$$

$$=\frac{5x+6}{2 \cdot (x-2)^2 \cdot (x+2)}$$

$\mathbb{D} = \mathbb{N} \setminus \{2\}$

Definitionsmenge:
$2(x-2)^2(x+2) = 0$
$x = 2 \vee x = -2; \quad -2 \notin \mathbb{N}$

Aufgaben:

187. Fasse die Bruchterme zusammen.

a) $\frac{3}{4x}+\frac{4}{8xy}$

b) $\frac{2x}{3y}-\frac{3x+1}{3(y+1)}$

c) $\frac{3x+5y}{6x}+\frac{4x-3y}{3y}$

d) $\frac{3x-y}{18x^2y}-\frac{x-3y}{24xy^2}$

188. Fasse zusammen, kürze wenn möglich und bestimme $\mathbb{D}$.

a) $\frac{x-2}{2(x+1)}-\frac{7x-4}{4(x+1)}$

b) $\frac{5x+3}{5x-1}-\frac{x+1}{10x-2}$

c) $\frac{4x-8}{3x-6}-2$

d) $\frac{3}{4}-\frac{5}{x-5}$

e) $\frac{x-1}{8x+8}+\frac{2x-1}{6x+6}$

f) $\frac{9-x}{5-2x}-\frac{x-9}{15-6x}$

g) $x+2-\frac{8x}{x-2}$

h) $\frac{x}{x-1}+x$

189. Fasse zu einem Bruchterm zusammen. Bestimme die Definitionsmenge.

a) $\frac{7x-2}{8x-4}-\frac{10x-3}{12x-6}$

b) $\frac{3+x^2}{x(x-2)}-\frac{2+4x}{4x-8}$

c) $\frac{1}{6x-36}+\frac{1}{x^2-6x}$

d) $\frac{x+5}{x-5}-\frac{x-5}{x+5}$

190. Bestimme $\mathbb{D}$, addiere bzw. subtrahiere und kürze, wenn möglich.

a) $\frac{x+4}{x^2+6x+9}-\frac{x+4}{x+3}$

b) $\frac{x-3}{x+2}-\frac{3-x}{x^2-4}$

c) $\frac{x^2+3x-11}{(x-3)^2}+\frac{2-x^2}{x^2-6x+9}$

d) $2+\frac{3}{x-x^2}-\frac{8}{x^2-1}$

e) $\frac{1}{x+1}-\frac{2}{x^2-1}+\frac{3}{(x+1)^2}$

f) $\frac{-2}{14x}-\frac{7}{2x^2-2x}+\frac{x}{x^2-2x+1}$

4 Multiplikation und Division von Bruchtermen

Multiplikation von Bruchtermen

$$\frac{20}{27} \cdot \frac{18}{25} = \frac{20 \cdot 18}{27 \cdot 25} = \frac{4 \cdot \not{5} \cdot \not{9} \cdot 2}{\not{9} \cdot 3 \cdot \not{5} \cdot 5} = \frac{8}{15}$$

Bruchterme werden multipliziert, indem man die Zählerterme multipliziert und die Nennerterme multipliziert. Vor dem Ausmultiplizieren werden die Terme gekürzt.

Beispiel:

$$\frac{5a^2y}{16bz^2} \cdot \frac{8b^2z^2}{10a^3y} \cdot 12a$$

Man schreibt einen Bruchstrich.

$$= \frac{5 \cdot a^2 \cdot y \cdot 8 \cdot b^2z^2 \cdot 12a}{16 \cdot b \cdot z^2 \cdot 10 \cdot a^3 \cdot y}$$

Kürzen!

$$= \frac{b \cdot 12}{2 \cdot 2}$$

$$= 3b$$

Beispiel:

$$\frac{x}{x+4} \cdot \frac{x^2-16}{x^2+4x}$$

Man schreibt einen Bruchstrich. Zähler und Nenner werden in der faktorisierten Form geschrieben.

$$= \frac{x \cdot (x+4)(x-4)}{(x+4) \cdot x \cdot (x+4)}$$

Man kürzt mit $x(x + 4)$.

$$= \frac{x-4}{x+4}$$

Definitionsmenge:
Man bestimmt die Nullstellen des noch nicht gekürzten, faktorisierten Nenners.
$(x + 4) \cdot x \cdot (x - 4) = 0$
$x = -4 \lor x = 0 \lor x = 4$

$$\mathbb{D} = \mathbb{Q} \setminus \{-4; 0; 4\}$$

Beispiel:

$$\frac{x^2-25}{x^2+2x+1} \cdot \frac{4x^2-4}{6x-30}$$

$$= \frac{(x+5)(x-5) \cdot 4 \cdot (x+1)(x-1)}{(x+1)^2 \cdot 6 \cdot (x-5)}$$

$$= \frac{(x+5)(x-1) \cdot 2}{(x+1) \cdot 3}$$

$\mathbb{D} = \mathbb{Q} \setminus \{-1; 5\}$

Schreibe die faktorisierten Zähler und Nenner auf einen Bruchstrich.

Kürzungsfaktor: $2(x + 1)(x - 5)$

Aufgaben:

191. Berechne, kürze wenn möglich.

a) $\frac{4x^2}{9} \cdot \frac{27}{16x}$

b) $\frac{ab}{c^2} \cdot \frac{c}{a^2b}$

c) $\frac{7ax}{8by} \cdot \frac{32y^2}{21a^2x}$

d) $\frac{25xy}{51z} \cdot (-17z^2)$

e) $\frac{x^2}{7} \cdot \frac{14y}{-x} \cdot \frac{1}{2xy}$

f) $\frac{34ab}{38c^2} \cdot \frac{95c}{51b^3} \cdot \frac{-2bc}{17a^2}$

192. Multipliziere die Bruchterme. Gib $\mathbb{D}$ an.

a) $\frac{x+1}{3x^2} \cdot \frac{9}{x}$

b) $\frac{x^2+2}{2x} \cdot \frac{x^2}{4}$

c) $\frac{2a}{a+4} \cdot \frac{3a+12}{a}$

d) $\frac{2y-2}{3y+3} \cdot \frac{5y+5}{4y-4}$

e) $\frac{4(x+4)}{12x-36} \cdot \frac{7x-21}{4x+4}$

f) $(6x+6) \cdot \frac{8x+12}{8x+8}$

193. a) $\frac{x^2-9}{x^2+9} \cdot \frac{2x+6}{2x-6}$

b) $\frac{16x+20}{6x-9} \cdot \frac{8x^2-18}{16x^2-25}$

c) $\frac{x^2-x}{x-5} \cdot \frac{15-3x}{3x}$

d) $\frac{x^2+8x+16}{5x+20} \cdot \frac{1}{x^2-16}$

e) $\frac{4x^2+12x+9}{9x^2-4} \cdot \frac{9x-6}{4x+6}$

f) $\frac{(2x-7)^2}{x^2-4} \cdot \frac{4x^2+8x}{4x^2-49}$

194. Vereinfache die Terme auf zwei Arten.

a) $\left(\frac{x}{y} + \frac{1}{3y}\right) \cdot 3xy$

b) $\left(\frac{3x}{x+1} + \frac{7}{3x+3}\right) \cdot \frac{5x^2+5x}{6}$

c) $\frac{6x}{y^2} \cdot \left(\frac{y}{96x} - \frac{y^2}{12x^2}\right)$

d) $\left(\frac{3x}{4(x+1)} - \frac{1}{3x+3}\right) \cdot \frac{x^2+2x+1}{18x-8}$

Division von Bruchtermen

$$\frac{3}{4} : \frac{6}{7} = \frac{3}{4} \cdot \frac{7}{6} = \frac{3 \cdot 7}{4 \cdot 6} = \frac{7}{4 \cdot 2} = \frac{7}{8}$$

Die Division von Bruchzahlen führt man auf die Multiplikation zurück: Man multipliziert mit dem Kehrbruch.

Man dividiert durch einen Bruchterm, indem man mit dem **Kehrterm** (Kehrbruch) multipliziert.

Beispiel:

$$\frac{x^2yz}{4a} : \frac{3xy}{8a}$$

$$= \frac{x^2yz \cdot 8a}{4a \cdot 3xy}$$

$$= \frac{2xz}{3}$$

Der Kehrbruch zu $\frac{3xy}{8a}$ ist $\frac{8a}{3xy}$.

Beispiel:

$$\frac{x^2+18x+81}{2x^2-32} : \frac{x^2-81}{4x+16}$$

$$= \frac{(x+9)^2 \cdot 4(x+4)}{2(x^2-16) \cdot (x+9)(x-9)}$$

$$= \frac{(x+9)^2 \cdot 4 \cdot (x+4)}{2 \cdot (x+4)(x-4) \cdot (x+9)(x-9)}$$

$$= \frac{2(x+9)}{(x-4)(x-9)}$$

Kehrbruch zu $\frac{x^2-81}{4x+16}$: $\frac{4x+16}{x^2-81}$.

Bestimmung der Defininitionsmenge:
Die gegebenen Nenner müssen definiert sein, d. h. die Nenner der beiden Terme müssen von null verschieden sein.
Da mit dem Kehrbruch des 2. Nenners multipliziert wird, muss auch der Zähler des 2. Bruchterms von null verschieden sein, da er zum Nenner des Kehrbruchs wird.
Nullstellen:
$2x^2 - 32 = 2(x^2 - 16) = 2(x + 4)(x - 4) = 0$
$4x + 16 = 4(x + 4) = 0$
$x^2 - 81 = (x + 9)(x - 9) = 0$
also: $x = -4 \vee x = 4 \vee x = -9 \vee x = 9$

$\mathbb{D} = \mathbb{Q} \setminus \{-9; -4; 4; 9\}$

Aufgaben:

195. Dividiere die Terme.

a) $\frac{3x}{4y} : \frac{1}{2}$

b) $\frac{2xy^2}{3a} : 4xy$

c) $\frac{7ab}{5c} : \frac{7ab}{5d}$

d) $25ab : \frac{10a}{11b}$

196. Vereinfache und bestimme die Definitionsmenge.

a) $\frac{x-1}{x^2} : \frac{x^2-x}{2x}$

b) $\frac{8}{x^2-3x} : \frac{16}{5x-15}$

c) $\frac{48x+12x^2}{x-9} : \frac{36x}{2x-18}$

d) $\frac{2(5x-7)}{3x} : \frac{5(10x-14)}{12x^2}$

197. Vereinfache und bestimme $\mathbb{D}$.

a) $\frac{x^2-x}{4x} : \frac{x^2-1}{8}$

b) $\frac{5x+5}{2x+2} : \frac{4x^2-4}{x^2+2x+1}$

c) $\frac{4x^2-100}{2x+2} : \frac{4x-20}{4x+4}$

d) $\frac{x^2+8x+16}{x^2+4x+4} : \frac{4x+16}{x^2+2x}$

e) $\frac{x^3-9x}{5-x} : \frac{8x}{x^2-25}$

f) $\frac{x-7}{x^2+2x+1} : \frac{x^2-14x+49}{(x+1)^2}$

198. Rechne auf zwei Arten.

a) $\left(\frac{3}{x} + \frac{5}{6x}\right) : \frac{x}{2}$

b) $\left(\frac{a}{xy^2} - \frac{a^2}{x^2y}\right) : \frac{a}{xy}$

c) $\left(\frac{x+2}{2} - \frac{4x}{x+2}\right) : \frac{x^2-2x}{x^2+4x+4}$

d) $\left(\frac{8x^2-20x}{(5-x)^2} + \frac{8x-20}{5-x}\right) : \frac{4}{5-x}$

Bruch- gleichungen und Bruch- ungleichungen

1 Bruchgleichung

Definition: Eine Gleichung, in der Bruchterme vorkommen, heißt **Bruchgleichung**.

Definitionsmenge einer Bruchgleichung

Beispiel:

Bestimme die Definitionsmenge der Gleichung bei $\mathbb{G} = \mathbb{Q}$.

$$\frac{1}{x-2} + \frac{1}{x} = 3$$

Die Nenner x – 2 und x haben die Nullstellen 2 bzw. 0; diese Zahlen kommen also nicht für Belegungen infrage.
2 und 0 sind die Nullstellen des Hauptnenners $(x-2) \cdot x$

$\mathbb{D} = \mathbb{Q} \setminus \{0; 2\}$

Die **Definitionsmenge** einer Bruchgleichung ist die Grundmenge ohne die Nullstellen des Hauptnenners.

Beispiel:

$$\frac{x}{2x+3} - \frac{5}{4x^2-9} = \frac{x+1}{4x^2-6x}$$

Hauptnenner:
$2x + 3 = (2x + 3)$
$4x^2 - 9 = (2x + 3) \cdot (2x - 3)$
$4x^2 - 6x = 2 \cdot x \cdot (2x - 3)$
$HN = 2 \cdot x \cdot (2x + 3) \cdot (2x - 3)$
Nullstellen: 0; –1,5; 1,5

$$\mathbb{D} = \mathbb{Q} \setminus \{-1{,}5;\ 0;\ 1{,}5\}$$

Aufgabe:

199. Bestimme die Definitionsmenge der Bruchgleichung.

a) $\frac{5}{x} + \frac{1}{x-3} = \frac{2}{x-4}$

b) $\frac{3}{x+2} + \frac{1}{x^2+2x} = \frac{1}{x-2}$

c) $\frac{5}{x^2-1} + \frac{1}{x^2+1} = 5$

d) $\frac{7x}{7x+2} + \frac{1}{2x-7} = \frac{3}{7x}$

e) $\frac{5}{x^2+8x+16} + \frac{3}{x^2-16} = 9$

f) $\frac{2}{x^2-5x} - \frac{1}{x+3} = \frac{5x}{x^2-2x-15}$

Lösungsverfahren bei Bruchgleichungen

Beispiel:

$$\frac{x}{2} - \frac{1}{3} = \frac{x}{4}$$

Diese Gleichung (keine Bruchgleichung!) wird mit den üblichen Äquivalenzumformungen gelöst.
Multipliziert man die Gleichung mit dem Hauptnenner, erhält man eine Gleichung ohne Brüche!
$| \cdot HN = 12$

$$\frac{x \cdot 12}{2} - \frac{1 \cdot 12}{3} = \frac{x \cdot 12}{4}$$

Kürze!

$$6x - 4 = 3x$$
$$3x - 4 = 0$$
$$3x = 4$$
$$x = \frac{4}{3}$$
$$\mathbb{L} = \left\{\frac{4}{3}\right\}$$

Auf diese Weise lassen sich auch die Bruchgleichungen lösen.

> Multipliziert man eine Bruchgleichung mit ihrem Hauptnenner, erhält man eine äquivalente Gleichung ohne Bruchterme.

Beispiel:

$$\frac{6}{x+1} - \frac{1}{4} = \frac{4}{x+1}$$

$HN = 4(x + 1)$

$$\mathbb{D} = \mathbb{Q} \setminus \{-1\}$$

Nullstelle des HN: –1

$$\frac{6 \cdot 4 \cdot (x+1)}{x+1} - \frac{1 \cdot 4(x+1)}{4} = \frac{4 \cdot 4(x+1)}{x+1}$$

$| \cdot HN=4(x+1)$ Kürzen der Bruchterme

$$6 \cdot 4 \quad - (x+1) \quad = 4 \cdot 4$$

Du kommst schneller zu dieser Gleichung, wenn du „im Kopf“ mit dem HN multiplizierst und kürzt. Du musst die Zähler mit dem jeweiligen Erweiterungsfaktor multiplizieren. Die Erweiterungsfaktoren sind 4; (x + 1); 4

$$24 - x - 1 = 16$$
$$-x + 23 = 16$$
$$-x = -7$$
$$x = 7$$
$$\mathbb{L} = \{7\}$$

Beispiel:

$$\frac{x^2+4}{x^2-4} - \frac{3}{3x+6} = \frac{x}{x-2}$$

Bestimmung des HN: Erweiterungsfaktoren:

						Erweiterungsfaktoren
x^2-4	=		$(x-2)$	·	$(x+2)$	3
$3x+6$	=	3 ·			$(x+2)$	$(x-2)$
$x-2$	=		$(x-2)$			$3(x+2)$
HN	=	3 ·	$(x-2)$	·	$(x+2)$	

Nullstellen des HN: 2; –2

$$\mathbb{D} = \mathbb{Q} \setminus \{-2; 2\}$$

$$(x^2+4)\cdot 3 - 3\cdot(x-2) = x\cdot 3\cdot(x+2)$$

| · HN; einfacher: Multipliziere die Zähler mit den jeweiligen Erweiterungsfaktoren.

$$3x^2+12-3x+6 = 3x^2+6x$$
$$18-3x = 6x$$
$$18 = 9x$$
$$x = 2$$

Beachte die Definitionsmenge.
2 löst zwar die nach dem Kürzen erhaltene Gleichung, aber nicht die Bruchgleichung: $2 \notin \mathbb{D}$.

$$\mathbb{L} = \emptyset$$

Beim Lösen einer Bruchgleichung **muss** die Definitionsmenge bestimmt werden.

Beispiel:

$$\frac{7}{4x+4} - \frac{4}{x+1} = \frac{3}{2-2x}$$

Bestimmung des HN: Erweiterungsfaktoren:

						Erweiterungsfaktoren
$4x+4$	=	2^2 ·	$(x+1)$			$(1-x)$
$x+1$	=		$(x+1)$			$4\cdot(1-x)$
$2-2x$	=	2 ·			$(1-x)$	$2\cdot(x+1)$
HN	=	2^2 ·	$(x+1)$	·	$(1-x)$	

Nullstellen des HN: –1; 1

$$\mathbb{D} = \mathbb{Q} \setminus \{-1; 1\}$$

$$7(1-x) - 4\cdot 4(1-x) = 3\cdot 2(x+1)$$

| · Zähler mal Erweiterungsfaktor.

$$7-7x-16+16x = 6x+6$$
$$-9+9x = 6x+6$$
$$3x = 15$$
$$x = 5$$
$$\mathbb{L} = \{5\}$$

$5 \in \mathbb{D}$

Aufgaben:

Bestimme $\mathbb{D}$ und löse die Bruchgleichung.

200. a) $\frac{4}{5x} - \frac{7}{10x} = \frac{1}{5}$

b) $\frac{8}{3x} - \frac{2}{3} = \frac{6-5x}{2x}$

c) $\frac{6}{5x} + \frac{9}{5x} = \frac{13}{4x} - \frac{1}{4}$

d) $\frac{2}{x-3} = 1 + \frac{x-5}{x-3}$

201. a) $\frac{2}{x} = \frac{1}{x-1}$

b) $\frac{x}{x-3} = 1 + \frac{12}{x}$

c) $\frac{1}{x+5} + \frac{1}{x-4} = \frac{11}{(x+5)(x-4)}$

d) $\frac{2}{x-2} - \frac{6}{2x-1} = 0$

202. a) $\frac{x-2}{x+1} = \frac{x-5}{x+4}$

b) $\frac{2x-5}{x} = \frac{4+12x}{6x-1}$

c) $\frac{2x-7}{x+6} = 3$

d) $\frac{x+3}{x+7} = \frac{5+2x}{13+2x}$

e) $\frac{x-3}{x+3} + \frac{x-2}{x-4} = 2$

f) $\frac{3x-7}{x+4} - \frac{5x+10}{x+7} + 2 = 0$

203. a) $\frac{11x-2}{2x+6} - \frac{30+4x}{4x+12} = \frac{9x-3}{3(x+3)}$

b) $\frac{2x+4}{2x-2} = 1 + \frac{20-5x}{5x-5}$

c) $\frac{3}{x^2+2x} + \frac{2}{x^2+x} = \frac{4}{(x+2)(x+1)}$

d) $\frac{15x}{3x^2-2x} - \frac{70}{9x^2-6x} = \frac{11}{3x}$

204. a) $\frac{1}{x} + \frac{3}{x^2+3x} = \frac{x}{x^2+6x+9}$

b) $\frac{1}{2x+6} + \frac{1}{3x-9} = \frac{x-1}{x^2-9}$

c) $\frac{x}{x^2+4x+4} - \frac{2}{3x} = \frac{1}{3x+6}$

d) $\frac{5x+2}{15x+25} - \frac{7-8x}{2\cdot(3x+5)} = \frac{15x^2+15x-12}{9x^2+30x+25}$

205. Ein Bruch hat den Wert $\frac{3}{4}$. Verkleinert man den Zähler um 4 und den Nenner um 5, so erhält man $\frac{14}{19}$. Wie heißt die Zahl?

206. Dividiert man 4 durch eine natürliche Zahl, so erhält man denselben Wert wie wenn man 3 durch eine Zahl dividiert, die um 2 kleiner ist als die gesuchte Zahl.

207. Addiert man zu Zähler und Nenner des Bruchs $\frac{3}{7}$ jeweils dieselbe natürliche Zahl, so erhält man das Gleiche, als wenn man zu Zähler und Nenner des Bruchs $\frac{5}{12}$ jeweils das Doppelte der gesuchten Zahl addiert.

Verhältnisgleichung

Eine Gleichung der Form a : b = c : d heißt Verhältnisgleichung. Da man a : b als $\frac{a}{b}$ und c : d als $\frac{c}{d}$ schreiben kann, lässt sich jede Verhältnisgleichung als Bruchgleichung schreiben und als solche lösen.

Beispiel:

$$6 : x = 10 : (x + 2)$$ Schreibe als Bruchgleichung.

$$\frac{6}{x} = \frac{10}{x+2}$$ Bestimme $\mathbb{D}$ und löse die Gleichung.

$$\mathbb{D} = \mathbb{Q} \setminus \{0; -2\}$$ $| \cdot x(x + 2)$

$$6(x + 2) = 10 \cdot x$$
$$6x + 12 = 10x$$
$$-4x = -12$$
$$x = 3$$
$$\mathbb{L} = \{3\}$$

Aufgabe:

208. Löse die Verhältnisgleichung.

a) $20 : x = 8 : 6$

b) $4 : (1 + x) = 8 : x$

c) $9 : 15 = (x - 12) : x$

d) $1 : 2 = (3x - 5) : 1$

e) $5 : (3x + 7) = 2 : (2x - 7)$

f) $(x - 5) : (x - 7) = 10 : 3$

2 Bruchungleichungen

Bruchungleichungen lassen sich durch Äquivalenzumformungen auf die Form $\frac{a}{b} \square 0$ ($\square \in \{<, \leq, >, \geq\}$) bringen, d. h. man soll Ungleichungen dieser Form lösen können.

Es gilt: $\frac{5}{3} > 0$, ebenso $\frac{-5}{-3} > 0$.

Ein Bruch hat einen positiven Wert, wenn Zähler und Nenner gleichzeitig positiv oder negativ sind.

> Ein Bruchterm hat einen **positiven Wert**, wenn für die Vorzeichen gilt:
>
> $\frac{+}{+}$ oder $\frac{-}{-}$
>
> folglich: $\frac{T_1}{T_2} > 0 \Leftrightarrow (T_1 > 0 \wedge T_2 > 0) \vee (T_1 < 0 \wedge T_2 < 0)$

Beispiel:

$\mathbb{G} = \mathbb{Z} \qquad \frac{x-2}{x+2} > 0$

$\mathbb{D} = \mathbb{Z} \setminus \{-2\}$

Es gibt zwei Möglichkeiten: (x – 2) und (x + 2) sind positiv **oder** (x – 2) und (x + 2) sind negativ.

$(x - 2 > 0 \wedge x + 2 > 0) \vee (x - 2 < 0 \wedge x + 2 < 0)$ Vereinfachen der Ungleichungen.

$(x > 2 \quad \wedge \quad x > -2) \quad \vee \quad (x < 2 \quad \wedge \quad x < -2)$ Bestimmung der Lösungsmengen der beiden UND-Verknüpfungen.

$\mathbb{L}_1 = \{3; 4; 5; ...\} \qquad \mathbb{L}_2 = \{-3; -4; -5; ...\}$ Bestimmung der Lösungsmenge der ODER-Verknüpfung.

$\mathbb{L} = \mathbb{L}_1 \cup \mathbb{L}_2 = \{...; -5; -4; -3; 3; 4; 5; ...\}$

Zeichnerische Veranschaulichung der Lösung:

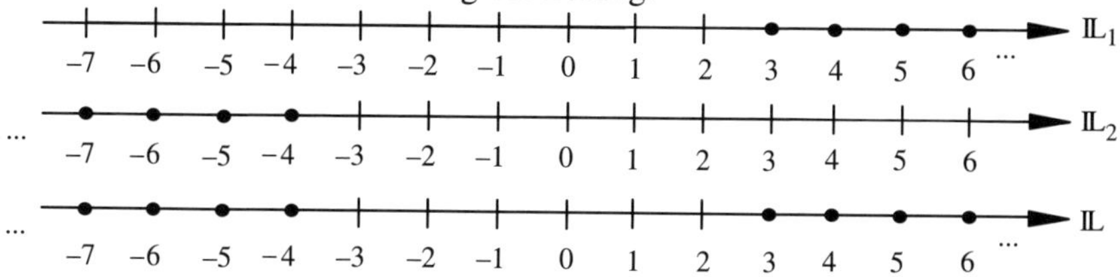

Es gilt: $\frac{5}{-3} < 0$, ebenso $\frac{-5}{3} < 0$.

Ein Bruch hat einen negativen Wert, wenn Zähler und Nenner verschiedene Vorzeichen haben.

Ein Bruchterm hat einen **negativen Wert**, wenn für die Vorzeichen gilt:

$$\frac{+}{-} \quad \text{oder} \quad \frac{-}{+}$$

folglich: $\frac{T_1}{T_2} < 0 \Leftrightarrow (T_1 > 0 \wedge T_2 < 0) \vee (T_1 < 0 \wedge T_2 > 0)$

Beispiel:

$$\frac{x+2}{x-3} \leq 0 \qquad \mathbb{D} = \mathbb{Q} \setminus \{3\}$$

Zwei Möglichkeiten:
$x + 2 \geq 0$ und $x - 3 < 0$ oder
$x + 2 \leq 0$ und $x - 3 > 0$
Das Gleichheitszeichen beim Nenner $x - 3$ kann ausgeschlossen werden. Siehe $\mathbb{D}$!

$$(x + 2 \geq 0 \wedge x - 3 < 0) \vee (x + 2 \leq 0 \wedge x - 3 > 0)$$

$$(x \geq -2 \quad \wedge \quad x < 3) \quad \vee \quad (x \leq -2 \quad \wedge \quad x > 3)$$

Bestimmung der Lösungen der UND-Verknüpfungen.

$$\mathbb{L}_1 = [\,-2; 3[\qquad \mathbb{L}_2 = \varnothing$$

$$\mathbb{L} = \mathbb{L}_1 \cup \mathbb{L}_2 = \mathbb{L}_1 = [-2; 3[$$

Vereinigungsmenge von $\mathbb{L}_1$ und $\mathbb{L}_2$

Beispiel:

$$\frac{x-8}{x+9} < 1 \quad \mathbb{D} = \mathbb{Q} \setminus \{-9\}$$

Die Ungleichung muss auf die Form $\frac{T_1}{T_2} < 0$ gebracht werden:

$$\frac{x-8}{x+9} - 1 < 0$$

Der Rechtsterm muss null sein.

$$\frac{x-8}{x+9} - \frac{x+9}{x+9} < 0$$

Die Summanden des Linksterms werden zu einem Bruchterm zusammengefasst.

$$\frac{x-8-(x+9)}{x+9} < 0$$

$$\frac{x-8-x-9}{x+9} < 0$$

$$\frac{-17}{x+9} < 0$$

Beachte: Da der Zähler den festen Wert –17 hat, musst du keine zwei Fälle betrachten! Der Zähler ist negativ, also muss der Nenner positiv sein.

$$x + 9 > 0$$

$$x > -9$$

$$\mathbb{L} = \{x \mid x > -9\}$$

Aufgaben:

209. Löse die Ungleichungen ohne Fallunterscheidung.

a) $\frac{5}{x} > 0$

b) $\frac{3}{x+1} \leq 0$

c) $\frac{-4}{x+3} \geq 0$

d) $\frac{-3}{x-5} \leq 0$

210. Bestimme $\mathbb{D}$ und löse die Ungleichung.

a) $\frac{x+1}{x-3} \geq 0$

b) $\frac{2x-4}{x} < 0$

c) $\frac{x-4}{3-x} > 0$

d) $\frac{5x-4}{5-4x} \leq 0$

211. Löse die Bruchungleichung.

a) $\frac{1}{x-5} > -\frac{1}{12}$

b) $\frac{1}{2x-11} \geq 2$

c) $\frac{x+2}{x-3} < 1$

d) $\frac{4x+7}{x-3} \leq \frac{4x-11}{x-3}$

e) $\frac{x}{x-2} < 2 - \frac{4}{x-2}$

f) $\frac{2x+4}{2x-2} < \frac{2x+10}{1-x} - 2$

g) $\frac{4x}{x+1} \geq \frac{5+12x}{3x+3}$

h) $\frac{3+2x}{2x+4} \leq \frac{5x}{5x+10}$

Rechnen mit Vektoren

In der Koordinatengeometrie lassen sich viele Berechnungen mit Hilfe von Vektoren (Pfeilen) durchführen.

Definition: Eine Menge von Pfeilen mit jeweils gleicher Länge und gleicher Richtung heißt Vektor. Ein Pfeil ist Repräsentant (Vertreter) des Vektors.

Schreibweise: $\vec{a} = \overrightarrow{AB} = \begin{pmatrix} a_x \\ a_y \end{pmatrix}$

a_x, a_y: Vektorkoordinaten

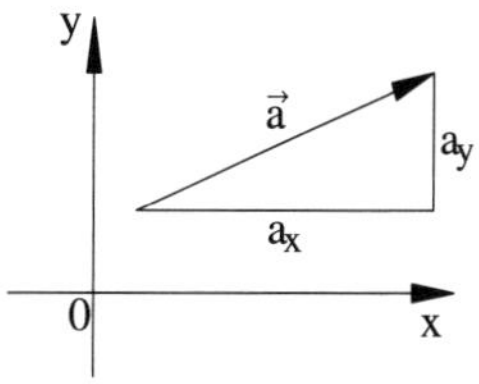

Berechnung des Vektors $\vec{a} = \overrightarrow{AB}$ mit Hilfe der Punkte A und B.

Für $A(x_a \mid y_a)$ und $B(x_b \mid y_b)$ gilt:

$$\overrightarrow{AB} = \begin{pmatrix} x_{Spitze} - x_{Fuß} \\ y_{Spitze} - y_{Fuß} \end{pmatrix} = \begin{pmatrix} x_b - x_a \\ y_b - y_a \end{pmatrix}$$

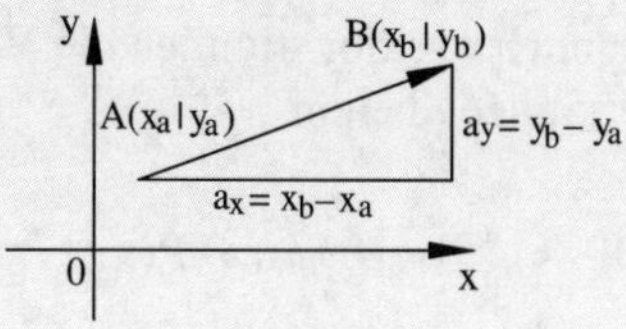

Beispiel:

Gegeben sind die Punkte A(5 | –2), B(3 | 2), C(7 | 4).

Berechne die Koordinaten der Vektoren $\overrightarrow{AB}$ und $\overrightarrow{BC}$.

Die Vektorkoordinaten sind die Differenzwerte der Punktkoordinaten. Beachte, dass du mit den Koordinaten der Spitze beginnst.
A ist Fuß, B ist Spitze:
$x_b = 3 \quad x_a = 5 \quad a_x = 3 - 5$
$y_b = 2 \quad y_a = -2 \quad a_y = 2 - (-2) = 2 + 2$

$$\overrightarrow{AB} = \begin{pmatrix} 3-\ 5 \\ 2-(-2) \end{pmatrix} = \begin{pmatrix} -2 \\ 4 \end{pmatrix}$$
$$\overrightarrow{BC} = \begin{pmatrix} 7-3 \\ 4-2 \end{pmatrix} = \begin{pmatrix} 4 \\ 2 \end{pmatrix}$$

Aufgabe:

212. Gegeben sind die Punkte A(5 | 3), B(–2 | 2), C(–3 | –1), D(0 | –3).
Berechne die Vektorkoordinaten der Pfeile $\overrightarrow{AB}$, $\overrightarrow{AC}$, $\overrightarrow{AD}$, $\overrightarrow{BC}$, $\overrightarrow{BD}$, $\overrightarrow{CB}$.

1 Ortsvektor – Gegenvektor

Der **Ortsvektor** ist der Repräsentant des Vektors mit dem Nullpunkt als Fußpunkt.

Beim Ortsvektor stimmen die Vektorkoordinaten mit den Punktkoordinaten der Spitze überein.

$$\overrightarrow{OP} = \begin{pmatrix} a_x \\ a_y \end{pmatrix} = \begin{pmatrix} x_p \\ y_p \end{pmatrix} \Leftrightarrow P(x_p | y_p)$$

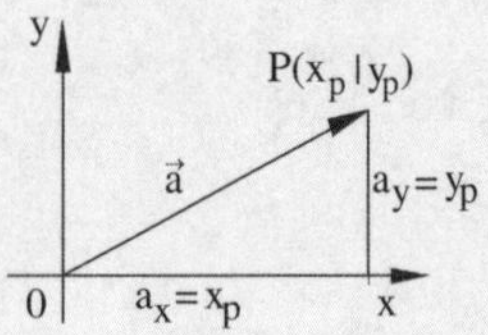

Beispiel:

$$R(4 \mid -1) \Rightarrow \overrightarrow{OR} = \begin{pmatrix} 4 \\ -1 \end{pmatrix}; \qquad \overrightarrow{OS} = \begin{pmatrix} -3 \\ 0 \end{pmatrix} \Rightarrow S(-3 \mid 0)$$

Der Vektor, der dieselbe Länge wie $\vec{a} = \overrightarrow{AB}$, aber die entgegengesetzte Richtung besitzt, heißt **Gegenvektor** $\vec{a}^*$ zu $\vec{a}$.

$$\vec{a} = \overrightarrow{AB} = \begin{pmatrix} a_x \\ a_y \end{pmatrix}$$

$$\text{Gegenvektor: } \vec{a}^* = \overrightarrow{BA} = \begin{pmatrix} -a_x \\ -a_y \end{pmatrix}$$

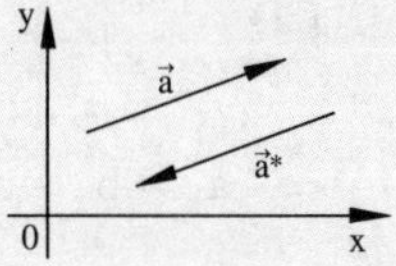

Beispiel:

$$\vec{a} = \overrightarrow{PQ} = \begin{pmatrix} 5 \\ -2 \end{pmatrix} \qquad \vec{a}^* = \overrightarrow{QP} = \begin{pmatrix} -5 \\ -(-2) \end{pmatrix} = \begin{pmatrix} -5 \\ 2 \end{pmatrix}$$

Aufgaben:

213. Bestimme zum Ortsvektor die Koordinaten der Spitze.

a) $\begin{pmatrix} 3 \\ 5 \end{pmatrix}$ b) $\begin{pmatrix} -7 \\ 3 \end{pmatrix}$

c) $\begin{pmatrix} 5 \\ 0 \end{pmatrix}$ d) $\begin{pmatrix} 0 \\ -4 \end{pmatrix}$

214. Bestimme die Koordinaten des Pfeils $\overrightarrow{OP}$

a) $P(-1 \mid 2)$ b) $P(2 \mid -3)$

c) $P(0 \mid 2)$ d) $P(-3 \mid -3)$

215. Gegeben sind die Punkte $A(3 \mid -4)$, $B(-7 \mid 2)$ und $C(4 \mid 0)$.

Berechne die Koordinaten der Vektoren $\overrightarrow{AB}$, $\overrightarrow{AC}$ und $\overrightarrow{CB}$ und die ihrer Gegenvektoren.

2 Pfeilvergleich

Haben die Pfeile $\overrightarrow{AB}$ und $\overrightarrow{CD}$ die gleiche Länge und die gleiche Richtung, so sind die Pfeile Repräsentanten des gleichen Vektors. Es gilt: $\overrightarrow{AB} = \overrightarrow{CD}$.

Zwei Pfeile des gleichen Vektors stimmen in ihren Koordinaten überein.

$$\overrightarrow{AB} = \begin{pmatrix} a_x \\ b_x \end{pmatrix};\quad \overrightarrow{CD} = \begin{pmatrix} b_x \\ b_y \end{pmatrix}$$

$$\overrightarrow{AB} = \overrightarrow{CD} \quad \Leftrightarrow \quad a_x = b_x \wedge a_y = b_y$$

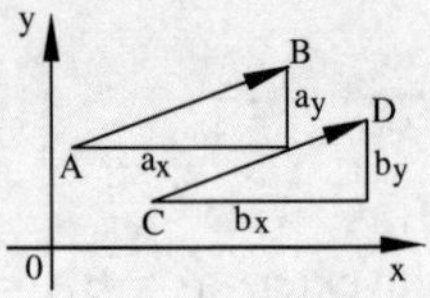

Beispiel:

Gegeben sind der Pfeil $\overrightarrow{AB} = \begin{pmatrix} 5 \\ 3 \end{pmatrix}$ und der Punkt A(2 | –3).

Berechne die Koordinaten des Punktes B.

Es gilt: B(x | y)

$$\overrightarrow{AB} = \begin{pmatrix} x-\ 2 \\ y-(-3) \end{pmatrix}$$

$\overrightarrow{AB}$ kann mit der Punkteform angegeben werden.

Dieser Vektor ist identisch mit $\begin{pmatrix} 5 \\ 3 \end{pmatrix}$.

$$\begin{pmatrix} x-2 \\ y+3 \end{pmatrix} = \begin{pmatrix} 5 \\ 3 \end{pmatrix}$$

Es kann ein Pfeilvergleich durchgeführt werden. Es gilt: x – 2 = 5 und zugleich y + 3 = 3

$$x - 2 = 5 \quad \wedge \quad y + 3 = 3$$

$$x = 7 \quad \wedge \quad y = 0$$

Die Koordinaten x und y können berechnet werden.

$\mathbb{L} = \{(7 \mid 0)\}$

B(7 | 0)

Beispiel:

Gegeben sind der Pfeil $\vec{a} = \overrightarrow{AB} = \begin{pmatrix} 2 \\ -1 \end{pmatrix}$ sowie B(8 | –3).

Berechne die Koordinaten von A.

Es sei A(x | y).

Es gilt: $\overrightarrow{AB} = \vec{a}$

$$\begin{pmatrix} 8-x \\ -3-y \end{pmatrix} = \begin{pmatrix} 2 \\ -1 \end{pmatrix}$$

Führe den Pfeilvergleich durch.

$$\begin{aligned} 8-x &= 2 \quad \wedge \quad -3-y = -1 \\ -x &= -6 \quad \wedge \quad -y = 2 \\ x &= 6 \quad \wedge \quad y = -2 \end{aligned}$$

Berechne die Koordinaten von A.

$\mathbb{L} = \{(6 \mid -2)\}$

A(6 | –2)

Beispiel:

Gegeben ist das Viereck ABCD mit A(–2 | –2), B(3 | 2), C(5 | 5) und D(0 | 1). Weise rechnerisch nach, dass das Viereck ein Parallelogramm ist.

In einem Parallelogramm sind zwei Gegenseiten parallel und gleich lang. Es genügt zu zeigen, dass die Pfeile $\overrightarrow{AB}$ und $\overrightarrow{DC}$ gleiche Koordinaten haben.

$$\overrightarrow{AB} = \begin{pmatrix} 3-(-2) \\ 2-(-2) \end{pmatrix} = \begin{pmatrix} 5 \\ 4 \end{pmatrix}$$

$$\overrightarrow{DC} = \begin{pmatrix} 5-0 \\ 5-1 \end{pmatrix} = \begin{pmatrix} 5 \\ 4 \end{pmatrix}$$

$$\overrightarrow{AB} = \overrightarrow{DC} \Rightarrow \overline{AB} = \overline{DC} \wedge AB \parallel DC$$

$$\Rightarrow \text{ABCD ist Parallelogramm.}$$

Beispiel:

Gegeben sind die Punkte A(1 | –1), B(6 | 2) und D(–1 | 3).
Bestimme den Punkt C so, dass ABCD ein Parallelogramm ist.

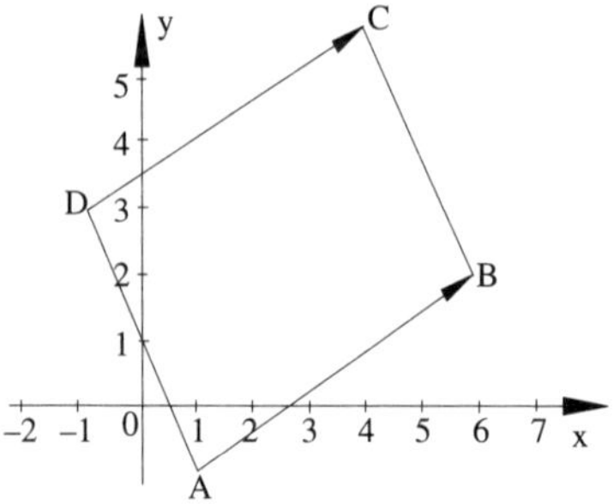

Wenn ABCD Parallelogramm ist, gilt: $\overline{AB} = \overline{DC}$ und AB ∥ DC, d. h. es muss gelten: $\overrightarrow{AB} = \overrightarrow{DC}$.

Es sei C(x | y).

$$\overrightarrow{AB} = \overrightarrow{DC}$$

$$\begin{pmatrix} 6-1 \\ 2-(-1) \end{pmatrix} = \begin{pmatrix} x-(-1) \\ y-3 \end{pmatrix}$$

$$\begin{pmatrix} 5 \\ 3 \end{pmatrix} = \begin{pmatrix} x+1 \\ y-3 \end{pmatrix}$$

Pfeilvergleich!

$5 = x + 1 \quad \wedge \quad 3 = y - 3$

$x = 4 \quad \wedge \quad y = 6$

$\mathbb{L} = \{(4 \mid 6)\}$

C(4 | 6)

Aufgaben:

216. Gegeben sind die Punkte A, P und Q. Berechne die Koordinaten des Punktes B, sodass gilt: $\overrightarrow{AB} = \overrightarrow{PQ}$.

a) A(5 | 2), P(–1 | 0), Q(1 | 3)   b) A(2 | –3), P(2 | 1), Q(–3 | 2)

217. Gegeben sind die Punkte B, P und Q. Berechne die Koordinaten des Punktes A, wenn die Pfeile $\overrightarrow{AB}$ und $\overrightarrow{PQ}$ zum gleichen Vektor gehören.

a) B(3 | 2), P(–3 | 4), Q(–3 | 2)   b) B(–1 | 1), P(5 | –1), Q(0 | 2)

218. Berechne die fehlenden Koordinaten von A und B, wenn $\overrightarrow{AB} = \begin{pmatrix} -1 \\ -3 \end{pmatrix}$ ist.

A(4 | y_a), B(x_b | –1).

219. Prüfe nach, ob das Viereck ABCD ein Parallelogramm ist.

a) A(5 | 0) B(4 | 4) C(–2 | 6) D(–1 | 2)

b) A(–2 | 4) B(–3 | –2) C(1 | –1) D(2 | 5)

c) A(–3 | –1) B(–4 | –1) C(–2 | 3) D(–1 | 4)

220. Bestimme die Koordinaten des Punktes D so, dass ABCD ein Parallelogramm ist.

a) A(–1 | 1) B(5 | 3) C(4 | 7)

b) A(0 | –2) B(6 | 2,5) C(8,5 | 6)

3 Mittelpunkt einer Strecke

Beispiel:

Gegeben ist die Strecke [AB] mit A(–2 | 1) und B(6 | 5).

Berechne die Koordinaten des Mittelpunktes M von [AB].

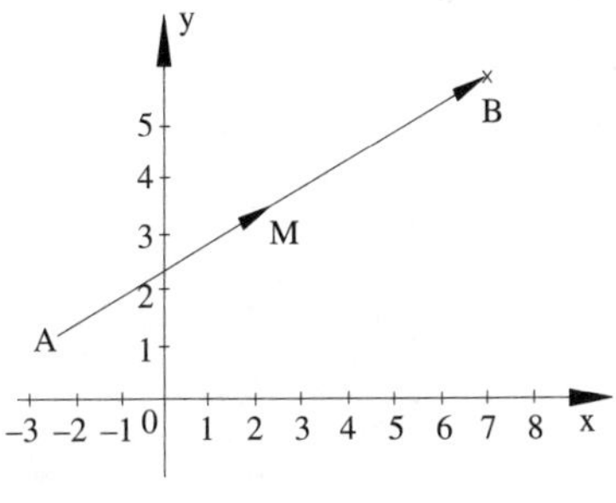

M ist Mittelpunkt von [AB], also ist $\overline{AM}=\overline{MB}$. Die Pfeile $\overrightarrow{AM}$ und $\overrightarrow{MB}$ sind auch gleichgerichtet.

Folglich gilt: $\overrightarrow{AM} = \overrightarrow{MB}$.

Es sei M(x | y)

$\overrightarrow{AM} = \overrightarrow{MB}$ — Berechnung der Vektoren.

$\begin{pmatrix} x+2 \\ y-1 \end{pmatrix} = \begin{pmatrix} 6-x \\ 5-y \end{pmatrix}$ — Pfeilvergleich.

$$x + 2 = 6 - x \quad \wedge \quad y - 1 = 5 - y$$
$$2x = 4 \quad \wedge \quad 2y = 6$$
$$x = 2 \quad \wedge \quad y = 3$$

Berechnung der Koordinaten von M.

$L = \{(2 \mid 3)\}$

M(2 | 3)

Aufgaben:

221. Berechne die Koordinaten des Mittelpunktes M der Strecke [AB].

a) A(–2 | –3) B(4 | 0) b) A(7 | –5) B(–1 | 2)

222. M ist Mittelpunkt von [AB]. Berechne die Koordinaten des nicht angegebenen Punktes.

a) A(5 | –1) M(0 | 0)

b) A(3 | 4) M(3 | 1)

c) B(2 | 5) M(–3 | 5)

d) B(–1 |5) M(5 | –2)

4 Vektoraddition

Vom Rechnen mit Zahlenpfeilen auf der Zahlengeraden (Rechts- und Linkspfeile) weißt du, dass eine Addition von Pfeilen eine Spitze-Fuß-Kopplung bedeutet. Dies gilt auch für Pfeile beliebiger Richtung.

Die Addition zweier Vektoren bedeutet eine Spitze-Fuß-Kopplung der Pfeile. Zwei Vektoren werden addiert, indem man ihre Koordinaten addiert.

$$\vec{a} \oplus \vec{b} = \vec{c}$$

$$\begin{pmatrix} a_x \\ a_y \end{pmatrix} \oplus \begin{pmatrix} b_x \\ b_y \end{pmatrix} = \begin{pmatrix} a_x + b_x \\ a_y + b_y \end{pmatrix}$$

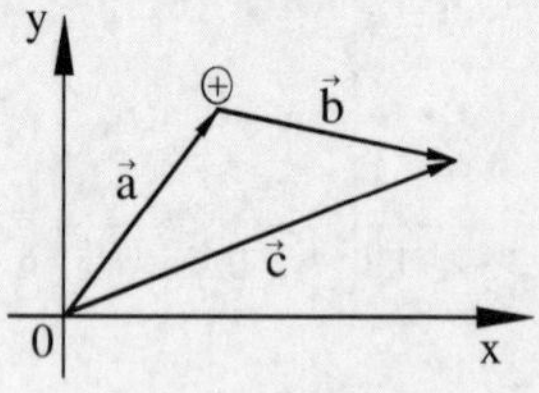

Anmerkung: Für die Vektoraddition verwendet man das Zeichen ⊕, um den Unterschied zur Zahlenaddition zu zeigen. Beachte, dass bei der Vektoraddition nicht die Beträge der Pfeile addiert werden.

Beispiel:

Addition der Vektoren $\vec{a} = \begin{pmatrix} 3 \\ -2 \end{pmatrix}$ und $\vec{b} = \begin{pmatrix} -2 \\ -1 \end{pmatrix}$.

$$\vec{a} \oplus \vec{b} = \begin{pmatrix} 3 \\ -2 \end{pmatrix} \oplus \begin{pmatrix} -2 \\ -1 \end{pmatrix} = \begin{pmatrix} 3+(-2) \\ -2+(-1) \end{pmatrix} = \begin{pmatrix} 1 \\ -3 \end{pmatrix}$$

Man addiert die x-Koordinaten: $3 + (-2) = 1$, ebenso die y-Koordinaten: $(-2) + (-1) = -3$. Beachte, dass du Zahlen addierst, also gilt das Rechenzeichen +.

Beispiel:

Subtraktion der Vektoren $\vec{a} = \begin{pmatrix} 3 \\ 2 \end{pmatrix}$ und $\vec{b} = \begin{pmatrix} 2 \\ -1 \end{pmatrix}$.

$$\vec{a} \ominus \vec{b} = \begin{pmatrix} 3 \\ 2 \end{pmatrix} \ominus \begin{pmatrix} 2 \\ -1 \end{pmatrix} = \begin{pmatrix} 3 \\ 2 \end{pmatrix} \oplus \begin{pmatrix} -2 \\ 1 \end{pmatrix} = \begin{pmatrix} 3-2 \\ 2+1 \end{pmatrix} = \begin{pmatrix} 1 \\ 3 \end{pmatrix}$$

Die Subtraktion zweier Vektoren wird auf die Addition zurückgeführt: Addiere den Gegenvektor!

Beispiel:

Gegeben sind die Punkte A(–3 | 2), B(3 | –1) und D(1 | 4). Berechne die Koordinaten des Punktes C, dass ABCD ein Parallelogramm ist.

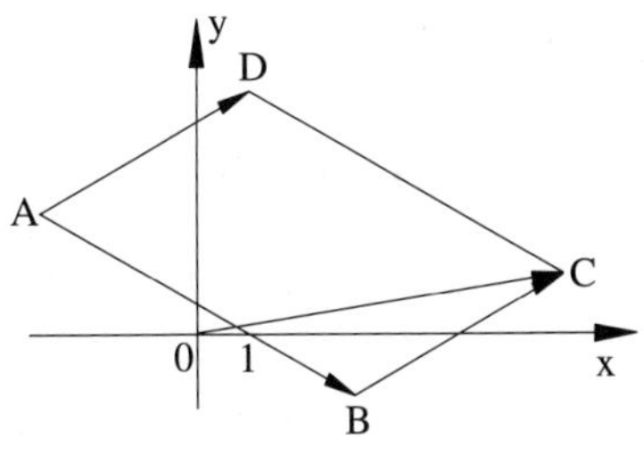

Diese Aufgabe kannst du mit der Methode des Pfeilvergleichs lösen, aber auch mit der Vektoraddition. Um die Koordinaten von C(x | y) zu bestimmen, berechnet man die Koordinaten des Ortsvektors $\overrightarrow{OC}$.

$$\overrightarrow{OC} = \overrightarrow{OB} \oplus \overrightarrow{BC}$$
$$\overrightarrow{BC} = \overrightarrow{AD}$$
$$\overrightarrow{OC} = \overrightarrow{OB} \oplus \overrightarrow{AD}$$

$\overrightarrow{OC}$ erhält man als Summe der Vektoren $\overrightarrow{OB}$ und $\overrightarrow{BC}$.

Beachte, dass gilt: $\overrightarrow{BC} = \overrightarrow{AD}$.

$\overrightarrow{AD}$ kann berechnet werden, da A und D gegeben sind.

$\begin{pmatrix} x \\ y \end{pmatrix} = \begin{pmatrix} 3 \\ -1 \end{pmatrix} \oplus \begin{pmatrix} 1+3 \\ 4-2 \end{pmatrix}$

$\begin{pmatrix} x \\ y \end{pmatrix} = \begin{pmatrix} 3 \\ -1 \end{pmatrix} \oplus \begin{pmatrix} 4 \\ 2 \end{pmatrix} = \begin{pmatrix} 3+4 \\ -1+2 \end{pmatrix}$

$\begin{pmatrix} x \\ y \end{pmatrix} = \begin{pmatrix} 7 \\ 1 \end{pmatrix}$

Aus dem Ortsvektor $\overrightarrow{OC}$ können nun die Koordinaten von C angegeben werden.

$\mathbb{L} = \{(7 \mid 1)\}$

C(7 | 1)

Aufgaben:

223 Berechne die Summe und die Differenz der Vektoren $\vec{a}$ und $\vec{b}$.

a) $\vec{a} = \begin{pmatrix} 2 \\ -1 \end{pmatrix}$ $\vec{b} = \begin{pmatrix} -3 \\ 5 \end{pmatrix}$

b) $\vec{a} = \begin{pmatrix} -3 \\ 8 \end{pmatrix}$ $\vec{b} = \begin{pmatrix} 0 \\ -8 \end{pmatrix}$

c) $\vec{a} = \begin{pmatrix} -1 \\ -1 \end{pmatrix}$ $\vec{b} = \begin{pmatrix} 2 \\ 3 \end{pmatrix}$

d) $a = \begin{pmatrix} 4 \\ 1 \end{pmatrix}$ $\vec{b} = \begin{pmatrix} -2 \\ -4 \end{pmatrix}$

224 Gegeben ist das Dreieck ABC.

224.1 Berechne den Pfeil $\overrightarrow{AD} = \overrightarrow{AB} \oplus \overrightarrow{AC}$.

224.2 Berechne die Koordinaten des Punktes D.

a) A(–1 | 0) B(4 | 3) C(1 | 5)

b) A(7 | 0) B(3 | 5) C(–2 | 2)

225 Gegeben sind vom Parallelogramm ABCD die Punkte A(1 | 2), B(5 | 3,5) und C(7 | 6).

225.1 Berechne die Koordinaten des Symmetriezentrums. (Hinweis: Pfeilvergleich!).

225.2 Berechne die Koordinaten von D. Löse mit Vektoraddition.

Zusammenfassende Aufgaben

Anmerkung: Fast alle Aufgaben lassen sich sowohl durch Pfeilvergleich als auch durch Vektoraddition lösen. Fertige zu allen Aufgaben eine Zeichnung; du kannst die Ergebnisse deiner Rechnung stets zeichnerisch kontrollieren.

226 Gegeben ist das Viereck ABCD mit A(–1 | 1), B(5 | 4), C(7 | 6), D(1 | 3).

226.1 Weise nach, dass das Viereck ein Parallelogramm ist.

226.2 Berechne die Koordinaten des Symmetriezentrums.

227 Gegeben ist das rechtwinklige Dreieck ABC mit $\beta = 90°$ (A(1 | 0), B(6 | 3), C(4,5 | 5,5)). Berechne die Koordinaten des Umkreismittelpunktes.

228 Das Dreieck ABC mit A(–2 | –4), B(0 | 1), C(–3 | 3) wird mit $\vec{v} = \overrightarrow{OP}$ mit P(3 | 4) verschoben. Berechne die Koordinaten der Bildpunkte A', B' und C'.

229 Gegeben ist das Dreieck ABC mit A(0 | 0), B(6 | –2), C(4 | 4).

229.1 Berechne die Koordinaten der Seitenmittelpunkte M_a, M_b, M_c.

229.2 Zeige, dass das Viereck $AM_c M_a M_b$ ein Parallelogramm ist.

230 Gegeben ist das Viereck ABCD mit A(–2 | –4), B(3 | –2), C(5 | 2), D(0 | 0).

230.1 Zeige, dass das Viereck ein Parallelogramm ist.

230.2 Berechne die Koordinaten der Seitenmittelpunkte M_a, M_b, M_c, M_d.

230.3 Untersuche, ob auch das Viereck $M_a M_b M_c M_d$ Parallelogramm ist.

231 Die Strecke [AB] mit A(0 | 2) und B(4 | –3) wird durch Punktspiegelung an Z(3 | 3) abgebildet. Berechne die Koordinaten der Bildpunkte A' und B'.

232 Der Punkt A(5 | 6) wird durch Punktspiegelung an Z auf A'(–4 | 0) abgebildet. Berechne die Koordinaten des Zentrums.

233 Vom Parallelogramm ABCD sind die Punkte B(7 | –2) und C(5 | 5) bekannt. Z(2 | 1) ist das Symmetriezentrum. Berechne die Koordinaten der Punkte A und D.

Lösungen

1. a) $T(x) = 3x + 7$
Summe $T(5) = 3 \cdot 5 + 7 = 22$

b) $T(x) = (3x + 1) : (7 + x)$
Quotient $T(5) = (3 \cdot 5 + 1) : (7 + 5) = 16 : 12 = \frac{4}{3}$

c) $T(x) = 2x^2 - 3x$
Differenz $T(5) = 2 \cdot 5^2 - 3 \cdot 5 = 2 \cdot 25 - 15 = 35$

d) $T(x) = 4 + x \cdot 3 - 4x$
Summe $T(5)= 4 + 5 \cdot 3 - 4 \cdot 5 = -1$

e) $T(x) = (-5 - x) \cdot x$
Produkt $T(5) = (-5 - 5) \cdot 5 = -10 \cdot 5 = -50$

f) $T(x) = (x - 3) \cdot (7{,}5 + x : 2) + 1$
Summe $T(5) = (5 - 3) \cdot (7{,}5 + 5 : 2) + 1 = 2 \cdot 10 + 1 = 21$

2. a) $T(x; y) = x + 6y$
Summe $T(2; -1) = 2 + 6 \cdot (-1) = 2 - 6 = -4$

b) $T(x; y) = 2xy - 8$
Differenz $T(2; -1) = 2 \cdot 2 \cdot (-1) - 8 = -4 - 8 = -12$

c) $T(x; y) = (3x - 1) \cdot y$
Produkt $T(2; -1) = (3 \cdot 2 - 1) \cdot (-1) = 5 \cdot (-1) = -5$

d) $T(x; y) = (2x - 3y) : 7$
Quotient $T(2; -1) = (2 \cdot 2 - 3 \cdot (-1)) : 7 = 7 : 7 = 1$

3. a) $T(x) = 2x - 6$
$T(3) = 2 \cdot 3 - 6 = 6 - 6 = 0$ NS: 3

b) $T(x) = 8 + 4x$
$T(-2) = 8 + 4 \cdot (-2) = 8 - 8 = 0$ NS: –2

c) $T(a) = 8a - 4$
$T\left(\frac{1}{2}\right) = 8 \cdot \frac{1}{2} - 4 = 4 - 4 = 0$ NS: $\frac{1}{2}$

d) $T(z) = 5 - 2z$
$T(2{,}5) = 5 - 2 \cdot 2{,}5 = 5 - 5 = 0$ NS: 2,5

e) $T(x) = x \cdot (3x + 3)$
$T(0) = 0 \cdot (3 \cdot 0 + 3) = 0 \cdot 3 = 0$
$T(-1) = -1 \cdot (3 \cdot (-1) + 3) = -1 \cdot 0 = 0$ NS: 0; –1

f) $T(a) = (4 - a) \cdot (3 + a)$
$T(4) = (4 - 4)(3 + 4) = 0 \cdot 7 = 0$
$T(-3) = (4 - (-3))(3 - 3) = 7 \cdot 0 = 0$ NS: 4; –3

4. a) $T(x) = 2x - 1$ $\mathbb{G} = \{0; 2; 4; 6; 8\}$
$T(0) = 2 \cdot 0 - 1 = -1$ $T(2) = 2 \cdot 2 - 1 = 3$ $T(4) = 2 \cdot 4 - 1 = 7$
$T(6) = 2 \cdot 6 - 1 = 11$ $T(8) = 2 \cdot 8 - 1 = 15$ Die Nullstelle $x = \frac{1}{2}$ ist nicht in $\mathbb{G}$ enthalten

b) $T(x) = \left(\frac{1}{2}x + 1\right) \cdot \left(x - \frac{1}{2}\right)$ $\mathbb{G} = \left\{-1; -\frac{1}{2}; \frac{1}{2}; 1\right\}$

$T(-1) = \left(\frac{1}{2} \cdot (-1) + 1\right) \cdot \left(-1 - \frac{1}{2}\right) = \frac{1}{2} \cdot \left(-\frac{3}{2}\right) = -\frac{3}{4}$
$T\left(-\frac{1}{2}\right) = \left(\frac{1}{2} \cdot \left(-\frac{1}{2}\right) + 1\right) \cdot \left(-\frac{1}{2} - \frac{1}{2}\right) = \frac{3}{4} \cdot (-1) = -\frac{3}{4}$
$T\left(\frac{1}{2}\right) = \left(\frac{1}{2} \cdot \frac{1}{2} + 1\right) \cdot \left(\frac{1}{2} - \frac{1}{2}\right) = \frac{5}{4} \cdot 0 = 0$
$T(1) = \left(\frac{1}{2} \cdot 1 + 1\right)\left(1 - \frac{1}{2}\right) = \frac{3}{2} \cdot \frac{1}{2} = \frac{3}{4}$

Mögliche Nullstellen:
$x = \frac{1}{2} \in \mathbb{G}$;
$x = -2 \notin \mathbb{G}$

5. a) $T_1(x) = 3x + 6$, $T_2(x) = 3 \cdot (x + 2)$ $\mathbb{G} = \{0; 1; 2; 3\}$
$T_1(0) = 3 \cdot 0 + 6 = 6$ $T_2(0) = 3 \cdot (0 + 2) = 6$
$T_1(1) = 3 \cdot 1 + 6 = 9$ $T_2(1) = 3 \cdot (1 + 2) = 9$
$T_1(2) = 3 \cdot 2 + 6 = 12$ $T_2(2) = 3 \cdot (2 + 2) = 12$
$T_1(3) = 3 \cdot 3 + 6 = 15$ $T_2(3) = 3 \cdot (3 + 2) = 15$
$T_1(x) = T_2(x)$

b) $T_1(x) = 4x - 3,$ $T_2(x) = (x - 1) \cdot 4 + 1$ $\mathbb{G} = \{-4; -2; 0; 2\}$
$T_1(-4) = 4 \cdot (-4) - 3 = -19$ $T_2(-4) = (-4 - 1) \cdot 4 + 1 = -5 \cdot 4 + 1 = -19$
$T_1(-2) = 4 \cdot (-2) - 3 = -11$ $T_2(-2) = (-2 - 1) \cdot 4 + 1 = -3 \cdot 4 + 1 = -11$
$T_1(0) = 4 \cdot 0 - 3 = -3$ $T_2(0) = (0 - 1) \cdot 4 + 1 = -1 \cdot 4 + 1 = -3$
$T_1(2) = 4 \cdot 2 - 3 = 5$ $T_2(2) = (2 - 1) \cdot 4 + 1 = 1 \cdot 4 + 1 = 5$
$T_1(x) = T_2(x)$

c) $T_1(x) = (x + 4)^2$ $T_2(x) = x^2 - 16$ $\mathbb{G} = \{-4; 0; 4; 8\}$
$T_1(-4) = (-4 + 4)^2 = 0$ $T_2(-4) = (-4)^2 - 16 = 16 - 16 = 0$
$T_1(0) = (0 + 4)^2 = 16$ $T_2(0) = 0^2 - 16 = -16 \neq T_1(0)$
$T_1(x) \neq T_2(x)$

d) $T_1(x) = (3 + x)(2 - x),$ $T_2(x) = (3 - x) \cdot 2 - x$ $\mathbb{G} = \{4; 5; 6; 7\}$
$T_1(4) = (3 + 4)(2 - 4) = 7 \cdot (-2) = -14$
$T_2(4) = (3 - 4) \cdot 2 - 4 = -2 - 4 = -6 \neq T_1(4)$
$T_1(x) \neq T_2(x)$

6. a) $x + 3 + 2 = x + 5$

b) $5 + 3 - x + 2 = 8 + (-x) + 2 = 8 + 2 + (-x) = 10 - x$

c) $4 + x - 3 = 4 + x + (-3) = 4 + (-3) + x = 1 + x$

d) $3 + x - 8 - 9 = 3 + x - 17 = 3 + x + (-17) = 3 + (-17) + x = -14 + x$

e) $-7 + 2 + a - 1 = -5 + a - 1 = -6 + a$

f) $9 + y - 10 - 2 + 3 = 9 + y + (-10) + (-2) + 3 = 9 + y + (-9)$
$= 9 + (-9) + y = y$

g) $-3{,}5 + x - 2{,}5 - y = -3{,}5 + x + (-2{,}5) - y = -3{,}5 + (-2{,}5) + x - y$
$= -6 + x - y$

h) $3\frac{1}{2} - 1\frac{1}{3} + x - 2\frac{2}{3} + y = 3\frac{1}{2} - 1\frac{1}{3} + x + \left(-2\frac{2}{3}\right) + y$
$= 3\frac{1}{2} - 1\frac{1}{3} + \left(-2\frac{2}{3}\right) + x + y = 3\frac{1}{2} - 4 + x + y = -\frac{1}{2} + x + y$

7. a) $5x + 3x - 9x = -x$

b) $21y - 18y + 3y = 6y$

c) $17z + 3z - 19z = z$

d) $-23x^2 + 17x^2 + x^2 = -5x^2$

e) $15xy - 19xy + 3xy = -xy$

f) $10xyz + 20xyz - 25xyz = 5xyz$

g) $-x^2y + 3x^2y - 7x^2y = -5x^2y$

h) $15x^2y^2 + 21x^2y^2 + x^2y^2 = 37x^2y^2$

8. a) $5a + 3b + 5a = 10a + 3b$

b) $7x - 3x + 4y = 4x + 4y$

c) $4x - 3y + 3y + x = 5x$

d) $3x + 9z + 12x - 8z - z = 15x$

e) $4x^2 + 3x - 4x - x = 4x^2 - 2x$

f) $10x^2 - 10x - 9x^2 + 9x = x^2 - x$

g) $5x + 7 + x + 10 - 6x = 17$

h) $13x^2 - 3x^2y + 4x^2 + 3x^2 = 20x^2 - 3x^2y$

9. a) $5a + 3b + 7a - 10a + 2b + 6a = 8a + 5b$

b) $4a + 3 + 8b + 7 + 3 - 9a - 7b + a = -4a + b + 13$

c) $-12x^2 + 10x + 13x^2 + 3x^2 - 15x - 8x = 4x^2 - 13x$

d) $7x^2y + 5xy + 8x^2y - 11x^2y - 6xy = 4x^2y - xy$

e) $xy + 4xz - 7xz + 3xy - 7xz - xz = 4xy - 11xz$

f) $3{,}5x^2y + 2{,}5x^2y + 1{,}5xy^2 - 7{,}5x^2y + 0{,}5xy^2 = -1{,}5x^2y + 2xy^2$

g) $2{,}1ab + 3{,}1ac + 4{,}2bc + 2{,}9ac - 3{,}1ab = -ab + 6ac + 4{,}2bc$

h) $7x^2y^2 - 7x^2y^3 + 3x^3y^2 - 5x^2y^2 - x^3y^2 = 2x^2y^2 - 7x^2y^3 + 2x^3y^2$

10. a) $-2(x + 1) + 3(x + 1) + 5(x + 1) = 6 \cdot (x + 1)$

b) $5(a^2 - 1) + 6(a^2 - 1) - 4(a^2 - 1) = 7 \cdot (a^2 - 1)$

11. a) $3x \cdot 4 = 12x$

b) $4y \cdot (-3) \cdot 2 = -24y$

c) $3z \cdot 5 \cdot 2z = 30z^2$

d) $(-4x) \cdot 2 \cdot 3x = -24x^2$

e) $\frac{1}{2} \cdot x \cdot 3 \cdot 4x = 6x^2$

f) $\frac{4}{5}a \cdot 4a \cdot (-5) = -16a^2$

g) $-3a \cdot (-2a) \cdot (-3a) = -18a^3$

h) $3{,}2a \cdot (-2) \cdot 3a \cdot (-5a) = 96a^3$

12. a) $5x \cdot 3y = 15xy$

b) $7a \cdot (-b) = -7ab$

c) $4{,}5x \cdot 3 \cdot 2y = 27xy$

d) $-2x \cdot 3y \cdot 2z \cdot \frac{1}{6} = -2xyz$

e) $4x \cdot 5y \cdot (-3) \cdot (-xy) = 60x^2y^2$

f) $2x \cdot y \cdot (-2xyz) = -4x^2y^2z$

g) $1{,}2xy \cdot 1{,}2xz \cdot (-yz) = -1{,}44x^2y^2z^2$

h) $\frac{2}{3}a \cdot \frac{6}{5}b \cdot \frac{5}{12}ab \cdot 3b = a^2b^3$

13. a) $x^2 \cdot 3x^3 = 3x^5$

b) $-4x \cdot 3x^2 \cdot 5x^3 = -60x^6$

c) $3x^2 \cdot 2y \cdot (-y^2) \cdot 4 = -24x^2y^3$

d) $0{,}5a \cdot 0{,}3a^2b \cdot 4a^3b^2 = 0{,}6a^6b^3$

e) $-\frac{1}{2}xy^2z \cdot (-4x^3) \cdot y^2z^4 = 2x^4y^4z^5$

f) $(-0{,}3uv) \cdot (-6u^2w) \cdot (-2v^2w) = -3{,}6u^3v^3w^2$

14. a) $(5x)^2 = 25x^2$

b) $(2x^2)^3 = 2^3 \cdot (x^2)^3 = 8x^6$

b) $(1{,}3xy)^2 = 1{,}69x^2y^2$

d) $(-2x^2y)^2 = 4x^4y^2$

e) $-2 \cdot (xy^2)^2 = -2x^2y^4$

f) $(-2x^3y)^3 = (-2)^3 \cdot (x^3)^3 \cdot y^3 = -8x^9y^3$

15. a) $3\frac{1}{2}a - 2 \cdot \frac{1}{8}ab - 1\frac{3}{4}a \cdot b = 3\frac{1}{2}a - \frac{1}{4}ab - 1\frac{3}{4}ab = 3\frac{1}{2}a - 2ab$

b) $-5x \cdot 3a + 10a \cdot (-2x) = -15ax - 20ax = -35ax$

c) $5a \cdot (-17b) + 15a \cdot (-6b) = -85ab - 90ab = -175ab$

d) $120xy \cdot \frac{1}{10}z^2 - 48x \cdot \frac{1}{6}z^2 \cdot 2y = 12xyz^2 - 16xyz^2 = -4xyz^2$

e) $3m^2 - 5m^3 + 2m \cdot m - m^2 \cdot m = 3m^2 - 5m^3 + 2m^2 - m^3 = 5m^2 - 6m^3$

f) $4x \cdot 2x + 3y \cdot 2x - 2x \cdot 2y - 2x \cdot (-5x) = 8x^2 + 6xy - 4xy + 10x^2$
$= 18x^2 + 2xy$

g) $24x \cdot (-4x) \cdot 2z - 3x \cdot 4xz - 2x \cdot 2xy^2 = -192x^2z - 12x^2z - 4x^2y^2$
$= -204x^2z - 4x^2y^2$

h) $6x^2 \cdot y \cdot (-2x) \cdot z - 3xz \cdot (-4x^2y) = -12x^3yz + 12x^3yz = 0$

16. a) $(2ab)^2 \cdot a^2 = 4a^2b^2 \cdot a^2 = 4a^4b^2$

b) $8m^3 \cdot (-3m^2) = -24\,m^5$

c) $(3b)^3 \cdot a + 27a^3 = 27b^3 \cdot a + 27a^3 = 27ab^3 + 27a^3$

d) $3x^2 \cdot 2xy + (3x)^2 \cdot y \cdot 2x = 6x^3y + 9x^2 \cdot y \cdot 2x = 6x^3y + 18x^3y = 24x^3y$

e) $5x^2y \cdot (-3x^2y) \cdot (2x)^2 + 28 \cdot (x^3y)^2 = -15x^4y^2 \cdot 4x^2 + 28x^6y^2$
$= -60x^6y^2 + 28x^6y^2 = -32x^6y^2$

f) $15y^2 - (3y)^3 + (3y)^2 + 2 \cdot 3y^3 + 2 \cdot (-4y^2)$
$= 15y^2 - 27y^3 + 9y^2 + 6y^3 - 8y^2 = -21y^3 + 16y^2$

17. a) $T_1(x) = -6x^2 + (2x)^2 + 4 \cdot (-x)^2$
$T_2(x) = 2x^2$
$T_1(x) = -6x^2 + (2x)^2 + 4 \cdot (-x)^2 = -6x^2 + 4x^2 + 4x^2 = 2x^2 = T_2(x)$

b) $T_1(x) = 5x^2 \cdot x^3 - (2x)^3 \cdot 3x^2$
$T_2(x) = -19x^5$
$T_1(x) = 5x^2 \cdot x^3 - (2x)^3 \cdot 3x^2 = 5x^5 - 8x^3 \cdot 3x^2 = 5x^5 - 24x^5$
$= -19x^5 = T_2(x)$

c) $T_1(x) = 4x^2 \cdot x + (3x)^2 + x^3$
$T_2(x) = 14x^3 + 5x^2 - (-3x)^2 \cdot x + 4x^2$
$T_1(x) = 4x^2 \cdot x + (3x)^2 + x^3 = 4x^3 + 9x^2 + x^3 = 5x^3 + 9x^2$
$T_2(x) = 14x^3 + 5x^2 - (-3x)^2 \cdot x + 4x^2 = 14x^3 + 5x^2 - 9x^2 \cdot x + 4x^2$
$= 14x^3 + 5x^2 - 9x^3 + 4x^2 = 5x^3 + 9x^2 = T_1(x)$

d) $T_1(x) = 3x \cdot 2x + 4x^2 \cdot 2x - x^2 \cdot (-1)$
$T_2(x) = -4x \cdot 2x \cdot (-x) + 5x^2 + 4x \cdot \frac{1}{2}x$
$T_1(x) = 3x \cdot 2x + 4x^2 \cdot 2x - x^2 \cdot (-1) = 6x^2 + 8x^3 + x^2 = 7x^2 + 8x^3$
$T_2(x) = -4x \cdot 2x \cdot (-x) + 5x^2 + 4x \cdot \frac{1}{2}x = 8x^3 + 5x^2 + 2x^2 = 7x^2 + 8x^3$
$= T_1(x)$

18. a) $5x + (3 - 6x + y) - y + x = 5x + 3 - 6x + y - y + x = 3$

b) $(9 - 3x) + (27x - 80) - 26x = 9 - 3x + 27x - 80 - 26x = -2x - 71$

c) $6xy + (2{,}5x + 3xy) + 9x = 6xy + 2{,}5x + 3xy + 9x = 9xy + 11{,}5x$

d) $\left(-4x + \frac{1}{2}y\right) + \left(\frac{1}{2}x - 4y\right) - 2x + 3{,}5y$
$= -4x + \frac{1}{2}y + \frac{1}{2}x - 4y - 2x + 3{,}5y = -5{,}5x$

19. a) $5x + [6x^2 + (4x - 3x^2)] = 5x + [6x^2 + 4x - 3x^2] = 5x + [3x^2 + 4x]$
$= 5x + 3x^2 + 4x = 9x + 3x^2$

b) $14x^2 + [(x + 4x^2) + (-x^2 + 2x)] = 14x^2 + [x + 4x^2 - x^2 + 2x]$
$= 14x^2 + [3x + 3x^2] = 14x^2 + 3x + 3x^2 = 17x^2 + 3x$

20. a) $4x - 3y - (2x - y) = 4x - 3y - 2x + y = 2x - 2y$

b) $(a + 3) - (5 + a) = a + 3 - 5 - a = -2$

c) $-(x + y) - (-x - y) = -x - y + x + y = 0$

d) $3a + 8a^2 - (12a^2 - 15a) = 3a + 8a^2 - 12a^2 + 15a = 18a - 4a^2$

e) $a^2 + ab - (ab - a^2b) - a^2 = a^2 + ab - ab + a^2b - a^2 = a^2b$

f) $-(x^2 - 7x) - (3x - x^2) = -x^2 + 7x - 3x + x^2 = 4x$

21. a) $(x + y + 4z) - (2x + y + 3z) = x + y + 4z - 2x - y - 3z = -x + z$

b) $(36 - a - b) - (2a + 3b - 12) = 36 - a - b - 2a - 3b + 12 = 48 - 3a - 4b$

c) $5 - (x^2 + 6) + (-x^2 - 6) = 5 - x^2 - 6 - x^2 - 6 = -2x^2 - 7$

d) $xy^2 - y^3 - (xy^2 - y^3 - 2x^2y^3) = xy^2 - y^3 - xy^2 + y^3 + 2x^2y^3 = 2x^2y^3$

e) $x^2 + (y^2 - z^2) - (2xyz - x^2 + 2y^2) = x^2 + y^2 - z^2 - 2xyz + x^2 - 2y^2$
$= 2x^2 - y^2 - z^2 - 2xyz$

f) $4ab + 4a^2 - (6b^2 - 4a^2) - (10ab + 9a^2)$
$= 4ab + 4a^2 - 6b^2 + 4a^2 - 10ab - 9a^2 = -a^2 - 6b^2 - 6ab$

22. a) $5x - [3 - (5x + 4)] = 5x - [3 - 5x - 4] = 5x - [-1 - 5x]$
$= 5x + 1 + 5x = 10x + 1$

b) $2x - [2y + (3x + 4y)] - (6x - y) = 2x - [2y + 3x + 4y] - 6x + y$
$= 2x - [6y + 3x] - 6x + y = 2x - 6y - 3x - 6x + y = -7x - 5y$

c) $3a^2 - (a^2 + a) - [5a^2 - (a + a^2)] = 3a^2 - a^2 - a - [5a^2 - a - a^2]$
$= 2a^2 - a - [4a^2 - a] = 2a^2 - a - 4a^2 + a = -2a^2$

d) $8z - [-4 - (3 + 4z) + (7 - 3z)] + 3 = 8z - [-4 - 3 - 4z + 7 - 3z] + 3$
$= 8z - [-7z] + 3 = 8z + 7z + 3 = 15z + 3$

e) $(20x - 12y) - [-(4x - 12y) + (-4x + y)]$
$= 20x - 12y - [-4x + 12y - 4x + y] = 20x - 12y - [-8x + 13y]$
$= 20x - 12y + 8x - 13y = 28x - 25y$

f) $41a^2 + [3a^2 - (4 + a)] - [7a^2 + (5a - 4)]$
$= 41a^2 + [3a^2 - 4 - a] - [7a^2 + 5a - 4] = 41a^2 + 3a^2 - 4 - a - 7a^2 - 5a + 4$
$= 37a^2 - 6a$

23. a) $5x \cdot (-3) - (5x - 3) = -15x - 5x + 3 = -20x + 3$

b) $7x + (3x - 3x \cdot 2) - (x - x \cdot 3) = 7x + 3x - 6x - (-2x) = 6x$

c) $4x \cdot (-2x) + (4x - 2x \cdot x) = -8x^2 + (4x - 2x^2) = -8x^2 + 4x - 2x^2$
$= -10x^2 + 4x$

d) $10x^2 - (5x \cdot 2x - 2x \cdot 3 + 3) = 10x^2 - (10x^2 - 6x + 3)$
$= 10x^2 - 10x^2 + 6x - 3 = 6x - 3$

e) $24xy - [6x + 4x \cdot 5y - 2x \cdot (-y)] = 24xy - [6x + 20xy + 2xy]$
$= 24xy - [6x + 22xy] = 24xy - 6x - 22xy = 2xy - 6x$

f) $3x^2y - [(3x \cdot 4xy - 3x^2 \cdot 4y) + 2x^2] = 3x^2y - [12x^2y - 12x^2y + 2x^2]$
$= 3x^2y - [2x^2] = 3x^2y - 2x^2$

24. a) $3 \cdot (a + 2) = 3a + 6$

b) $4(x - 3) = 4x - 12$

c) $4 \cdot (3a - 1) = 12a - 4$

d) $-1{,}7 \cdot (2x - 3y) = -3{,}4x + 5{,}1y$

e) $-2 \cdot (2x - 7y + 1) = -4x + 14y - 2$

f) $-\frac{1}{2} \cdot (9x^2 + 18xy - 2) = -4{,}5x^2 - 9xy + 1$

g) $-0{,}4 \cdot (x^2 - 3x + 3) = -0{,}4x^2 + 1{,}2x - 1{,}2$

h) $\frac{4}{5} \cdot (-20x^2 + 25xy - 100y^2) = -16x^2 + 20xy - 80y^2$

25. a) $2a(x - 2) = 2ax - 4a$

b) $3a(a + 8) = 3a^2 + 24a$

c) $-a(a^2 - 2a - 1) = -a^3 + 2a^2 + a$

d) $3ab \cdot (ab + 3 + 2b) = 3a^2b^2 + 9ab + 6ab^2$

e) $3x^2 \cdot (3x + y - 4xy) = 9x^3 + 3x^2y - 12x^3y$

f) $9xy \cdot \left(\frac{1}{3}xy + x^2 - \frac{1}{9}\right) = 3x^2y^2 + 9x^3y - xy$

g) $(6x - 3x^2 - 27) \cdot 0{,}5x = 3x^2 - 1{,}5x^3 - 13{,}5x$

h) $-2xy \cdot \left(-2xy - 4x^2y - \frac{1}{4}x^2\right) = 4x^2y^2 + 8x^3y^2 + \frac{1}{2}x^3y$

26. a) $4 \cdot (a - 1) \cdot 2 = 8 \cdot (a - 1) = 8a - 8$

b) $-7(3a + 2b) \cdot 4 = -28 \cdot (3a + 2b) = -84a - 56b$

c) $3a \cdot (a + 2) \cdot 5 = 15a(a + 2) = 15a^2 + 30a$

d) $-2x \cdot (x + y + z) \cdot 4x = -8x^2 \cdot (x + y + z) = -8x^3 - 8x^2y - 8x^2z$

e) $2a \cdot 6b \cdot (3a - b + 1) = 12ab \cdot (3a - b + 1) = 36a^2b - 12ab^2 + 12ab$

f) $6a \cdot (-5x) \cdot (2x^2 + 3x - 1) \cdot (-2) = 60ax \cdot (2x^2 + 3x - 1)$
$= 120ax^3 + 180ax^2 - 60ax$

g) $(8{,}2xy - 2z) \cdot (-5) \cdot (-4{,}5z) = (8{,}2xy - 2z) \cdot 22{,}5z = 184{,}5xyz - 45z^2$

h) $4x^2 \cdot (2x - 3) \cdot (-4x) \cdot (-3y) = 48x^3y \cdot (2x - 3) = 96x^4y - 144x^3y$

27. a) $9a + 3(a + 5) = 9a + 3a + 15 = 12a + 15$

b) $21x - 12(2 + 3x) = 21x - 24 - 36x = -15x - 24$

c) $2(x - 1) + 3(x + y + 6) = 2x - 2 + 3x + 3y + 18 = 5x + 3y + 16$

d) $-3x(x + 3) + 2(x^2 - 2x) = -3x^2 - 9x + 2x^2 - 4x = -x^2 - 13x$

e) $(2x - 7y) \cdot 4 - 9(5x - y) = 8x - 28y - 45x + 9y = -37x - 19y$

f) $6(5x + 7y) \cdot (-1) + 4x(x + y) = -6(5x + 7y) + 4x^2 + 4xy$
$= -30x - 42y + 4x^2 + 4xy$

28. a) $5x(7x + 3) + 3x^2 + (2x - 3) \cdot 2x$
$= 35x^2 + 15x + 3x^2 + 4x^2 - 6x = 42x^2 + 9x$

b) $-x(y - 3z) - (3xy + yz) + 4y(3x + z)$
$= -xy + 3xz - 3xy - yz + 12xy + 4yz = 8xy + 3xz + 3yz$

c) $(a + b - 2) \cdot (-2ab) + a^2 \cdot (2b - 1) + 3a^2$
$= -2a^2b - 2ab^2 + 4ab + 2a^2b - a^2 + 3a^2 = -2ab^2 + 4ab + 2a^2$

d) $(ab - ac) \cdot d + (-ad + c) \cdot (-b) - (2abd - acd)$
$= abd - acd + abd - bc - 2abd + acd = -bc$

e) $5a^2 - [3(a^2 + 1) - 3a(a - 2)] = 5a^2 - [3a^2 + 3 - 3a^2 + 6a]$
$= 5a^2 - 3 - 6a$

f) $15a \cdot (5ab - 2bc) \cdot (-2) + (16a^2 - 5) \cdot b - 60abc$
$= -150a^2b + 60abc + 16a^2b - 5b - 60abc = -134a^2b - 5b$

g) $2xy^2 \cdot (x + y + z) + xy^2 \cdot (x - z - y) - (x^2y^2 - xy^3)$
$= 2x^2y^2 + 2xy^3 + 2xy^2z + x^2y^2 - xy^2z - xy^3 - x^2y^2 + xy^3$
$= 2x^2y^2 + xy^2z + 2xy^3$

h) $(3a^2 + 1) + [(7a + 1) \cdot a - 3(4a - a^2) - (5 - 5a)]$
$= 3a^2 + 1 + [7a^2 + a - 12a + 3a^2 - 5 + 5a]$
$= 3a^2 + 1 + [10a^2 - 6a - 5] = 3a^2 + 1 + 10a^2 - 6a - 5 = 13a^2 - 6a - 4$

29. a) $(6a + 72) : 6 = a + 12$

b) $(2{,}6 - 6{,}5x) : 1{,}3 = 2 - 5x$

c) $(28a + 14 - 56b) : (-14) = -2a - 1 + 4b$

d) $(8x - 12y - 32) : (-4) = -2x + 3y + 8$

e) $(-3x + z - 3y) : (-1) = 3x - z + 3y$

f) $(-17x + 34y - 51z) : 17 = -x + 2y - 3z$

30. a) $(x + y) \cdot (a + b) = ax + bx + ay + by$

b) $(c - d)(e - f) = ce - cf - de + df$

c) $(2x + 3)(6 - y) = 12x - 2xy + 18 - 3y$

d) $(7x - 8y)(z + 1) = 7xz + 7x - 8yz - 8y$

e) $(-x + 1)(5 + y) = -5x - xy + 5 + y$

f) $(1 - a)(a + 1) = a + 1 - a^2 - a = 1 - a^2$

g) $(4u - 3v)(3u - 4v) = 12u^2 - 16uv - 9uv + 12v^2 = 12u^2 - 25uv + 12v^2$

h) $(-a - b)(b - a) = -ab + a^2 - b^2 + ab = a^2 - b^2$

31. a) $(xy + z) \cdot (z + 1) = xyz + xy + z^2 + z$

b) $(3ab - 5a) \cdot (4b - 2a) = 12ab^2 - 6a^2b - 20ab + 10a^2$

c) $(x^2 + 3y) \cdot (2y^2 - 3x) = 2x^2y^2 - 3x^3 + 6y^3 - 9xy$

d) $(6xy + 5z) \cdot (5xz - 3y) = 30x^2yz - 18xy^2 + 25xz^2 - 15yz$

e) $(2x^2 - 1) \cdot (3x^2 + 2) = 6x^4 + 4x^2 - 3x^2 - 2 = 6x^4 + x^2 - 2$

f) $(5x^2 - 7yz) \cdot (8y^2 + 3xz) = 40x^2y^2 + 15x^3z - 56y^3z - 21xyz^2$

32. a) $(x + y) \cdot (2x + 3y + 4) = 2x^2 + 3xy + 4x + 2xy + 3y^2 + 4y$
$= 2x^2 + 3y^2 + 5xy + 4x + 4y$

b) $(a - 2b) \cdot (3a - 5b - 1) = 3a^2 - 5ab - a - 6ab + 10b^2 + 2b$
$= 3a^2 + 10b^2 - 11ab - a + 2b$

c) $(4x - 3) \cdot (x - 3y - 4z) = 4x^2 - 12xy - 16xz - 3x + 9y + 12z$

d) $(1 - 2x + y) \cdot (x + 3y + 2) = x + 3y + 2 - 2x^2 - 6xy - 4x + xy + 3y^2 + 2y$
$= -2x^2 + 3y^2 - 5xy - 3x + 5y + 2$

e) $(x + 2y + 5xy + 1) \cdot (x - 2y)$
$= x^2 - 2xy + 2xy - 4y^2 + 5x^2y - 10xy^2 + x - 2y$
$= x^2 - 4y^2 + 5x^2y - 10xy^2 + x - 2y$

f) $(x + y -1) \cdot (x - y + 1) = x^2 - xy + x + xy - y^2 + y - x + y - 1$
$= x^2 - y^2 + 2y - 1$

33. a) $5 \cdot (x + 1) \cdot (x - 2) = 5 \cdot (x^2 - 2x + x - 2) = 5(x^2 - x - 2) = 5x^2 - 5x - 10$

b) $(2x + 3y) \cdot (x - 2y) \cdot (-4) = (2x^2 - 4xy + 3xy - 6y^2) \cdot (-4)$
$= (2x^2 - xy - 6y^2) \cdot (-4) = -8x^2 + 4xy + 24y^2$

c) $(3x + 1) \cdot 4xy \cdot (y - 3) = 4xy \cdot (3xy - 9x + y - 3) =$
$= 12x^2y^2 - 36x^2y + 4xy^2 - 12xy$

d) $(1 - x) \cdot (x - 2) \cdot 4x = (x - 2 - x^2 + 2x) \cdot 4x = (3x - 2 - x^2) \cdot 4x$
$= 12x^2 - 8x - 4x^3$

e) $(7x + y) \cdot (-3) \cdot (x - 7y) = -3 \cdot (7x^2 - 49xy + xy - 7y^2)$
$= -3(7x^2 - 48xy - 7y^2) = -21x^2 + 144xy + 21y^2$

f) $-3x \cdot (x - 5) \cdot 4y \cdot (3x + 1) = -12xy \cdot (3x^2 + x - 15x - 5)$
$= -12xy \cdot (3x^2 - 14x - 5) = -36x^3y + 168x^2y + 60xy$

34. a) $(a + 2)(b - 1) + (a + 1)(b + 2) = ab - a + 2b - 2 + ab + 2a + b + 2$
$= 2ab + a + 3b$

b) $(x + y)(x + 4) + (2x - y)(y + 1) = x^2 + 4x + xy + 4y + 2xy + 2x - y^2 - y$
$= x^2 + 3xy - y^2 + 6x + 3y$

c) $(x^2 - 1)(3 + x) - (2x - 3)(x - 5)$
$= 3x^2 + x^3 - 3 - x - (2x^2 - 10x - 3x + 15)$
$= 3x^2 + x^3 - 3 - x - 2x^2 + 10x + 3x - 15 = x^3 + x^2 + 12x - 18$

d) $(4 + 2a)(a - 2b) - (b + 2a)(a - 3)$
$= 4a - 8b + 2a^2 - 4ab - (ab - 3b + 2a^2 - 6a)$
$= 4a - 8b + 2a^2 - 4ab - ab + 3b - 2a^2 + 6a = -5ab + 10a - 5b$

e) $(2x - 7y + 5)(z + 3) + (4z - 3x)(1 - y)$
$= 2xz + 6x - 7yz - 21y + 5z + 15 + 4z - 4yz - 3x + 3xy$
$= 2xz - 11yz + 3xy + 3x - 21y + 9z + 15$

f) $(2x^2 + 3y^2)(x - 2y) - (4x + 3y)(x^2 - y^2)$
$= 2x^3 - 4x^2y + 3xy^2 - 6y^3 - (4x^3 - 4xy^2 + 3x^2y - 3y^3)$
$= 2x^3 - 4x^2y + 3xy^2 - 6y^3 - 4x^3 + 4xy^2 - 3x^2y + 3y^3$
$= -2x^3 - 7x^2y + 7xy^2 - 3y^3$

35. a) $(3x + y) \cdot (3 - x) + 5x^2 - 2x(6 - x)$
$= 9x - 3x^2 + 3y - xy + 5x^2 - 12x + 2x^2 = 4x^2 - xy - 3x + 3y$

b) $(x + y + z) \cdot a + (x + y)(z - a) - (x + z) \cdot y$
$= ax + ay + az + xz - ax + yz - ay - xy - yz = az + xz - xy$

c) $2ab(a + b) - (2a + b)(a - 2b) - (a^2 - b^2)$
$= 2a^2b + 2ab^2 - (2a^2 - 4ab + ab - 2b^2) - a^2 + b^2$
$= 2a^2b + 2ab^2 - 2a^2 + 3ab + 2b^2 - a^2 + b^2$
$= 2a^2b + 2ab^2 + 3ab - 3a^2 + 3b^2$

d) $(5a + 3)(2b - 1) + 2a(5b - 7) + (a - 1)(b + 2)$
$= 10ab - 5a + 6b - 3 + 10ab - 14a + ab + 2a - b - 2$
$= 21ab - 17a + 5b - 5$

e) $[3a^2 - (5a + 1)] \cdot (-1) + (3a - 8)(a - 5) + 5a(-3 + 7a)$
$= [3a^2 - 5a - 1] \cdot (-1) + 3a^2 - 15a - 8a + 40 - 15a + 35a^2$
$= -3a^2 + 5a + 1 + 38a^2 - 38a + 40 = 35a^2 - 33a + 41$

f) $(-a + b + 2)(a + 3) + 2(a + b)(a - 1) - (3a - b) \cdot 3a$
$= -a^2 - 3a + ab + 3b + 2a + 6 + 2 \cdot (a^2 - a + ab - b) - 9a^2 + 3ab$
$= -a^2 - 3a + ab + 3b + 2a + 6 + 2a^2 - 2a + 2ab - 2b - 9a^2 + 3ab$
$= -8a^2 + 6ab - 3a + b + 6$

36. a) $2x + 4y = 2 \cdot (x + 2y)$

b) $5a - 15b + 10 = 5 \cdot (a - 3b + 2)$

c) $75x - 120y + 45z = 15 \cdot (5x - 8y + 3z)$

d) $65x^2 - 26y^2 - 39z^2 = 13(5x^2 - 2y^2 - 3z^2)$

e) $24a + 32b - 60 = 4 \cdot (6a + 8b - 15)$

f) $12x - 6 + 72y = 6(2x - 1 + 12y)$

g) $34ab - 51a + 85 = 17(2ab - 3a + 5)$

h) $-16x + 32y - 8 = -8(2x - 4y + 1)$

37. a) $5ab + 10b = 5b \cdot (a + 2)$

b) $xy - xz + x = x \cdot (y - z + 1)$

c) $mx - m + my = m(x - 1 + y)$

d) $m - am + bm = m(1 - a + b)$

e) $15ax + 21ay + 18axy = 3a(5x + 7y + 6xy)$

f) $2a^2x + 6ax + 10ax^2 = 2ax(a + 3 + 5x)$

38. a) $3x - y + 2z = -(-3x + y - 2z)$

b) $-3x^2 + y - 4z = -(3x^2 - y + 4z)$

39. a) $7a^2 + 15a^2b^2 - 12a^2b = a^2 \cdot (7 + 15b^2 - 12b)$

b) $25ab^2 + 125abc + 75abd = 25ab(b + 5c + 3d)$

c) $14a^2b - 70ab - 56ab^2 = 14ab(a - 5 - 4b)$

d) $27x^2y - 18x^2y^2 + 18xy^2 - 9xy = 9xy(3x - 2xy + 2y - 1)$

e) $20ab + 16b^2 - 12bc = 4b(5a + 4b - 3c)$

f) $54a^2b - 18a + 36ab = 18a(3ab - 1 + 2b)$

40. a) $-2{,}5abc^2 - 7{,}5a^2bc + 5ab^2c = -2{,}5abc(c + 3a - 2b)$

b) $13x^2y^2 + 39x^2y^2u + 91x^2y^2v - 26x^2y^2w = 13x^2y^2(1 + 3u + 7v - 2w)$

c) $2x^2y^2z^3 - 6xy^2z - 8xy^2z^2 = 2xy^2z(xz^2 - 3 - 4z)$

d) $15abc - 35a^2b + 40ab^2c - 25ab^2c^2 = 5ab \cdot (3c - 7a + 8bc - 5bc^2)$

e) $12abc - 18a^2b^2c - 36ab^2c^2 = 6abc \cdot (2 - 3ab - 6bc)$

f) $24a^3b^2c^4d - 36a^2b^2d^3 + 60a^3b^3cd^2 = 12a^2b^2d \cdot (2ac^4 - 3d^2 + 5abcd)$

41. a) $3(x - 2y) - a(x - 2y) = (x - 2y) \cdot (3 - a)$

b) $4a(2x + y) - 4b(2x + y) - (2x + y) = (2x + y)\,(4a - 4b - 1)$

c) $3(4a + y) + y(-4a - y) = 3(4a + y) - y(4a + y) = (4a + y)\,(3 - y)$

d) $-2x(a - 3b) + y(-a + 3b) + 3a - 9b = -2x(a - 3b) - y(a - 3b) + 3(a - 3b)$
$= (a - 3b)\,(-2x - y + 3)$

e) $15x(x + y) + 25y(x + y) - 10z(x + y) = 5(x + y)\,(3x + 5y - 2z)$

f) $6a^2(a - 1) - 9a(1 - a) - 15ab(a - 1) = 6a^2(a - 1) + 9a(-1 + a) - 15ab(a - 1)$
$= 3a(a - 1)\,(2a + 3 - 5b)$

g) $12b(a + b) - (a + b) \cdot (-2a) + 6b \cdot (a + b) - (2a - b)\,(a + b)$
$= (a + b)\,[12b - (-2a) + 6b - (2a - b)] = (a + b) \cdot (12b + 2a + 6b - 2a + b)$
$= (a + b) \cdot 19b$

42. a) $3a + 4ac + 6b + 8bc = a(3 + 4c) + 2b(3 + 4c) = (3 + 4c)\,(a + 2b)$

b) $a^2 + ab + ac + bc = a(a + b) + c(a + b) = (a + b)\,(a + c)$

c) $mx - my - nx + ny = m(x - y) - n(x - y) = (x - y)\,(m - n)$

d) $3ab - 5bc + 3ac - 5c^2 = b(3a - 5c) + c(3a - 5c) = (3a - 5c)\,(b + c)$

e) $3ax - 2bx - 3ay + 2by = x(3a - 2b) - y(3a - 2b) = (3a - 2b)\,(x - y)$

f) $6x^2 + 3xy - 4ax - 2ay = 3x(2x + y) - 2a(2x + y) = (2x + y)\,(3x - 2a)$

g) $2x^2 + 2xz - 2xy - 2yz = 2x(x + z) - 2y(x + z) = 2(x + z)\,(x - y)$

h) $y^3 - y^2 + y - 1 = y^2(y - 1) + 1 \cdot (y - 1) = (y - 1)\,(y^2 + 1)$

43. a)
$$\begin{aligned} 7x - 6x &= 1 \\ x &= 1 \\ \mathbb{L} &= \{1\} \end{aligned}$$

b)
$$\begin{aligned} 9x - 6x - 2x &= 0 \\ x &= 0 \\ \mathbb{L} &= \{0\} \end{aligned}$$

c)
$$\begin{aligned} 5x - 4x &= 3(x-1) - 3x \\ x &= 3x - 3 - 3x \\ x &= -3 \\ \mathbb{L} &= \{-3\} \end{aligned}$$

d)
$$\begin{aligned} 3x - 4 - 2x + 4 &= 3 \cdot 4 - 10 \\ x &= 12 - 10 \\ x &= 2 \\ \mathbb{L} &= \{2\} \end{aligned}$$

44. a)
$$\begin{aligned} 5(x+1) - 4x - 5 &= 3 \cdot (4 - 3 \cdot 5) \\ 5x + 5 - 4x - 5 &= 3 \cdot (4 - 15) \\ x &= 3 \cdot (-11) \\ x &= -33 \\ \mathbb{L} &= \{-33\} \end{aligned}$$

b)
$$\begin{aligned} 15x - (8x - 15) - 3(2x + 5) &= 2 \\ 15x - 8x + 15 - 6x - 15 &= 2 \\ x &= 2 \\ \mathbb{L} &= \{2\} \end{aligned}$$

c)
$$\begin{aligned} (x+3)(x-1) - x(x+1) + 3 &= 4x + 2(5 - 2x) \\ x^2 - x + 3x - 3 - x^2 - x + 3 &= 4x + 10 - 4x \\ x &= 10 \\ \mathbb{L} &= \{10\} \end{aligned}$$

d)
$$\begin{aligned} (3x+2)(-4x) + 6(2x^2 + 1{,}5x) &= 5x - 2(2{,}5x - 1) \\ -12x^2 - 8x + 12x^2 + 9x &= 5x - 5x + 2 \\ x &= 2 \\ \mathbb{L} &= \{2\} \end{aligned}$$

45. a) $\mathbb{G} = \mathbb{N}$
$$\begin{aligned} x + 5 &= 7 \\ x &= 2 \\ \mathbb{L} &= \{2\} \end{aligned}$$

b) $\mathbb{G} = \mathbb{Z}$
$$\begin{aligned} x + 7 &= 21 \\ x &= 14 \\ \mathbb{L} &= \{14\} \end{aligned}$$

c) $\mathbb{G} = \mathbb{Z}$
$$\begin{aligned} x - 7 &= -9 \\ x &= -2 \\ \mathbb{L} &= \{-2\} \end{aligned}$$

d) $\mathbb{G} = \mathbb{N}$
$$\begin{aligned} x - 16 &= -18 \\ x &= -2 \\ \mathbb{L} &= \varnothing \end{aligned}$$

e) $\mathbb{G} = \mathbb{N}$
$$\begin{aligned} -21 + x &= 25 \\ x &= 46 \\ \mathbb{L} &= \{46\} \end{aligned}$$

f) $\mathbb{G} = \mathbb{Q}^+$
$$\begin{aligned} 3\tfrac{1}{2} + x &= 2\tfrac{1}{4} \\ x &= -1\tfrac{1}{4} \\ \mathbb{L} &= \varnothing \end{aligned}$$

46. a)
$$\begin{aligned} 3x+20-2(x+12)&=8 \\ 3x+20-2x-24&=8 \\ x-4&=8 \\ x&=12 \\ \mathbb{L}&=\{12\} \end{aligned}$$

b)
$$\begin{aligned} 3(x-10)-(2x+20)&=3(x+1)+3\cdot(-x) \\ 3x-30-2x-20&=3x+3-3x \\ x-50&=3 \\ x&=53 \\ \mathbb{L}&=\{53\} \end{aligned}$$

c)
$$\begin{aligned} 4x-[4x-(x-4)] &= 3(x+2)-3x \\ 4x-[4x-x+4] &= 3x+6-3x \\ 4x-[3x+4] &= 6 \\ 4x-3x-4 &= 6 \\ x-4 &= 6 \\ x &= 10 \\ \mathbb{L} &= \{10\} \end{aligned}$$

d)
$$\begin{aligned} 5(x+6)-4(9+2x)+2(1+2x)&=-3 \\ 5x+30-36-8x+2+4x&=-3 \\ x-4&=-3 \\ x&=1 \\ \mathbb{L}&=\{1\} \end{aligned}$$

47. a) $\mathbb{G}=\mathbb{Z}$
$$\begin{aligned} 5&=x+3 \\ x+3&=5 \\ x&=2 \\ \mathbb{L}&=\{2\} \end{aligned}$$

b) $\mathbb{G}=\mathbb{Q}_0^+$
$$\begin{aligned} -7{,}6&=-3{,}2+x \\ -3{,}2+x&=-7{,}6 \\ x&=-4{,}4 \\ \mathbb{L}&=\emptyset \end{aligned}$$

c) $\mathbb{G}=\mathbb{Z}$
$$\begin{aligned} -3\tfrac{1}{3}&=x+\tfrac{2}{3} \\ x+\tfrac{2}{3}&=-3\tfrac{1}{3} \\ x&=-4 \\ \mathbb{L}&=\{-4\} \end{aligned}$$

d) $\mathbb{G}=\mathbb{Q}_0^+$
$$\begin{aligned} 4\tfrac{1}{2}&=x-2\tfrac{1}{4} \\ x-2\tfrac{1}{4}&=4\tfrac{1}{2} \\ x&=6\tfrac{3}{4} \\ \mathbb{L}&=\left\{6\tfrac{3}{4}\right\} \end{aligned}$$

48. a)
$$\begin{aligned} 6&=3-5x-(10-6x) \\ 6&=3-5x-10+6x \\ 6&=-7+x \\ -7+x&=6 \\ x&=13 \\ \mathbb{L}&=\{13\} \end{aligned}$$

b)
$$\begin{aligned} 42 &= 2(9-8x)+9(x-4)+8x \\ 42 &= 18-16x+9x-36+8x \\ 42 &= -18+x \\ -18+x &= 42 \\ x &= 60 \\ \mathbb{L} &= \{60\} \end{aligned}$$

c)
$$\begin{aligned} 7x-(4+7x) &= (x+1)(2-x)+x^2 \\ 7x-4-7x &= 2x-x^2+2-x+x^2 \\ -4 &= x+2 \\ x+2 &= -4 \\ x &= -6 \\ \mathbb{L} &= \{-6\} \end{aligned}$$

d)
$$\begin{aligned} 21(x+1)-21x &= 3(2x+1)-5(x-3) \\ 21x+21-21x &= 6x+3-5x+15 \\ 21 &= x+18 \\ x+18 &= 21 \\ x &= 3 \\ \mathbb{L} &= \{3\} \end{aligned}$$

49. a)
$$\begin{aligned} 2x &= 7 \\ x &= \tfrac{7}{2} \\ \mathbb{L} &= \{3,5\} \end{aligned}$$

b)
$$\begin{aligned} -5x &= 30 \\ x &= -6 \\ \mathbb{L} &= \{-6\} \end{aligned}$$

c)
$$\begin{aligned} -\tfrac{1}{2}x &= \tfrac{1}{4} \\ x &= \tfrac{1}{4}\cdot(-2) \\ x &= -\tfrac{1}{2} \\ \mathbb{L} &= \left\{-\tfrac{1}{2}\right\} \end{aligned}$$

d)
$$\begin{aligned} -x &= -6 \\ x &= 6 \\ \mathbb{L} &= \{6\} \end{aligned}$$

e)
$$\begin{aligned} -7x &= 4\tfrac{2}{3} \\ -7x &= \tfrac{14}{3} \\ x &= -\tfrac{2}{3} \\ \mathbb{L} &= \left\{-\tfrac{2}{3}\right\} \end{aligned}$$

f)
$$\begin{aligned} \tfrac{3}{4}x &= -1\tfrac{1}{8} \\ \tfrac{3}{4}x &= -\tfrac{9}{8} \\ x &= -\tfrac{9}{8}\cdot\tfrac{4}{3} \\ x &= -\tfrac{3}{2} \\ \mathbb{L} &= \left\{-\tfrac{3}{2}\right\} \end{aligned}$$

50. a) $\mathbb{G} = \mathbb{N}$

$$\begin{aligned} 2x + 1 &= 7 \\ 2x &= 6 \\ x &= 3 \\ \mathbb{L} &= \{3\} \end{aligned}$$

b) $\mathbb{G} = \mathbb{N}_0$

$$\begin{aligned} 4x - 3 &= 13 \\ 4x &= 16 \\ x &= 4 \\ \mathbb{L} &= \{4\} \end{aligned}$$

c) $\mathbb{G} = \mathbb{Z}$

$$\begin{aligned} -3x + 5 &= 8 \\ -3x &= 3 \\ x &= -1 \\ \mathbb{L} &= \{-1\} \end{aligned}$$

d) $\mathbb{G} = \mathbb{Z}^-$

$$\begin{aligned} \tfrac{1}{4} - \tfrac{1}{2}x &= 3\tfrac{3}{4} \\ -\tfrac{1}{2}x &= 3\tfrac{1}{2} \\ -\tfrac{1}{2}x &= \tfrac{7}{2} \\ x &= \tfrac{7}{2} \cdot (-2) \\ x &= -7 \\ \mathbb{L} &= \{-7\} \end{aligned}$$

51. a)

$$\begin{aligned} 5(x + 2) - 3x &= 8 \\ 5x + 10 - 3x &= 8 \\ 2x + 10 &= 8 \\ 2x &= -2 \\ x &= -1 \\ \mathbb{L} &= \{-1\} \end{aligned}$$

b)

$$\begin{aligned} 6 &= 10 - (x + 2) \\ 6 &= 10 - x - 2 \\ 6 &= 8 - x \\ 8 - x &= 6 \\ -x &= -2 \\ x &= 2 \\ \mathbb{L} &= \{2\} \end{aligned}$$

c)

$$\begin{aligned} 100 + (x - 1) + (2x + 1) &= 101 \\ 100 + x - 1 + 2x + 1 &= 101 \\ 3x + 100 &= 101 \\ 3x &= 1 \\ x &= \tfrac{1}{3} \\ \mathbb{L} &= \left\{\tfrac{1}{3}\right\} \end{aligned}$$

d)

$$\begin{aligned} 3x + 19 - 2(5x - 7) &= -2 \\ 3x + 19 - 10x + 14 &= -2 \\ -7x + 33 &= -2 \\ -7x &= -35 \\ x &= 5 \\ \mathbb{L} &= \{5\} \end{aligned}$$

e) $$\begin{aligned} 3{,}6(3-2x)-3(3-x)+1{,}8x &= -3 \\ 10{,}8-7{,}2x-9+3x+1{,}8x &= -3 \\ 1{,}8-2{,}4x &= -3 \\ -2{,}4x &= -4{,}8 \\ x &= 2 \\ \mathbb{L} &= \{2\} \end{aligned}$$

f) $$\begin{aligned} (x+3)(2x+3)-(2x+1)(x+1) &= 14 \\ 2x^2+3x+6x+9-(2x^2+2x+x+1) &= 14 \\ 2x^2+9x+9-(2x^2+3x+1) &= 14 \\ 2x^2+9x+9-2x^2-3x-1 &= 14 \\ 6x+8 &= 14 \\ 6x &= 6 \\ x &= 1 \\ \mathbb{L} &= \{1\} \end{aligned}$$

52. a) $\mathbb{G} = \mathbb{N}$ $$\begin{aligned} 2x+1 &= x+3 \\ x+1 &= 3 \\ x &= 2 \\ \mathbb{L} &= \{2\} \end{aligned}$$

b) $\mathbb{G} = \mathbb{Z}$ $$\begin{aligned} -2x+2 &= 5+x \\ -3x+2 &= 5 \\ -3x &= 3 \\ x &= -1 \\ \mathbb{L} &= \{-1\} \end{aligned}$$

c) $\mathbb{G} = \mathbb{N}_0$ $$\begin{aligned} 2x+2 &= x+4 \\ x+2 &= 4 \\ x &= 2 \\ \mathbb{L} &= \{2\} \end{aligned}$$

d) $\mathbb{G} = \mathbb{Z}$ $$\begin{aligned} 9x+6 &= 2x-36 \\ 7x+6 &= -36 \\ 7x &= -42 \\ x &= -6 \\ \mathbb{L} &= \{-6\} \end{aligned}$$

e) $\mathbb{G} = \mathbb{N}_0$ $$\begin{aligned} 3-6x &= 8x+5 \\ 3-14x &= 5 \\ -14x &= 2 \\ x &= -\tfrac{1}{7} \\ \mathbb{L} &= \emptyset \end{aligned}$$

f) $\mathbb{G} = \mathbb{Z}$ $$\begin{aligned} -6x+9 &= 11+8x \\ -14x+9 &= 11 \\ -14x &= 2 \\ x &= -\tfrac{1}{7} \\ \mathbb{L} &= \emptyset \end{aligned}$$

53. a) $$\begin{aligned} 3x-(x+3) &= 5x+9 \\ 3x-x-3 &= 5x+9 \\ 2x-3 &= 5x+9 \\ -3x-3 &= 9 \\ -3x &= 12 \\ x &= -4 \\ \mathbb{L} &= \{-4\} \end{aligned}$$

b) $$\begin{aligned} x + 6(x + 3) &= 2(x - 6) + 2x \\ x + 6x + 18 &= 2x - 12 + 2x \\ 7x + 18 &= 4x - 12 \\ 3x + 18 &= -12 \\ 3x &= -30 \\ x &= -10 \\ \mathbb{L} &= \{-10\} \end{aligned}$$

c) $$\begin{aligned} -5(3x-2)+2(7x+1) &= 16x \\ -15x+10+14x+2 &= 16x \\ -x+12 &= 16x \\ -17x+12 &= 0 \\ -17x &= -12 \\ x &= \tfrac{12}{17} \\ \mathbb{L} &= \left\{\tfrac{12}{17}\right\} \end{aligned}$$

d) $$\begin{aligned} 8(x + 3) - 8x &= x(x + 2) - (x^2 + 1) \\ 8x + 24 - 8x &= x^2 + 2x - x^2 - 1 \\ 24 &= 2x - 1 \\ 2x - 1 &= 24 \\ 2x &= 25 \\ x &= 12{,}5 \\ \mathbb{L} &= \{12{,}5\} \end{aligned}$$

54. a) $$\begin{aligned} (x + 2)(x - 3) &= (x + 1)(x + 2) \\ x^2 - 3x + 2x - 6 &= x^2 + 2x + x + 2 \\ -x - 6 &= 3x + 2 \\ -4x - 6 &= 2 \\ -4x &= 8 \\ x &= -2 \\ \mathbb{L} &= \{-2\} \end{aligned}$$

b) $$\begin{aligned} 2(7 - 2x) + 13(2x + 5) &= 6 \cdot 5x - 1 \\ 14 - 4x + 26x + 65 &= 30x - 1 \\ 22x + 79 &= 30x - 1 \\ -8x + 79 &= -1 \\ -8x &= -80 \\ x &= 10 \\ \mathbb{L} &= \{10\} \end{aligned}$$

c) $3(1-9x) = 2(1-5x) - (23x-19)$
$$3-27x = 2-10x-23x+19$$
$$3-27x = 21-33x$$
$$3+6x = 21$$
$$6x = 18$$
$$x = 3$$
$$\mathbb{L} = \{3\}$$

d) $5x - x^2 - 4 + 2x = (2-x)(x-3)$
$$5x - x^2 - 4 + 2x = 2x - 6 - x^2 + 3x$$
$$7x - 4 = 5x - 6$$
$$2x - 4 = -6$$
$$2x = -2$$
$$x = -1$$
$$\mathbb{L} = \{-1\}$$

55. a) $7 \cdot [3x + 2(3x-2)] = 14(4x-1)$
$$7 \cdot [3x + 6x - 4] = 14(4x-1)$$
$$9x - 4 = 2(4x-1)$$
$$9x - 4 = 8x - 2$$
$$x - 4 = -2$$
$$x = 2$$
$$\mathbb{L} = \{2\}$$

b) $(x-4)(x+4) = x^2 + 3x + 1$
$$x^2 + 4x - 4x - 16 = x^2 + 3x + 1$$
$$-16 = 3x + 1$$
$$3x + 1 = -16$$
$$3x = -17$$
$$x = -\frac{17}{3}$$
$$x = -5\frac{2}{3}$$
$$\mathbb{L} = \left\{-5\frac{2}{3}\right\}$$

c) $(2x-1)(x+7) = (x+3)(2x+5)$
$$2x^2 + 14x - x - 7 = 2x^2 + 5x + 6x + 15$$
$$13x - 7 = 11x + 15$$
$$2x - 7 = 15$$
$$2x = 22$$
$$x = 11$$
$$\mathbb{L} = \{11\}$$

d) $$(4 - x)(x - 2) = (x - 5) \cdot (-x)$$
$$4x - 8 - x^2 + 2x = -x^2 + 5x$$
$$6x - 8 = 5x$$
$$x - 8 = 0$$
$$x = 8$$
$$\mathbb{L} = \{8\}$$

e) $$(3x - 4)(2x - 1) + 4(5 - 3x) = (4x - 6)(x - 3) + 2x^2$$
$$6x^2 - 3x - 8x + 4 + 20 - 12x = 4x^2 - 12x - 6x + 18 + 2x^2$$
$$6x^2 - 23x + 24 = 6x^2 - 18x + 18$$
$$-5x + 24 = 18$$
$$-5x = -6$$
$$x = \tfrac{6}{5}$$
$$\mathbb{L} = \{1{,}2\}$$

f) $$(5x - 3)(2x - 3) - 4x(3 - x) = (14x + 1)(x - 6)$$
$$10x^2 - 15x - 6x + 9 - 12x + 4x^2 = 14x^2 - 84x + x - 6$$
$$14x^2 - 33x + 9 = 14x^2 - 83x - 6$$
$$50x + 9 = -6$$
$$50x = -15$$
$$x = -\tfrac{15}{50}$$
$$x = -0{,}3$$
$$\mathbb{L} = \{-0{,}3\}$$

56. a) $$5x + 8 = 5(x + 1)$$
$$5x + 8 = 5x + 5$$
$$8 = 5 \quad (f)$$
$$\mathbb{L} = \emptyset$$

b) $$3x + 4 = 6x - (3x - 4)$$
$$3x + 4 = 6x - 3x + 4$$
$$3x + 4 = 3x + 4$$
$$4 = 4 \quad (w)$$
$$\mathbb{L} = \mathbb{Q}$$

c) $$3(x + 3) = 2(x + 4) + x + 1$$
$$3x + 9 = 2x + 8 + x + 1$$
$$3x + 9 = 3x + 9 \quad (w)$$
$$\mathbb{L} = \mathbb{Q}$$

d) $3(1-x)-4x = 2(4-x)-5(1+x)$
$3-3x-4x = 8-2x-5-5x$
$3-7x = 3-7x \quad (w)$
$\mathbb{L} = \mathbb{Q}$

e) $4(2x-1)-3 = 8(x-1)$
$8x-4-3 = 8x-8$
$-7 = -8 \quad (f)$
$\mathbb{L} = \varnothing$

f) $(x-1)(x-2)+2x = x-(3-x)(x+1)$
$x^2-2x-x+2+2x = x-(3x+3-x^2-x)$
$x^2-x+2 = x-3x-3+x^2+x$
$-x+2 = -x-3$
$2 = -3 \quad (f)$
$\mathbb{L} = \varnothing$

g) $25-2\cdot[x-6+2\cdot(x+9)] = 3\cdot[4x-(x+8)]-15x$
$25-2\cdot[x-6+2x+18] = 3\cdot[4x-x-8]-15x$
$25-2\cdot[3x+12] = 3\cdot[3x-8]-15x$
$25-6x-24 = 9x-24-15x$
$-6x+1 = -6x-24$
$1 = -24 \quad (f)$
$\mathbb{L} = \varnothing$

h) $(4+x)(12+x) = 6(2x+8)+x(4+x)$
$48+4x+12x+x^2 = 12x+48+4x+x^2$
$48+16x = 16x+48 \quad (w)$
$\mathbb{L} = \mathbb{Q}$

57. a) $4x > 8$
$x > 2$
$\mathbb{L} = \{3; 4; 5; ...\}$

b) $-3x \geq -10$
$x \leq \frac{10}{3}$
$\mathbb{L} = \{1; 2; 3\}$

c) $2 > \frac{1}{2}x$
$\frac{1}{2}x < 2$
$x < 4$
$\mathbb{L} = \{1; 2; 3\}$

d) $-\frac{3}{4}x \leq 2$
$x \geq -\frac{8}{3}$
$\mathbb{L} = \mathbb{N}$

58. a) $-x + 5 > 5$
$-x > 0$
$x < 0$
$\mathbb{L} = \mathbb{Z}^-$

b) $2x + 4 \leq 7$
$2x \leq 3$
$x \leq 1,5$
$\mathbb{L} = \{1; 0; -1; -2; ...\}$

c) $\frac{1}{3}(x + 3) \geq 8$
$x + 3 \geq 24$
$x \geq 21$
$\mathbb{L} = \{21; 22; 23; ...\}$

d) $13 > -1,2x + 1$
$13 + 1,2x > 1$
$1,2x > -12$
$x > -10$
$\mathbb{L}\ \{-9; -8; -7; ...\}$

59. a) $8x \leq -10 + 3x$
$5x \leq -10$
$x \leq -2$
$\mathbb{L} = \{x \mid x \leq -2\}$

b) $-4x + 3 > -6$
$-4x > -9$
$x < 2\frac{1}{4}$
$\mathbb{L} = \{x \mid x < 2\frac{1}{4}\}$

c) $4x + 32 \geq -4x$
$8x + 32 \geq 0$
$8x \geq -32$
$x \geq -4$
$\mathbb{L} = \{x \mid x \geq -4\}$

d) $-13 + x < 7,5x$
$-13 - 6,5x < 0$
$-6,5x < 13$
$x > -2$
$\mathbb{L} = \{x \mid x > -2\}$

60. a) $\mathbb{G} = \mathbb{Z}^-$ $3(x + 4) > 0$
$x + 4 > 0$
$x > -4$
$\mathbb{L} = \{-3; -2; -1\}$

b) $\mathbb{G} = \mathbb{Z}$ $3(x - 2) + 5 < 8 + 6x$
$3x - 6 + 5 < 8 + 6x$
$3x - 1 < 8 + 6x$
$-3x - 1 < 8$
$-3x < 9$
$x > -3$
$\mathbb{L} = \{-2; -1; 0; 1; 2; ...\}$

c) $\mathbb{G} = \mathbb{N}$ $3(5x - 2) \leq 8x + 1$
$15x - 6 \leq 8x + 1$
$7x - 6 \leq 1$
$7x \leq 7$
$x \leq 1$
$\mathbb{L} = \{1\}$

d) $\mathbb{G} = \mathbb{Q}^+$

$$\begin{aligned} 4(4+x) &> 2(x+5)+4x \\ 16+4x &> 2x+10+4x \\ 16+4x &> 6x+10 \\ 16-2x &> 10 \\ -2x &> -6 \\ x &< 3 \end{aligned}$$

$\mathbb{L} =]0; 3[$

e) $\mathbb{G} = \mathbb{Q}^-$

$$\begin{aligned} 7(1-7x) &< 21(2-x)+7 \\ 7-49x &< 42-21x+7 \\ 7-49x &< 49-21x \\ 7-28x &< 49 \\ -28x &< 42 \\ x &> -\tfrac{3}{2} \end{aligned}$$

$\mathbb{L} =]-\tfrac{3}{2}; 0[$

f) $\mathbb{G} = \mathbb{N}_0$

$$\begin{aligned} 3(x+5)-6x &< 6(3-x) \\ 3x+15-6x &< 18-6x \\ -3x+15 &< 18-6x \\ 3x+15 &< 18 \\ 3x &< 3 \\ x &< 1 \end{aligned}$$

$\mathbb{L} = \{0\}$

61. a)

$$\begin{aligned} (x+1)(x+3)-14 &\geq (x-2)(x+5) \\ x^2+3x+x+3-14 &\geq x^2+5x-2x-10 \\ 4x-11 &\geq 3x-10 \\ x-11 &\geq -10 \\ x &\geq 1 \end{aligned}$$

$\mathbb{L} = \{x \mid x \geq 1\}$

b)

$$\begin{aligned} (3-2x)(x+4) &< -3-2x(x-5) \\ 3x+12-2x^2-8x &< -3-2x^2+10x \\ -5x+12 &< -3+10x \\ -15x+12 &< -3 \\ -15x &< -15 \\ x &> 1 \end{aligned}$$

$\mathbb{L} = \{x \mid x > 1\}$

c) $5(2-3x)+2(7x+1)>18$
$$10-15x+14x+2>18$$
$$12-x>18$$
$$-x>6$$
$$x<-6$$
$\mathbb{L}=\{x \mid x<-6\}$

d) $105+4x(x-9)\geq(4x-1)(5+x)$
$$105+4x^2-36x\geq 20x+4x^2-5-x$$
$$105-36x\geq 19x-5$$
$$105-55x\geq -5$$
$$-55x\geq -110$$
$$x\leq 2$$
$\mathbb{L}=\{x \mid x\leq 2\}$

e) $3x(x-6)<3x^2-(10x+1)$
$$3x^2-18x<3x^2-10x-1$$
$$-8x<-1$$
$$x>\frac{1}{8}$$
$\mathbb{L}=\{x \mid x>\frac{1}{8}\}$

f) $2(x+3)(4-x)\leq -2x(x+5)$
$$2(4x-x^2+12-3x)\leq -2x^2-10x$$
$$-2x^2+2x+24\leq -2x^2-10x$$
$$12x+24\leq 0$$
$$12x\leq -24$$
$$x\leq -2$$
$\mathbb{L}=\{x \mid x\leq -2\}$

62. Gesuchte Zahl: x $\quad \mathbb{G}=\mathbb{N}$
4-fache der Zahl: $4x$
Ansatz: $4x-9=27$
$$4x=36$$
$$x=9$$
$\mathbb{L}=\{9\}$
Antwort: Die Zahl heißt 9.

63. Gesuchte Zahl: $x \qquad \mathbb{G} = \mathbb{Z}$

3-fache der Zahl: $3x$

Ansatz:

$$\begin{aligned} 3x + 8 &= -4 \\ 3x &= -12 \\ x &= -4 \end{aligned}$$

$\mathbb{L} = \{-4]$

Antwort: Die Zahl heißt –4.

64. Zahl: $x \qquad \mathbb{G} = \mathbb{Z}$

10-fache der Zahl: $10x$

Die um 3 vergrößerte Zahl: $x + 3$

6-fache der Zahl: $6x$

Ansatz:

$$\begin{aligned} 10x + (x + 3) &= 6x - 12 \\ 11x + 3 &= 6x - 12 \\ 5x &= -15 \\ x &= -3 \end{aligned}$$

$\mathbb{L} = \{-3]$

Antwort: Die Zahl heißt –3.

65. Gesuchte Zahl: $x \qquad \mathbb{G} = \mathbb{N}$

Die um 2 vergößerte Zahl:: $x + 2$

Die um 3 vergrößerte Zahl: $x + 3$

Ansatz:

$$\begin{aligned} 4x + 3 \cdot (x + 2) &= 5(x + 3) + 13 \\ 4x + 3x + 6 &= 5x + 15 + 13 \\ 7x + 6 &= 5x + 28 \\ 2x + 6 &= 28 \\ 2x &= 22 \\ x &= 11 \end{aligned}$$

$\mathbb{L} = \{11\}$

Antwort: Die Zahl heißt 11.

66. Gesuchte Zahl: $x \qquad \mathbb{G} = \mathbb{Q}$

Ansatz:

$$(4x + 2) \cdot 5 < (x + 3) \cdot 10$$
$$4x + 2 < (x + 3) \cdot 2$$
$$4x + 2 < 2x + 6$$
$$2x + 2 < 6$$
$$2x < 4$$
$$x < 2$$
$$\mathbb{L} = \{x \mid x < 2\}$$

Antwort: Alle Zahlen, die kleiner als 2 sind, kommen in Frage.

67. 1. Zahl: $x \qquad \mathbb{G} = \mathbb{N}$

2. Zahl: $50 - x$

Ansatz:

$$x(50 - x) = (x + 2)(50 - x - 6)$$
$$50x - x^2 = 44x - x^2 + 88 - 2x$$
$$50x = 42x + 88$$
$$8x = 88$$
$$x = 11$$
$$\mathbb{L} = \{11\}$$

Antwort: Die Zahlen heißen 11 und 50 – 11 = 39.

68.

$\mathbb{G} = \mathbb{Q}^+$

Ansatz:

$$x(x - 5) = (x - 2)(x - 4)$$
$$x^2 - 5x = x^2 - 4x - 2x + 8$$
$$-5x = -6x + 8$$
$$x = 8$$
$$\mathbb{L} = \{8\}$$

Antwort: Länge: 8 cm; Breite: 3 cm.

69.

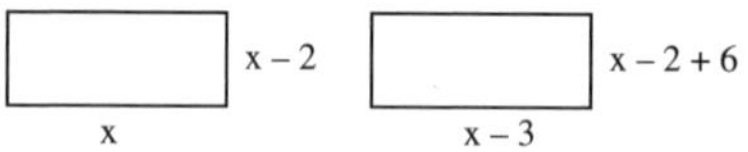

$\mathbb{G} = \mathbb{Q}^+$

Ansatz:

$$x(x - 2) = (x - 3)(x + 4) - 3$$
$$x^2 - 2x = x^2 + 4x - 3x - 12 - 3$$
$$-2x = x - 15$$
$$-3x = -15$$
$$x = 5$$
$$\mathbb{L} = \{5\}$$

Antwort: Länge: 5 cm; Breite: 3 cm.

70.

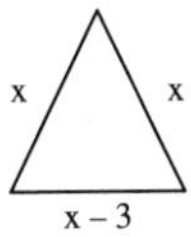

$\mathbb{G} = \mathbb{Q}^+$

Ansatz:

$$\begin{aligned} x + x + (x - 3) &= 33 \\ 3x - 3 &= 33 \\ 3x &= 36 \\ x &= 12 \end{aligned}$$

$\mathbb{L} = \{12\}$

Antwort: Basis: c = 9 cm; Schenkel: a = 12 cm.

71.

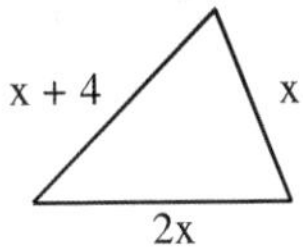

$\mathbb{G} = \mathbb{Q}^+$

Ansatz:

$$\begin{aligned} x + (x + 4) + 2x &= 28 \\ x + x + 4 + 2x &= 28 \\ 4x + 4 &= 28 \\ 4x &= 24 \\ x &= 6 \end{aligned}$$

$\mathbb{L} = \{6\}$

Antwort: Seitenlängen: a = 6 cm; b = 10 cm; c = 12 cm.

72.

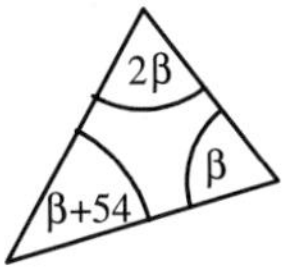

$\mathbb{G} =]0; 180[$

Ansatz:

$$\begin{aligned} (\beta + 54) + \beta + 2\beta &= 180 \\ 4\beta + 54 &= 180 \\ 4\beta &= 126 \\ \beta &= 31{,}5 \end{aligned}$$

$\mathbb{L} = \{31{,}5\}$

Antwort: Winkelmaße: $\alpha = 85{,}5°$; $\beta = 31{,}5°$; $\gamma = 63°$

73.

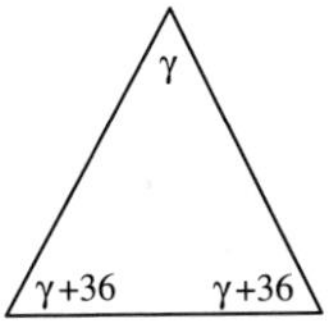

$\mathbb{G} =]0; 180[$

Ansatz:

$$\begin{aligned} \gamma + (\gamma + 36) \cdot 2 &= 180 \\ \gamma + 2\gamma + 72 &= 180 \\ 3\gamma + 72 &= 180 \\ 3\gamma &= 108 \\ \gamma &= 36 \end{aligned}$$

$\mathbb{L} = \{36\}$

Antwort: Winkelmaße: $\alpha = \beta = 72°$; $\gamma = 36°$

74. 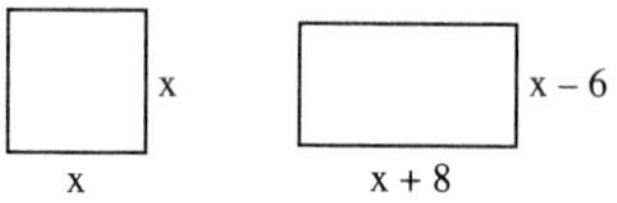

$\mathbb{G} = \mathbb{Q}^+$

Ansatz:

$$x^2 = (x+8)(x-6) - 24$$
$$x^2 = x^2 - 6x + 8x - 48 - 24$$
$$0 = 2x - 72$$
$$2x = 72$$
$$x = 36$$
$$\mathbb{L} = \{36\}$$

Antwort: Die Quadratseite ist 36 cm lang.

75. a)
$$x + a = 4a$$
$$x = 3a$$
$$\mathbb{L} = \{3a\}$$

b)
$$12b + 2x = 10b$$
$$2x = -2b$$
$$x = -b$$
$$\mathbb{L} = \{-b\}$$

c)
$$(3+c)\cdot x - c = cx + 5c$$
$$3x + cx - c = cx + 5c$$
$$3x = 6c$$
$$x = 2c$$
$$\mathbb{L} = \{2c\}$$

d)
$$(x+1)(a-1) = (a+1)(x-1)$$
$$ax - x + a - 1 = ax - a + x - 1$$
$$-x = -2a + x$$
$$-2x = -2a$$
$$x = a$$
$$\mathbb{L} = \{a\}$$

76. a)
$$a + 2b = 2x + 3b$$
$$2x + 3b = a + 2b$$
$$2x = a - b$$
$$x = \frac{a-b}{2}$$
$$\mathbb{L} = \left\{\frac{a-b}{2}\right\}$$

b)
$$a + x + b = 6 - a + 2b$$
$$x + b = 6 - 2a + 2b$$
$$x = 6 - 2a + b$$
$$\mathbb{L} = \{6 - 2a + b\}$$

c)
$$2(4x + 3b) - 7(x - 3a) = 9a + 2b$$
$$8x + 6b - 7x + 21a = 9a + 2b$$
$$x + 6b + 21a = 9a + 2b$$
$$x + 6b = -12a + 2b$$
$$x = -12a - 4b$$
$$\mathbb{L} = \{-12a - 4b\}$$

d) $3x + 3a(a+2) = (a+b) \cdot 6$
$3x + 3a^2 + 6a = 6a + 6b$
$3x = 6b - 3a^2$
$x = 2b - a^2$
$\mathbb{L} = \{2b - a^2\}$

77. a) $2ax - 3 = ax + 1$
$ax - 3 = 1$
$ax = 4 \quad | : a \neq 0$
$x = \frac{4}{a}$
$\mathbb{L} = \left\{\frac{4}{a}\right\}$
auszuschließen: $a = 0$

b) $ax - 9 = 9 - 9a$
$ax = 18 - 9a \quad | : a \neq 0$
$x = \frac{18-9a}{a}$
$x = \frac{18}{a} - 9$
$\mathbb{L} = \left\{\frac{18}{a} - 9\right\}$
auszuschließen: $a = 0$

c) $(4a + cx) + 5 = 7ax + cx$
$4a + 5 = 7ax$
$7ax = 4a + 5 \quad | : 7a \neq 0$
$x = \frac{4a+5}{7a}$
$\mathbb{L} = \left\{\frac{4a+5}{7a}\right\}$
auszuschließen: $a = 0$

d) $(a+3) \cdot x - 3(x-a) = (a+1) \cdot 3$
$ax + 3x - 3x + 3a = 3a + 3$
$ax = 3 \quad | : a \neq 0$
$x = \frac{3}{a}$
$\mathbb{L} = \left\{\frac{3}{a}\right\}$
auszuschließen: $a = 0$

78. a) $(a-1)x+(a+2)\cdot 2+(a+1)\cdot x-2x(1-a)=2(2a-x)$

$$ax-x+2a+4+ax+x-2x+2ax=4a-2x$$
$$4ax+2a+4=4a$$
$$4ax+4=2a$$
$$4ax=2a-4 \qquad |:4a\neq 0$$
$$x=\frac{2a-4}{4a}$$
$$x=\frac{1}{2}-\frac{1}{a}$$
$$\mathbb{L}=\left\{\frac{1}{2}-\frac{1}{a}\right\}$$

auszuschließen: $a=0$

b) $(x+a)\cdot 2x-3(x-3a)+3x(a+1)=2x(x+9)-ax$

$$2x^2+2ax-3x+9a+3ax+3x=2x^2+18x-ax$$
$$5ax+9a=18x-ax$$
$$6ax-18x+9a=0$$
$$6ax-18x=-9a$$
$$6x(a-3)=-9a \qquad |:6(a-3)\neq 0$$
$$x=\frac{-9a}{6(a-3)}$$
$$x=\frac{-3a}{2(a-3)}$$
$$\mathbb{L}=\left\{\frac{-3a}{2(a-3)}\right\}$$

auszuschließen: $a-3=0 \Leftrightarrow a=3$

c) $(x+7)(2-4a)=(x+9)(3-4a)$

$$2x-4ax+14-28a=3x-4ax+27-36a$$
$$-x-4ax+14-28a=-4ax+27-36a$$
$$-x=13-8a$$
$$x=-13+8a$$
$$\mathbb{L}=\{8a-13\}$$

Es ist kein Wert für a auszuschließen.

d)
$$\begin{aligned} 2ab - x &= ax - 2b \\ 2ab - x - ax &= -2b \\ -x - ax &= -2b - 2ab \\ x + ax &= 2b + 2ab \\ x(1+a) &= 2b(1+a) \qquad |:(1+a) \neq 0 \\ x &= \frac{2b(1+a)}{1+a} \\ x &= 2b \\ \mathbb{L} &= \{2b\} \end{aligned}$$

auszuschließen: $1 + a = 0 \Leftrightarrow a = -1$

e)
$$\begin{aligned} (6a+5)(6-x) &= 5(14-3x) \\ 36a - 6ax + 30 - 5x &= 70 - 15x \\ 36a - 6ax + 30 + 10x &= 70 \\ -6ax + 30 + 10x &= 70 - 36a \\ -6ax + 10x &= 40 - 36a \qquad |:(-2) \\ 3ax - 5x &= -20 + 18a \\ x(3a-5) &= -20 + 18a \qquad |:(3a-5) \neq 0 \\ x &= \frac{18a-20}{3a-5} \\ \mathbb{L} &= \left\{\frac{18a-20}{3a-5}\right\} \end{aligned}$$

auszuschließen: $3a - 5 = 0 \Leftrightarrow a = \frac{5}{3}$

f)
$$\begin{aligned} 2ax - 5x - 4 &= ax + 5x + 1 \\ ax - 5x - 4 &= 5x + 1 \\ ax - 10x - 4 &= 1 \\ ax - 10x &= 5 \\ x(a-10) &= 5 \qquad |:(a-10) \neq 0 \\ x &= \frac{5}{a-10} \\ \mathbb{L} &= \left\{\frac{5}{a-10}\right\} \end{aligned}$$

auszuschließen: $a - 10 = 0 \Leftrightarrow a = 10$

79 Gegeben: $2a(2 + 3x) + 2x = 8a + 2(5 + 3ax)$

79.1
$$\begin{aligned} 2a(2+3x) + 2x &= 8a + 2(5+3ax) \\ 4a + 6ax + 2x &= 8a + 10 + 6ax \\ 2x &= 4a + 10 \\ x &= 2a + 5 \\ \mathbb{L} &= \{2a+5\} \end{aligned}$$

79.2 $x = 2a + 5$

Es ist $x = 1$, also:

$$2a + 5 = 1$$
$$2a = -4$$
$$a = -2$$

80 Gegeben: $(a + 3)(2 - x) = (a - 3)(2 + x)$

80.1

$$(a+3)(2-x) = (a-3)(2+x)$$
$$2a - ax + 6 - 3x = 2a + ax - 6 - 3x$$
$$-2ax + 6 = -6$$
$$-2ax = -12 \qquad |:(-2a)$$
$$x = \frac{6}{a}$$
$$\mathbb{L} = \left\{\frac{6}{a}\right\}$$

80.2 $\mathbb{L} = \emptyset$ entsteht, wenn $\frac{6}{a}$ nicht definiert ist, also $a = 0$.

80.3 Es ist $x = 12$; also

$$\frac{6}{a} = 12$$
$$6 = 12a$$
$$a = \frac{1}{2}$$

81 Gegeben: $(a - x)(2 + x) + x^2 = 2b$

81.1

$$(a-x)(2+x) + x^2 = 2b$$
$$2a + ax - 2x - x^2 + x^2 = 2b$$
$$ax - 2x = 2b - 2a$$
$$x(a-2) = 2b - 2a \qquad |:(a-2) \neq 0$$
$$x = \frac{2b-2a}{a-2}$$
$$\mathbb{L} = \left\{\frac{2b-2a}{a-2}\right\}$$

81.2 Genau eine Lösung: $a - 2 \neq 0 \Leftrightarrow a \neq 2$

81.3 Für $a = b$ gilt:

$$x = \frac{2b-2b}{b-2}$$
$$x = \frac{0}{b-2}$$
$$x = 0 \qquad \mathbb{L} = \{0\}$$

82 Gegeben: $2x(x-1)-4a(a+3)=ax-4a+2x^2$

82.1

$$\begin{aligned} 2x(x-1)-4a(a+3) &= ax-4a+2x^2 \\ 2x^2-2x-4a^2-12a &= ax-4a+2x^2 \\ -2x-ax-4a^2-12a &= -4a \\ -2x-ax &= 8a+4a^2 \\ (*)\quad x\cdot(-2-a) &= 8a+4a^2 \qquad |:(-2-a)\neq 0 \\ x &= \frac{8a+4a^2}{-2-a} \\ \mathbb{L} &= \{-4a\} \end{aligned}$$

82.2 Keine eindeutige Lösung:

$$\begin{aligned} -2-a &= 0 \\ -a &= 2 \\ a &= -2 \end{aligned}$$

82.3 $a=-2$ eingesetzt in die Gleichung $(*)$:

$$\begin{aligned} x\cdot(-2-(-2)) &= 8\cdot(-2)+4\cdot(-2)^2 \\ x(-2+2) &= -16+4\cdot 4 \\ x\cdot 0 &= 0 \\ 0 &= 0 \quad (w) \\ \mathbb{L} &= \mathbb{Q} \end{aligned}$$

83. a) $(x+y)^2 = x^2+2xy+y^2$

b) $(a+3)^2 = a^2+6a+9$

c) $(4+z)^2 = 16+8z+z^2$

d) $(a+2b)^2 = a^2+4ab+4b^2$

e) $(3a+x)^2 = 9a^2+6ax+x^2$

f) $(1+5y)^2 = 1+10y+25y^2$

g) $(2x+\frac{1}{2})^2 = 4x^2+2x+\frac{1}{4}$

h) $(5x+3)^2 = 25x^2+30x+9$

i) $(4+\frac{1}{3}b)^2 = 16+\frac{8}{3}b+\frac{1}{9}b^2$

k) $(3+1{,}1y)^2 = 9+6{,}6y+1{,}21y^2$

84. a) $(3x + y)^2 = 9x^2 + 6xy + y^2$

b) $(4x + z)^2 = 16x^2 + 8xz + z^2$

c) $(3{,}2x + 2y)^2 = 10{,}24x^2 + 12{,}8xy + 4y^2$

d) $(3a + 4{,}4b)^2 = 9a^2 + 26{,}4ab + 19{,}36b^2$

e) $(8a + 3r)^2 = 64a^2 + 48ar + 9r^2$

f) $(3s + 7r)^2 = 9s^2 + 42rs + 49r^2$

g) $(1{,}4u + 1{,}5v)^2 = 1{,}96u^2 + 4{,}2uv + 2{,}25v^2$

h) $(1{,}9y + 4{,}5z)^2 = 3{,}61y^2 + 17{,}1yz + 20{,}25z^2$

85. a) $(a + bc)^2 = a^2 + 2abc + b^2c^2$

b) $(2a + 3cd)^2 = 4a^2 + 12acd + 9c^2d^2$

c) $(ac + 3de)^2 = a^2c^2 + 6acde + 9d^2e^2$

d) $(2x + 3xy)^2 = 4x^2 + 12x^2y + 9x^2y^2$

e) $(2x + y^2)^2 = 4x^2 + 4xy^2 + y^4$

f) $(3x^2 + 2y)^2 = 9x^4 + 12x^2y + 4y^2$

g) $(4a^2 + 3b)^2 = 16a^4 + 24a^2b + 9b^2$

h) $(4x^2y + 3yz^2)^2 = 16x^4y^2 + 24x^2y^2z^2 + 9y^2z^4$

86. a) $(x - y)^2 = x^2 - 2xy + y^2$

b) $(3 - s)^2 = 9 - 6s + s^2$

c) $(d - 1)^2 = d^2 - 2d + 1$

d) $(e - 2)^2 = e^2 - 4e + 4$

e) $(x - 2y)^2 = x^2 - 4xy + 4y^2$

f) $(2a - 3b)^2 = 4a^2 - 12ab + 9b^2$

g) $(4a - 1)^2 = 16a^2 - 8a + 1$

h) $(0{,}2 - 4c)^2 = 0{,}04 - 1{,}6c + 16c^2$

i) $(3x - 9a)^2 = 9x^2 - 54ax + 81a^2$

k) $(1{,}1r - 1{,}2s)^2 = 1{,}21r^2 - 2{,}64\ rs + 1{,}44s^2$

87. a) $(3x - yz)^2 = 9x^2 - 6xyz + y^2z^2$

b) $(4xy - 2z)^2 = 16x^2y^2 - 16xyz + 4z^2$

c) $(3x^2 - 5xy)^2 = 9x^4 - 30x^3y + 25x^2y^2$

d) $(1{,}5xy^2 - yz^2)^2 = 2{,}25x^2y^4 - 3xy^3z^2 + y^2z^4$

e) $(3ab - c^2)^2 = 9a^2b^2 - 6abc^2 + c^4$

f) $(7y - \frac{1}{2}xy)^2 = 49y^2 - 7xy^2 + \frac{1}{4}x^2y^2$

g) $(\frac{1}{2}a - 1\frac{1}{2} \cdot bc)^2 = \frac{1}{4}a^2 - \frac{3}{2}abc + \frac{9}{4}b^2c^2$

h) $(2{,}5a - 8a^3)^2 = 6{,}25a^2 - 40a^4 + 64a^6$

i) $(1\frac{1}{3} - y^2z^2)^2 = \frac{16}{9} - \frac{8}{3}y^2z^2 + y^4z^4$

k) $(1{,}2a^2d^3 - 5bc^4)^2 = 1{,}44a^4d^6 - 12a^2bc^4d^3 + 25b^2c^8$

88. a) $(-a + 2)^2 = (2 - a)^2 = 4 - 4a + a^2$

b) $(-4ax + 1)^2 = (1 - 4ax)^2 = 1 - 8ax + 16a^2x^2$

c) $(-2x - 1)^2 = [(-1)(2x+1)]^2 = (2x+1)^2 = 4x^2 + 4x + 1$

d) $(-3a - 2x)^2 = [-(3a + 2x)]^2 = (3a + 2x)^2 = 9a^2 + 12ax + 4x^2$

e) $(-5a^2 + 2b^2)^2 = (2b^2 - 5a^2)^2 = 4b^4 - 20a^2b^2 + 25a^4$

f) $(-6ab - 2c^2)^2 = [-(6ab+2c^2)]^2 = (6ab + 2c^2)^2 = 36a^2b^2 + 24abc^2 + 4c^4$

89. a) $(x - y)(x + y) = x^2 - y^2$

b) $(r + 1)(r - 1) = r^2 - 1$

c) $(e + 2f)(e - 2f) = e^2 - 4f^2$

d) $(1 - a)(1 + a) = 1 - a^2$

e) $(x + 2)(x - 2) = x^2 - 4$

f) $(0{,}1 + x)(0{,}1 - x) = 0{,}01 - x^2$

g) $(0{,}2a - 5b)(0{,}2a + 5b) = 0{,}04a^2 - 25b^2$

h) $(1{,}5x + y)(1{,}5x - y) = 2{,}25x^2 - y^2$

90. a) $(5a + 3z)(5a - 3z) = 25a^2 - 9z^2$

b) $(-7a + 9b)(-7a - 9b) = [(-7a) + 9b] \cdot [(-7a) - 9b] = 49a^2 - 81b^2$

c) $(6a - 4xy)(6a + 4xy) = 36a^2 - 16x^2y^2$

d) $(2{,}5rs + 2t)(2{,}5rs - 2t) = 6{,}25r^2s^2 - 4t^2$

e) $(2x^2 - 3y)(2x^2 + 3y) = 4x^4 - 9y^2$

f) $(-6x^3 + y^2z)(-6x^3 - y^2z) = [(-6x^3) + y^2z] \cdot [(-6x^3) - y^2z] = 36x^6 - y^4z^2$

91. a) $3(x - 1)^2 = 3(x^2 - 2x + 1) = 3x^2 - 6x + 3$

b) $-2(2x - 3y)^2 = -2 \cdot (4x^2 - 12xy + 9y^2) = -8x^2 + 24xy - 18y^2$

c) $-5a \cdot (3a + 1)^2 = -5a(9a^2 + 6a + 1) = -45a^3 - 30a^2 - 5a$

d) $(3a - 7b)^2 \cdot 4ab = (9a^2 - 42ab + 49b^2) \cdot 4ab = 36a^3b - 168a^2b^2 + 196ab^3$

e) $10(2x - 7y)^2 \cdot 3 = 30 \cdot (4x^2 - 28xy + 49y^2) = 120x^2 - 840xy + 1470y^2$

f) $5a(5a - 1)^2 \cdot (-8) = -40a \cdot (25a^2 - 10a + 1) = -1000a^3 + 400a^2 - 40a$

g) $10 \cdot (10x + y)(10x - y) = 10 \cdot (100x^2 - y^2) = 1000x^2 - 10y^2$

h) $-2a(4b - 3s)(4b + 3s) = -2a \cdot (16b^2 - 9s^2) = -32ab^2 + 18as^2$

92. a) $(a + 1) \cdot (a + 2)^2 = (a + 1) \cdot (a^2 + 4a + 4) = a^3 + 4a^2 + 4a + a^2 + 4a + 4$
$= a^3 + 5a^2 + 8a + 4$

b) $(a + 3) \cdot (b - 2)^2 \cdot (-2) = (-2a - 6) \cdot (b^2 - 4b + 4)$
$= -2ab^2 + 8ab - 8a - 6b^2 + 24b - 24$

c) $(4 - x)^2 \cdot (3 - x) = (16 - 8x + x^2)(3 - x)$
$= 48 - 16x - 24x + 8x^2 + 3x^2 - x^3 = -x^3 + 11x^2 - 40x + 48$

d) $4 \cdot (2 - x)(2 + x) \cdot (1 - x) = (4 - 4x)(4 - x^2) = 16 - 4x^2 - 16x + 4x^3$

93. a) $(a + 1)^2 + (a + 2)^2 = a^2 + 2a + 1 + a^2 + 4a + 4 = 2a^2 + 6a + 5$

b) $(2 - a)^2 + (a - 3)^2 = 4 - 4a + a^2 + a^2 - 6a + 9 = 2a^2 - 10a + 13$

c) $(5x - 3y)^2 + (3x + y)^2 = 25x^2 - 30xy + 9y^2 + 9x^2 + 6xy + y^2$
$= 34x^2 - 24xy + 10y^2$

d) $(a - 2)^2 - (a - 4)^2 = a^2 - 4a + 4 - (a^2 - 8a + 16)$
$= a^2 - 4a + 4 - a^2 + 8a - 16 = 4a - 12$

e) $(4x - 7y)^2 + (2x - 5y)(2x + 5y) = 16x^2 - 56xy + 49y^2 + 4x^2 - 25y^2$
$= 20x^2 - 56xy + 24y^2$

f) $(8x + 11y)^2 - (5y - 4x)^2 = 64x^2 + 176xy + 121y^2 - (25y^2 - 40xy + 16x^2)$
$= 64x^2 + 176xy + 121y^2 - 25y^2 + 40xy - 16x^2 = 48x^2 + 216xy + 96y^2$

g) $(6x - 5)(6x + 5) - 2(6x - 5)^2 = 36x^2 - 25 - 2(36x^2 - 60x + 25)$
$= 36x^2 - 25 - 72x^2 + 120x - 50 = -36x^2 + 120x - 75$

h) $(5x + 3y)^2 + (-2) \cdot (11x + 15y)(15y - 11x)$
$= 25x^2 + 30xy + 9y^2 - 2(225y^2 - 121x^2)$
$= 25x^2 + 30xy + 9y^2 - 450y^2 + 242x^2$
$= 267x^2 + 30xy - 441y^2$

94. a) $T = (2x - y)^2 - 2(x - y)^2 + (2x - y)(2x + y)$
$= 4x^2 - 4xy + y^2 - 2(x^2 - 2xy + y^2) + 4x^2 - y^2$
$= 4x^2 - 4xy + y^2 - 2x^2 + 4xy - 2y^2 + 4x^2 - y^2$
$= 6x^2 - 2y^2$

b) $T = (2x - 3y)(2x + 3y) - (5x - 3y)(5x + 3y) + 3(6x - y)^2$
$= 4x^2 - 9y^2 - (25x^2 - 9y^2) + 3(36x^2 - 12xy + y^2)$
$= 4x^2 - 9y^2 - 25x^2 + 9y^2 + 108x^2 - 36xy + 3y^2 = 87x^2 + 3y^2 - 36xy$

c) $T = 5(8a - 3b)(8a + 3b) - 2(16a - 9b)^2 + 3(4a - 5b)(5a - 6b)$
$= 5(64a^2 - 9b^2) - 2(256a^2 - 288ab + 81b^2) + 3(20a^2 - 24ab - 25ab$
$+ 30b^2)$
$= 320a^2 - 45b^2 - 512a^2 + 576ab - 162b^2 + 60a^2 - 72ab - 75ab + 90b^2$
$= -132a^2 + 429ab - 117b^2$

d) $T = (-5x - 4y)^2 \cdot (-3x) - (6x - 7y)^2 - 3xy(8x - 9y)(8x + 9y)$
$= (25x^2 + 40xy + 16y^2) \cdot (-3x) - (36x^2 - 84xy + 49y^2)$
$- 3xy(64x^2 - 81y^2)$
$= -75x^3 - 120x^2y - 48xy^2 - 36x^2 + 84xy - 49y^2 - 192x^3y + 243xy^3$

e) $T = (2a + 3)^2 \cdot (1 - a) - (2a + 3)(1 - a)^2 + (2a + 3)(1 - a)$
$= (4a^2 + 12a + 9)(1 - a) - (2a + 3)(1 - 2a + a^2) + 2a - 2a^2 + 3 - 3a$
$= 4a^2 + 12a + 9 - 4a^3 - 12a^2 - 9a - (2a - 4a^2 + 2a^3 + 3 - 6a + 3a^2)$
$+ 2a - 2a^2 + 3 - 3a$
$= -8a^2 + 3a + 9 - 4a^3 - 2a + 4a^2 - 2a^3 - 3 + 6a$
$- 3a^2 + 2a - 2a^2 + 3 - 3a$
$= -6a^3 - 9a^2 + 6a + 9$

95. a)
$$\begin{aligned}(x+1)^2 &= x^2-3\\ x^2+2x+1 &= x^2-3\\ 2x &= -4\\ x &= -2\\ \mathbb{L} &= \{-2\}\end{aligned}$$

b)
$$\begin{aligned}4x^2+1 &= (2x-3)^2+4\\ 4x^2+1 &= 4x^2-12x+9+4\\ 1 &= -12x+13\\ 12x &= 12\\ x &= 1\\ \mathbb{L} &= \{1\}\end{aligned}$$

c)
$$\begin{aligned}(x+3)(x-3)-(x-3)^2 &= 6\\ x^2-9-(x^2-6x+9) &= 6\\ x^2-9-x^2+6x-9 &= 6\\ 6x-18 &= 6\\ 6x &= 24\\ x &= 4\\ \mathbb{L} &= \{4\}\end{aligned}$$

d)
$$\begin{aligned}(2x+1)^2-4x(x+1) &= 5x\\ 4x^2+4x+1-4x^2-4x &= 5x\\ 1 &= 5x\\ x &= \frac{1}{5}\\ \mathbb{L} &= \left\{\frac{1}{5}\right\}\end{aligned}$$

e)
$$\begin{aligned}(4x+5)^2+(3x-4)^2 &= (5x-3)(5x+3)+2\\ 16x^2+40x+25+9x^2-24x+16 &= 25x^2-9+2\\ 25x^2+16x+41 &= 25x^2-7\\ 16x &= -48\\ x &= -3\\ \mathbb{L} &= \{-3\}\end{aligned}$$

f)
$$x^2 + (x+3)(x-4) = (x+3)^2 + (x-4)^2$$
$$x^2 + x^2 - 4x + 3x - 12 = x^2 + 6x + 9 + x^2 - 8x + 16$$
$$-x - 12 = -2x + 25$$
$$x - 12 = 25$$
$$x = 37$$
$$\mathbb{L} = \{37\}$$

g)
$$8(x+3) - 8x = x(x+4) - (x+1)^2$$
$$8x + 24 - 8x = x^2 + 4x - (x^2 + 2x + 1)$$
$$24 = x^2 + 4x - x^2 - 2x - 1$$
$$24 = 2x - 1$$
$$2x = 25$$
$$x = 12,5$$
$$\mathbb{L} = \{12,5\}$$

h)
$$(x+3)^2 + 3(x+2)(x-2) = (2x-3)^2 + 19x$$
$$x^2 + 6x + 9 + 3(x^2 - 4) = 4x^2 - 12x + 9 + 19x$$
$$x^2 + 6x + 9 + 3x^2 - 12 = 4x^2 + 7x + 9$$
$$6x - 3 = 7x + 9$$
$$-x - 3 = 9$$
$$-x = 12$$
$$x = -12$$
$$\mathbb{L} = \{-12\}$$

96. a)
$$(x+3)^2 - x^2 > 12$$
$$x^2 + 6x + 9 - x^2 > 12$$
$$6x > 3$$
$$x > \frac{1}{2}$$
$$\mathbb{L} = \left\{x \mid x > \frac{1}{2}\right\}$$

b)
$$(2x-3)^2 - 4x(x+2) \le 5$$
$$4x^2 - 12x + 9 - 4x^2 - 8x \le 5$$
$$-20x + 9 \le 5$$
$$-20x \le -4$$
$$x \ge 0,2$$
$$\mathbb{L} = \{x \mid x \ge 0,2\}$$

c)
$$\begin{aligned}
2(x+1)^2+3(2-x)^2+72 &< 5x(7+x)\\
2(x^2+2x+1)+3(4-4x+x^2)+72 &< 35x+5x^2\\
2x^2+4x+2+12-12x+3x^2+72 &< 35x+5x^2\\
-8x+86 &< 35x\\
-43x+86 &< 0\\
-43x &< -86\\
x &> 2
\end{aligned}$$

$\mathbb{L}=\{x \mid x>2\}$

d)
$$\begin{aligned}
(9+2x)(9-2x)+(4x+5)^2 &\geq 3(2x+1)^2-9\\
81-4x^2+16x^2+40x+25 &\geq 3(4x^2+4x+1)-9\\
12x^2+40x+106 &\geq 12x^2+12x+3-9\\
40x+106 &\geq 12x-6\\
28x+106 &\geq -6\\
28x &\geq -112\\
x &\geq -4
\end{aligned}$$

$\mathbb{L}=\{x \mid x\geq -4\}$

97. a) $a^2 + 2a + 1 = (a + 1)^2$

b) $a^2 + 4a + 4 = (a + 2)^2$

c) $x^2 + 18x + 81 = (x + 9)^2$

d) $1 + c + \frac{1}{4}c^2 = \left(1+\frac{1}{2}c\right)^2$

e) $4z^2 + 1{,}2z + 0{,}09 = (2z + 0{,}3)^2$

f) $\frac{4}{9}c^2+cd+\frac{9}{16}d^2=\left(\frac{2}{3}c+\frac{3}{4}d\right)^2$

98. a) $a^2 - 24a + 144 = (a - 12)^2$

b) $36 - 12b + b^2 = (6 - b)^2$

c) $c^2 - 1{,}4c + 0{,}49 = (c - 0{,}7)^2$

d) $36d^2 - 12dc + c^2 = (6d - c)^2$

e) $0{,}16f^2 - 0{,}48fg + 0{,}36g^2 = (0{,}4f - 0{,}6g)^2$

f) $\frac{4}{9}x^4-x^2y+\frac{9}{16}y^2=\left(\frac{2}{3}x^2-\frac{3}{4}y\right)^2$

99. a) $a^2 - 9 = (a + 3)(a - 3)$

b) $1{,}69 - b^2 = (1{,}3 + b)(1{,}3 - b)$

c) $1 - 0{,}36x^2 = (1 + 0{,}6x)(1 - 0{,}6x)$

d) $1{,}44 - 1{,}21y^2 = (1{,}2 + 1{,}1y)(1{,}2 - 1{,}1y)$

e) $y^2 - 0{,}01x^2 = (y - 0{,}1x)(y + 0{,}1x)$

f) $2{,}25v^2 - 3{,}24w^2 = (1{,}5v + 1{,}8w)(1{,}5v - 1{,}8w)$

g) $4x^4 - 25y^2 = (2x^2 + 5y)(2x^2 - 5y)$

h) $81x^4 - 16y^4 = (9x^2 + 4y^2)(9x^2 - 4y^2) = (9x^2 + 4y^2)(3x + 2)(3x - 2y)$

100. a) $25 + 10a + a^2 = (5 + a)^2$

b) $9x^2 - 12xy + 4y^2 = (3x - 2y)^2$

c) $a^4 - 2a^2b + b^2 = (a^2 - b)^2$

d) $9x^2 + 70xy^2 + 100y^4$ nicht faktorisierbar!

e) $18a^2 - 8b^2 = 2 \cdot (9a^2 - 4b^2) = 2(3a + 2b)(3a - 2b)$

f) $20c^2 + 40cd + 20d^2 = 20(c^2 + 2cd + d^2) = 20 \cdot (c + d)^2$

g) $-x^2 + 2xy - y^2 = -(x^2 - 2xy + y^2) = -(x - y)^2$

h) $-3x^2 - 15xy - 75y^2 = -3(x^2 + 5xy + 25y^2)$

i) $8a^6 - 32b^4 = 8(a^6 - 4b^4) = 8(a^3 + 2b^2)(a^3 - 2b^2)$

k) $0{,}25x^2y^2 - 5xyz + 25z^2 = 25(0{,}01x^2y^2 - 0{,}2xyz + z^2) = 25(0{,}1xy - z)^2$

l) $0{,}04a^4 - 0{,}4a^2bc + b^2c^2 = (0{,}2a^2 - bc)^2$

m) $12abc^2 - 36abcd + 27abd^2 = 3ab(4c^2 - 12cd + 9d^2) = 3ab(2c - 3d)^2$

n) $4x^2 + x + \frac{1}{9}$ nicht faktorisierbar!

o) $169a^2 - 52abc + 4b^2c^2 = (13a - 2bc)^2$

p) $3x^2 + 27y^2 = 3(x^2 + 9y^2)$

q) $\frac{3}{4}xy^2 + \frac{3}{5}xyz + \frac{3}{25}xy^2 = 3xy\left(\frac{1}{4}y + \frac{1}{5}z + \frac{1}{25}y\right)$

101. a) $(a+1)^2-4=(a+1+2)\,(a+1-2)=(a+3)\,(a-1)$

b) $(a+1)^2-(a-2)^2 = [a+1+(a-2)]\cdot[a+1-(a-2)]$
$= [a+1+a-2]\cdot[a+1-a+2]=(2a-1)\cdot 3$

c) $(3x+1)^2-x^2=(3x+1+x)\,(3x+1-x)=(4x+1)\,(2x+1)$

d) $9-(3a-7)^2 = [3+(3a-7)]\cdot[3-(3a-7)]=[3+3a-7]\cdot[3-3a+7]$
$= (3a-4)\,(10-3a)$

e) $(2a+1)^2-(3a-2)^2=[2a+1+(3a-2)]\cdot[2a+1-(3a-2)]$
$= [2a+1+3a-2]\cdot[2a+1-3a+2]$
$= (5a-1)\,(3-a)$

f) $(4x+y)^2-(x+4y)^2= [4x+y+(x+4y)]\cdot[4x+y-(x+4y)]$
$= [4x+y+x+4y]\cdot[4x+y-x-4y]$
$= (5\,x+5y)\cdot(3x-3y)=5(x+y)\cdot 3(x-y)$
$= 15\cdot(x+y)\,(x-y)$

102. a) $25x^2-10x+1=(5x-1)^2$

b) $16a^2+40ab+25b^2=(4a+5b)^2$

c) $81+72y+16y^2=(9+4y)^2$

d) $\frac{4}{9}a^2+12ab^2+81b^4=\left(\frac{2}{3}a+9b^2\right)^2$

e) $1-x+\frac{1}{4}x^2=\left(1-\frac{1}{2}x\right)^2$

f) $25x^2-144y^4=(5x+12y^2)\,(5x-12y^2)$

103. a) $x^2+6x+9=(x+3)^2$

b) $x^2-8x+16=(x-4)^2$

c) $x^2-7x+\frac{49}{4}=\left(x-\frac{7}{2}\right)^2$

d) $x^2-3x+\frac{9}{4}=\left(x-\frac{3}{2}\right)^2$

e) $\frac{25}{4}+5y+y^2=\left(\frac{5}{2}+y\right)^2$

f) $\frac{121}{4}-11a+a^2=\left(\frac{11}{2}-a\right)^2$

g) $b^2-2{,}2b+1{,}21=(b-1{,}1)^2$

h) $c^2+1{,}4cd+0{,}49d^2=(c+0{,}7d)^2$

104. a) $4x^2 - 6x + \frac{9}{4} = \left(2x - \frac{3}{2}\right)^2$

b) $16x^2 - 32x + 16 = (4x - 4)^2$

c) $9x^2 + 9x + \frac{9}{4} = \left(3x + \frac{3}{2}\right)^2$

d) $25x^2 - 100xy^2 + 100y^4 = (5x - 10y^2)^2$

e) $4z^2 - 6yz + \frac{9}{4}y^2 = (2z - \frac{3}{2}y)^2$

f) $1{,}44a^2 - 3{,}6ab + 2{,}25b^2 = (1{,}2a - 1{,}5b)^2$

g) $x^2 + \frac{4}{3}cx + \frac{4}{9}c^2 = \left(x + \frac{2}{3}c\right)^2$

h) $16d^2 + 24def + 9e^2f^2 = (4d + 3ef)^2$

105. a) $T(x) = x^2 + 4x + 3 = x^2 + 4x + 2^2 - 4 + 3 = (x + 2)^2 - 1$
$= (x + 2 + 1)\,(x + 2 - 1) = (x + 3)\,(x + 1)$

b) $T(x) = x^2 - 8x + 7 = x^2 - 8x + 4^2 - 16 + 7 = (x - 4)^2 - 9$
$= (x - 4 + 3)\,(x - 4 - 3) = (x - 1)\,(x - 7)$

c) $T(x) = x^2 + 10x + 21 = x^2 + 10x + 5^2 - 25 + 21 = (x + 5)^2 - 4$
$= (x + 5 + 2)\,(x + 5 - 2) = (x + 7)\,(x + 3)$

d) $T(x) = x^2 + 2x - 1{,}25 = x^2 + 2x + 1^2 - 1 - 1{,}25 = (x + 1)^2 - 2{,}25$
$= (x + 1 + 1{,}5)\,(x + 1 - 1{,}5) = (x + 2{,}5)\,(x - 0{,}5)$

e) $T(x) = x^2 - 5x + 5{,}25 = x^2 - 5x + \left(\frac{5}{2}\right)^2 - \frac{25}{4} + 5{,}25 = \left[x - \frac{5}{2}\right]^2 - 1$
$= \left(x - \frac{5}{2} + 1\right)\left(x - \frac{5}{2} - 1\right) = (x - 1{,}5)(x - 3{,}5)$

f) $T(x) = x^2 + 6x + 5 = x^2 + 6x + 3^2 - 9 + 5 = (x + 3)^2 - 4$
$= (x + 3 + 2)\,(x + 3 - 2) = (x + 5)\,(x + 1)$

g) $T(x) = x^2 + 9x + 20 = x^2 + 9x + \left(\frac{9}{2}\right)^2 - \frac{81}{4} + 20$
$= \left(x + \frac{9}{2}\right)^2 - \frac{1}{4} = \left(x + \frac{9}{2} + \frac{1}{2}\right)\left(x + \frac{9}{2} - \frac{1}{2}\right) = (x + 5)(x + 4)$

h) $T(x) = x^2 - 10x + 24 = x^2 - 10x + 5^2 - 25 + 24$
$= (x - 5)^2 - 1 = (x - 5 + 1)\,(x - 5 - 1) = (x - 4)\,(x - 6)$

106. a) $T(x) = -x^2 - 2x + 3 = -\left[x^2 + 2x - 3\right] = -\left[x^2 + 2x + 1^2 - 1 - 3\right]$
$= -\left[(x+1)^2 - 4\right] = -(x+1+2)(x+1-2) = -(x+3)(x-1)$

b) $T(x) = 2x^2 + 6x + 4 = 2 \cdot \left[x^2 + 3x + 2\right] = 2 \cdot \left[x^2 + 3x + \left(\frac{3}{2}\right)^2 - \frac{9}{4} + 2\right]$
$= 2 \cdot \left[\left(x + \frac{3}{2}\right)^2 - \frac{1}{4}\right] = 2 \cdot \left(x + \frac{3}{2} + \frac{1}{2}\right)\left(x + \frac{3}{2} - \frac{1}{2}\right) = 2(x+2)(x+1)$

c) $T(x) = 3x^2 + 9x - 12 = 3 \cdot \left[x^2 + 3x - 4\right] = 3 \cdot \left[x^2 + 3x + \left(\frac{3}{2}\right)^2 - \frac{9}{4} - 4\right]$
$= 3 \cdot \left[\left(x + \frac{3}{2}\right)^2 - \frac{25}{4}\right] = 3\left(x + \frac{3}{2} + \frac{5}{2}\right)\left(x + \frac{3}{2} - \frac{5}{2}\right) = 3(x+4)(x-1)$

d) $T(x) = -5x^2 - 5x + \frac{15}{4} = -5 \cdot \left[x^2 + x - \frac{3}{4}\right] = -5\left[x^2 + x + \left(\frac{1}{2}\right)^2 - \frac{1}{4} - \frac{3}{4}\right]$
$= -5 \cdot \left[\left(x + \frac{1}{2}\right)^2 - 1\right] = -5\left(x + \frac{1}{2} + 1\right)\left(x + \frac{1}{2} - 1\right) = -5(x+1{,}5)(x-0{,}5)$

e) $T(x) = 2x^2 - 10x + 12 = 2 \cdot \left[x^2 - 5x + 6\right] = 2 \cdot \left[x^2 - 5x + \left(\frac{5}{2}\right)^2 - \frac{25}{4} + 6\right]$
$= 2 \cdot \left[\left(x - \frac{5}{2}\right)^2 - \frac{1}{4}\right] = 2 \cdot \left(x - \frac{5}{2} + \frac{1}{2}\right)\left(x - \frac{5}{2} - \frac{1}{2}\right) = 2(x-2)(x-3)$

f) $T(x) = -2x^2 + 6x - 4 = -2\left[x^2 - 3x + 2\right] = -2 \cdot \left[x^2 - 3x + \left(\frac{3}{2}\right)^2 - \frac{9}{4} + 2\right]$
$= -2 \cdot \left[\left(x - \frac{3}{2}\right)^2 - \frac{1}{4}\right] = -2\left(x - \frac{3}{2} + \frac{1}{2}\right)\left(x - \frac{3}{2} - \frac{1}{2}\right) = -2(x-1)(x-2)$

107. a) $T = x^2 + 5x = x \cdot (x + 5)$

b) $T = 3x^2 + 27 = 3 \cdot (x^2 + 9)$

c) $T = 2xz + 4yz + 5x + 10y = 2z(x + 2y) + 5(x + 2y) = (x + 2y)\,(2z + 5)$

d) $T = x^2 - 12x + 35 = x^2 - 12x + 6^2 - 36 + 35 = (x - 6)^2 - 1$
$= (x - 6 + 1)\,(x - 6 - 1) = (x - 5)\,(x - 7)$

e) $T = 5a^2 - 25a = 5a(a - 5)$

f) $T = 32a^2 - 98 = 2(16a^2 - 49) = 2(4a + 7)\,(4a - 7)$

g) $T = 4x^2 + 28x - 32 = 4(x^2 + 7x - 8) = 4 \cdot \left[x^2 + 7x + \left(\frac{7}{2}\right)^2 - \frac{49}{4} - 8 \right]$

$= 4\left[\left(x + \frac{7}{2}\right)^2 - \frac{81}{4} \right] = 4 \cdot \left(x + \frac{7}{2} + \frac{9}{2}\right)\left(x + \frac{7}{2} - \frac{9}{2}\right) = 4(x+8)(x-1)$

h) $T = 5x^2 - 20x + 20 = 5(x^2 - 4x + 4) = 5(x-2)^2$

i) $T = a^2 + a - ab - b = a(a+1) - b(a+1) = (a+1)(a-b)$

k) $T = -x^2 + 2x + 3 = -(x^2 - 2x - 3) = -[x^2 - 2x + 1^2 - 1 - 3]$

$= -[(x-1)^2 - 4] = -(x - 1 + 2)(x - 1 - 2) = -(x+1)(x-3)$

l) $T = 2xy(4a - z) + 3z(4a - z) = (4a - z)(2xy + 3z)$

m) $T = 50ab^2 - 200abc + 200ac^2 = 50a(b^2 - 4bc + 4c^2) = 50a(b - 2c)^2$

n) $T = 5b^2c + 30bc + 45c = 5c(b^2 + 6b + 9) = 5c(b+3)^2$

o) $T = 32a^2b^2c - 50a^2cd^2 = 2a^2c(16b^2 - 25d^2) = 2a^2c(4b + 5d)(4b - 5d)$

108. a) $T(x) = x^2 - 6$ $T_{min} = -6$ für $x = 0$

b) $T(x) = -x^2 + 2$ $T_{max} = 2$ für $x = 0$

c) $T(x) = (x-5)^2$ $T_{min} = 0$ für $x = 5$

d) $T(x) = -2(x-7)^2$ $T_{max} = 0$ für $x = 7$

109. a) $T(x) = (x-1)^2 + 4$ $T_{min} = 4$ für $x = 1$

b) $T(a) = 17 + (a+4)^2$ $T_{min} = 17$ für $a = -4$

c) $T(b) = -(b-9)^2 + 16$ $T_{max} = 16$ für $b = 9$

b) $T(c) = 2(c+5)^2 - 1$ $T_{min} = -1$ für $c = -5$

110. a) $T(x) = 3x^2 - 5$

x	−2	−1,5	−1	−0,5	0	0,5	1	1,5	2
T(x)	7	1,75	−2	−4,25	−5	−4,25	−2	1,75	7

$T_{min} = -5$ für $x = 0$

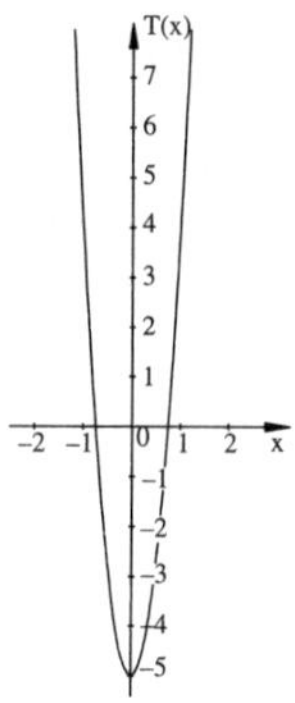

b) $T(x) = (x-3)^2 - 3$

x	1	1,5	2	2,5	3	3,5	4	4,5	5
T(x)	1	–0,75	–2	–2,75	–3	–2,75	–2	–0,75	1

$T_{min} = -3$ für $x = 3$

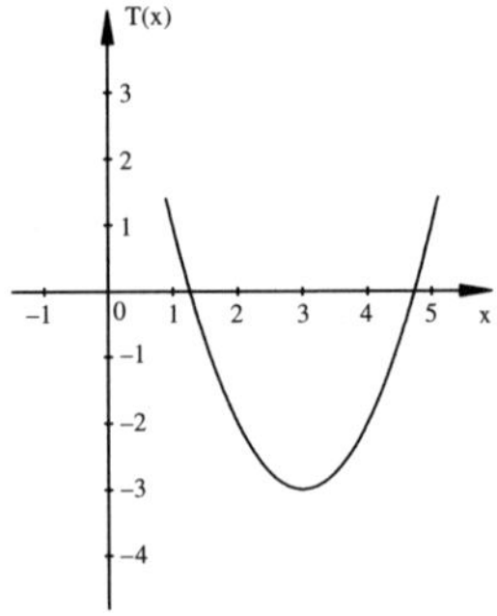

c) $T(x) = -x^2 - 8x - 16$

x	–7	–6	–5	–4	–3	–2	–1
T(x)	–9	–4	–1	0	–1	–4	–9

$T_{max} = 0$ für $x = -4$

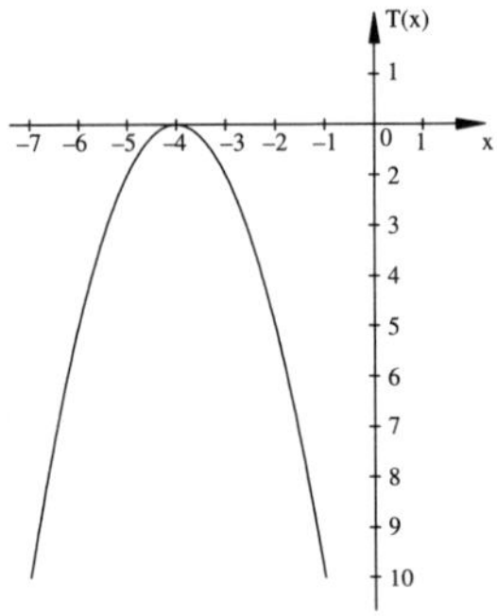

d) $T(x) = -2x^2 + 4x + 3$

x	–1	–0,5	0	0,5	1	1,5	2	2,5	3
T(x)	–3	0,5	3	4,5	5	4,5	3	0,5	–3

$T_{max} = 5$ für $x = 1$

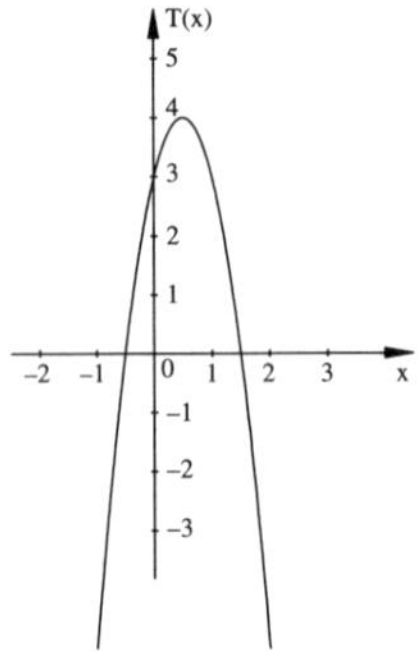

111. a) $T(x) = x^2 - 2x + 1 = (x-1)^2$
$T_{min} = 0$ für $x = 1$

b) $T(x) = x^2 + 8x + 16 = (x+4)^2$
$T_{min} = 0$ für $x = -4$

c) $T(x) = 2x^2 - 12x + 18 = 2(x^2 - 6x + 9) = 2(x-3)^2$
$T_{min} = 0$ für $x = 3$

d) $T(x) = -5x^2 + 50x - 125 = -5(x^2 - 10x + 25) = -5(x-5)^2$
$T_{max} = 0$ für $x = 5$

112. a) $T(t) = t^2 + 4t + 7 = t^2 + 4t + 2^2 - 4 + 7 = (t+2)^2 + 3$
$T_{min} = 3$ für $t = -2$

b) $T(a) = a^2 - 16a + 71 = a^2 - 16a + 8^2 - 64 + 71 = (a-8)^2 + 7$
$T_{min} = 7$ für $a = 8$

c) $T(x) = x^2 + 9x - 1{,}75 = x^2 + 9x + 4{,}5^2 - 20{,}25 - 1{,}75 = (x+4{,}5)^2 - 22$
$T_{min} = -22$ für $x = -4{,}5$

d) $T(y) = y^2 - \frac{2}{3}y + \frac{4}{9} = y^2 - \frac{2}{3}y + \left(\frac{1}{3}\right)^2 - \frac{1}{9} + \frac{4}{9} = \left(y - \frac{1}{3}\right)^2 + \frac{1}{3}$
$T_{min} = \frac{1}{3}$ für $y = \frac{1}{3}$

113. a) $T(x) = -x^2 - 10x + 9 = -(x^2 + 10x - 9) = -[x^2 + 10x + 5^2 - 25 - 9]$
$= -[(x+5)^2 - 34] = -(x+5)^2 + 34$
$T_{max} = 34$ für $x = -5$

b) $T(x) = 3x^2 + 27x - 0{,}75 = 3 \cdot (x^2 + 9x - 0{,}25)$
$= 3 \cdot [x^2 + 9x + 4{,}5^2 - 20{,}25 - 0{,}25] = 3 \cdot [(x+4{,}5)^2 - 20{,}5]$
$= 3(x+4{,}5)^2 - 61{,}5$
$T_{min} = -61{,}5$ für $x = -4{,}5$

c) $T(x) = \frac{1}{2}x^2 - x + 4 = \frac{1}{2} \cdot (x^2 - 2x + 8) = \frac{1}{2} \cdot [x^2 - 2x + 1^2 - 1 + 8]$
$= \frac{1}{2} \cdot [(x-1)^2 + 7] = \frac{1}{2}(x-1)^2 + \frac{7}{2}$
$T_{min} = 3{,}5$ für $x = 1$

d) $T(x) = -\frac{3}{2}x^2 + 6x + 15 = -\frac{3}{2} \cdot (x^2 - 4x - 10)$
$= -\frac{3}{2} \cdot \left[x^2 - 4x + 2^2 - 4 - 10\right] = -\frac{3}{2} \cdot \left[(x-2)^2 - 14\right]$
$= -\frac{3}{2}(x-2)^2 + 21$
$T_{max} = 21$ für $x = 2$

114. a) $T(x) = x(x+4) = x^2 + 4x = x^2 + 4x + 2^2 - 4 = (x+2)^2 - 4$
$T_{min} = -4$ für $x = -2$

b) $T(x) = (2x+3) \cdot (x-2) = 2x^2 - 4x + 3x - 6 = 2x^2 - x - 6$
$= 2 \cdot \left(x^2 - \frac{1}{2}x - 3\right) = 2 \cdot \left[x^2 - \frac{1}{2}x + \left(\frac{1}{4}\right)^2 - \frac{1}{16} - 3\right]$
$= 2\left[\left(x - \frac{1}{4}\right)^2 - \frac{49}{16}\right] = 2\left(x - \frac{1}{4}\right)^2 - \frac{49}{8}$
$T_{min} = -6\frac{1}{8}$ für $x = \frac{1}{4}$

c) $T(x) = (x-1)^2 + 4x - 7 = x^2 - 2x + 1 + 4x - 7 = x^2 + 2x - 6$
$= x^2 + 2x + 1^2 - 1 - 6 = (x+1)^2 - 7$
$T_{min} = -7$ für $x = -1$

d) $T(x) = 3(x-7) - \frac{1}{2}x^2 = 3x - 21 - \frac{1}{2}x^2 = -\frac{1}{2}(x^2 - 6x + 42)$
$= -\frac{1}{2}\left[x^2 - 6x + 3^2 - 9 + 42\right] = -\frac{1}{2}\left[(x-3)^2 + 33\right]$
$= -\frac{1}{2}(x-3)^2 - \frac{33}{2}$
$T_{max} = -16{,}5$ für $x = 3$

115. größere Zahl: x $\mathbb{G} = \mathbb{Q}$
kleinere Zahl: x – 10
Term: $T(x) = x \cdot (x - 10)$
$T(x) = x^2 - 10x = x^2 - 10x + 5^2 - 25 = (x-5)^2 - 25$
$T_{min} = -25$ für $x = 5$
Antwort: Die Zahl 5 hat den kleinsten Produktwert.

116. kleinere Zahl: x $\mathbb{G} = \mathbb{Q}$
größere Zahl: x + 20
Term: $T(x) = x \cdot (x + 20)$
$T(x) = x^2 + 20x = x^2 + 20x + 10^2 - 100 = (x+10)^2 - 100$
$T_{min} = -100$ für $x = -10$
Antwort: Für die Zahl –10 erhält man den kleinsten Produktwert.

117. 1. Summand: $x \quad \mathbb{G} = \mathbb{Q}$

2. Summand: $40 - x$

117.1 Term: $T(x) = x(40 - x)$

117.2

$$T(x) = 40x - x^2 = -(x^2 - 40x)$$
$$= -[x^2 - 40x + 20^2 - 400] = -[(x - 20)^2 - 400]$$
$$= -(x - 20)^2 + 400$$
$$T_{max} = 400 \text{ für } x = 20$$

Antwort: Gleiche Summanden: 20

118.1

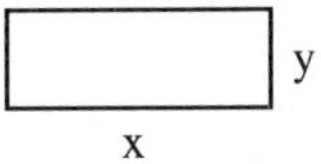

$u = 24$, also: $2x + 2y = 24$

$$2y = 24 - 2x$$
$$y = 12 - x$$

Flächeninhalt:

$$A(x; y) = x \cdot y$$
$$A(x) = x \cdot (12 - x)$$

118.2 Termumformung:

$$A(x) = 12x - x^2 = -x^2 + 12x = -[x^2 - 12x]$$
$$= -[x^2 - 12x + 6^2 - 36] = -[(x - 6)^2 - 36]$$
$$= -(x - 6)^2 + 36$$
$$A_{max} = 36 \text{ für } x = 6$$

Antwort: $x = y = 6$ Das Rechteck ist ein Quadrat mit der Kantenlänge 6 cm. Der maximale Flächeninhalt ist 36 cm^2.

119.1

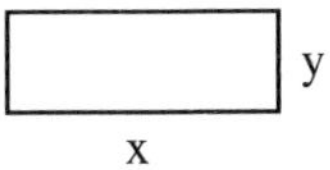

$u = 100$, also: $2x + 2y = 100$

$$x + y = 50$$
$$y = 50 - x$$

Flächeninhalt:

$$A(x; y) = x \cdot y$$
$$A(x) = x \cdot (50 - x)$$

119.2 Termumformung:

$$A(x) = 50x - x^2 = -[x^2 - 50x]$$
$$= -[x^2 - 50x + 25^2 - 625]$$
$$= -[(x - 25)^2 - 625]$$
$$= -(x - 25)^2 + 625$$
$$A_{max} = 625 \text{ für } x = 25$$

Antwort: Größter Flächeninhalt: 625 cm^2, das Quadrat hat die Seitenlänge 25 cm.

120.1

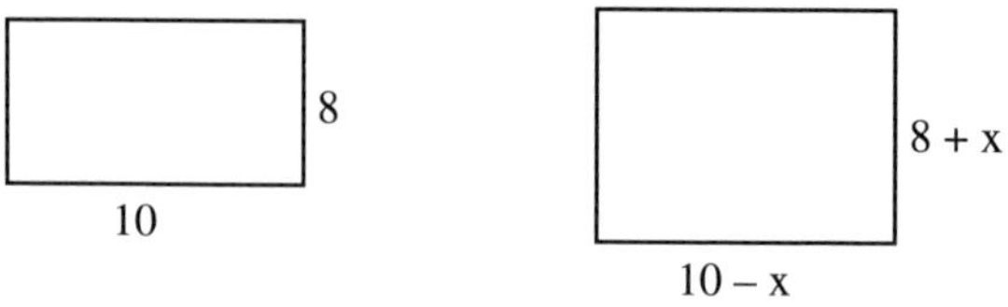

120.2 Flächeninhalt: $A(x) = (10 - x)(8 + x)$

120.3 Termumformung:

$$\begin{aligned} A(x) &= 80 + 10x - 8x - x^2 = -x^2 + 2x + 80 \\ &= -\left[x^2 - 2x - 80\right] = -\left[x^2 - 2x + 1^2 - 81\right] \\ &= -\left[(x-1)^2 - 81\right] = -(x-1)^2 + 81 \end{aligned}$$

$A_{max} = 81$ für $x = 1$

Antwort: Der Flächeninhalt ist maximal mit $A = 81\ cm^2$, die Seitenlängen sind jeweils 9 cm (Quadrat!).

121.1

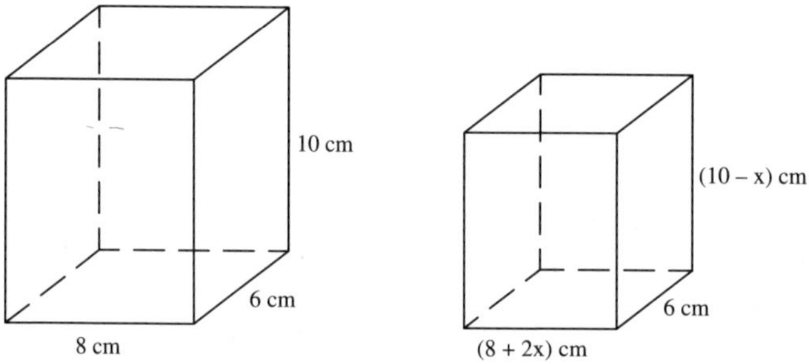

121.2 $V(x) = (8 + 2x) \cdot 6 \cdot (10 - x)$
$V(x) = 6 \cdot (80 - 8x + 20x - 2x^2)$
$V(x) = -12^2 + 72x + 480$

121.3

$$\begin{aligned} V(x) &= -12x^2 + 72x + 480 = -12\left[x^2 - 6x - 40\right] \\ &= -12\left[x^2 - 6x + 3^2 - 9 - 40\right] = -12 \cdot \left[(x-3)^2 - 49\right] = \\ &= -12(x-3)^2 + 588 \end{aligned}$$

$V_{max} = 588$ für $x = 3$

Antwort: Der Quader mit den Kantenlängen 14 cm, 6 cm und 7 cm hat das maximale Volumen von $588\ cm^3$.

122.1

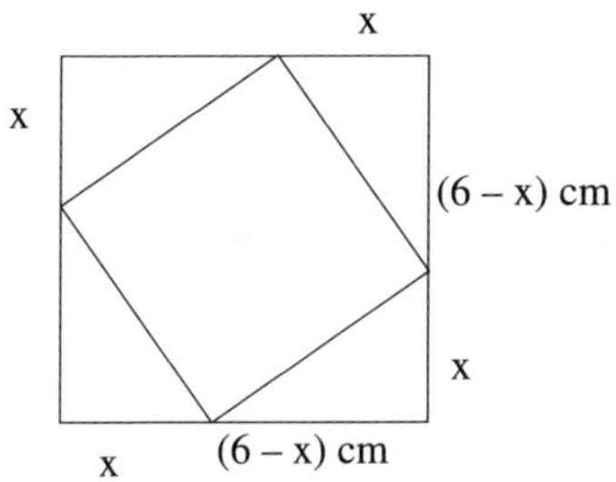

$A(x) = 6^2 - 4 \cdot \frac{1}{2} \cdot x(6-x)$

$A(x) = 36 - 2x(6-x)$

$A(x) = 2x^2 - 12x + 36$

122.2 $A(x) = 2x^2 - 12x + 36 = 2\left[x^2 - 6x + 18\right]$

$= 2\left[x^2 - 6x + 3^2 - 9 + 18\right] = 2 \cdot \left[(x-3)^2 + 9\right]$

$= 2(x-3)^2 + 18$

$A_{min} = 18$ für $x = 3$

Antwort: Für x = 3 erhält das neue Quadrat den kleinsten Flächeninhalt von 18 cm².

123. a) $3x > 6 \quad \wedge \quad -2x > -5$

$x > 2 \quad \wedge \quad x < 2{,}5 \qquad \mathbb{L} =]\,2; 2{,}5\,[$

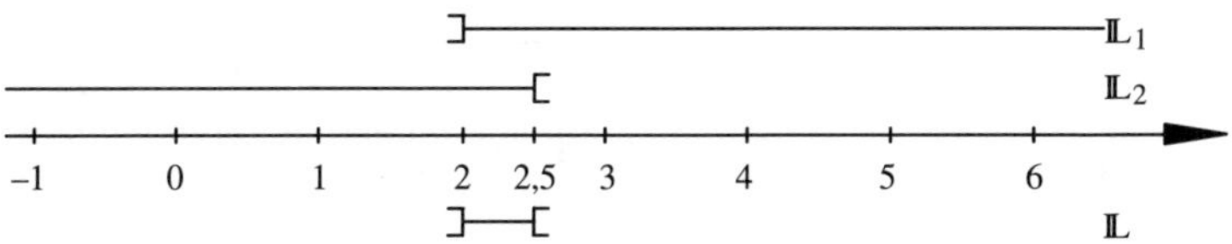

b) $x + 1 > 2 \quad \wedge \quad 2x + 3 < 6$

$x > 1 \quad \wedge \quad 2x < 3$

$x > 1 \quad \wedge \quad x < 1{,}5 \qquad \mathbb{L} =]\,1; 1{,}5\,[$

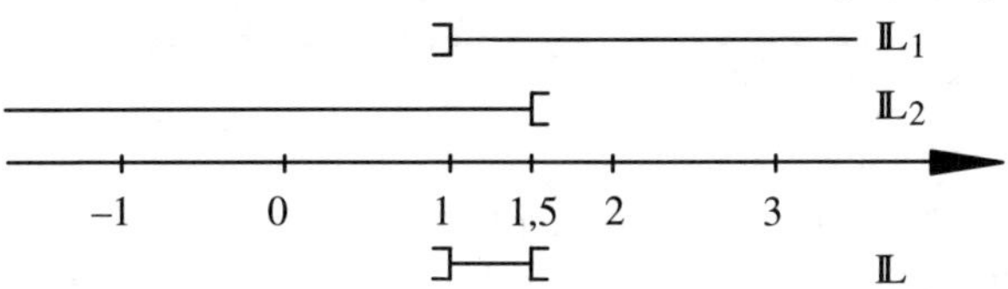

c) $x + 7 = 15 \quad \wedge \quad x > 2$

$x = 8 \quad \wedge \quad x > 2$

$\mathbb{L} = \{8\}$

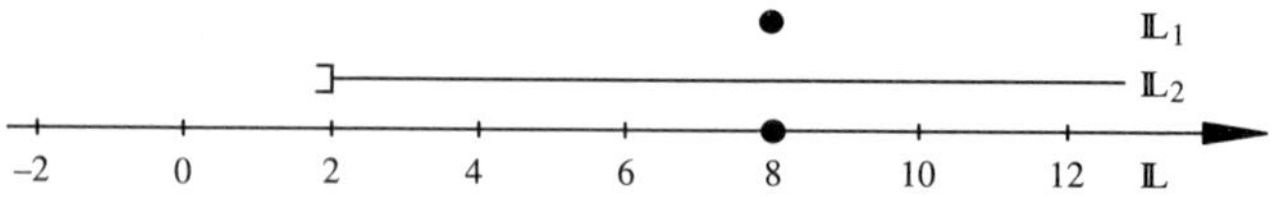

d) $4x + 12 > 3x + 21 \quad \wedge \quad 2x + 3 \leq 14 + x$

$x + 12 > 21 \quad \wedge \quad x + 3 \leq 14$

$x > 9 \quad \wedge \quad x \leq 11$

$\mathbb{L} =]\,9;\,11\,]$

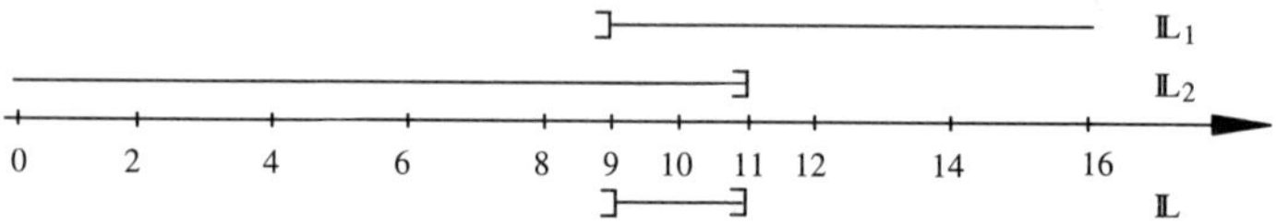

e) $-3x < 6 \quad \wedge \quad 4x < 12$

$x > -2 \quad \wedge \quad x < 3$

$\mathbb{L} =]\,-2;\,3\,[$

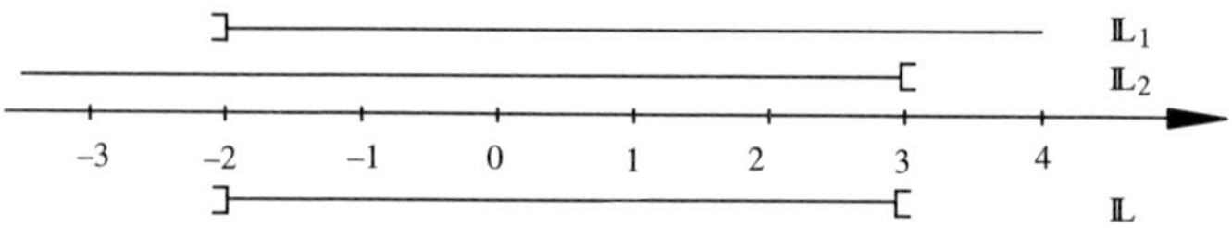

f) $3x + 20 \geq 9 \quad \wedge \quad (2x + 8) \leq 5$

$3x \geq -11 \quad \wedge \quad 2x + 16 \leq 5$

$x \geq -\frac{11}{3} \quad \wedge \quad 2x \leq -11$

$x \geq -3,\overline{6} \quad \wedge \quad x \leq -5,5$

$\mathbb{L} = \varnothing$

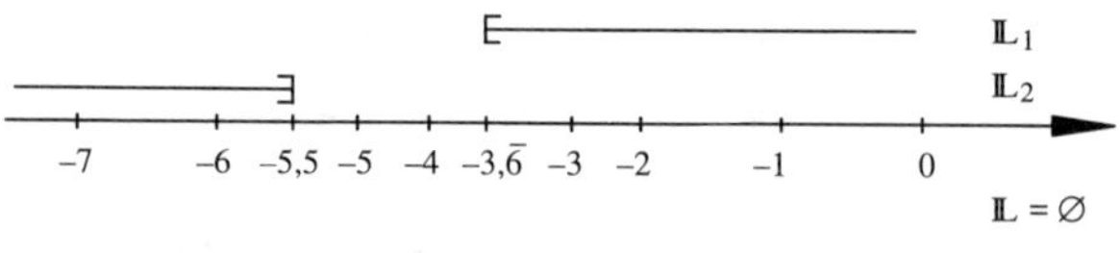

124. a) $6(x - 1) - 32 > 7(x - 1) \quad \wedge \quad 7x + 3 > 3(1 + 2x)$

$6x - 6 - 32 > 7x - 7 \quad \wedge \quad 7x + 3 > 3 + 6x$

$6x - 38 > 7x - 7 \quad \wedge \quad x + 3 > 3$

$-x - 38 > -7 \quad \wedge \quad x > 0$

$-x > 31 \quad \wedge \quad x > 0$

$x < -31 \quad \wedge \quad x > 0$

$\mathbb{L} = \varnothing$

b) $6x+4(3x-2)>-4(1-4x) \wedge (x+5)\cdot 2<48$

$6x+12x-8>-4+16x \wedge 2x+10<48$

$18x-8>-4+16x \wedge 2x<38$

$2x-8>-4 \wedge x<19$

$2x>4 \wedge x<19$

$x>2 \wedge x<19$

$\mathbb{L} =]\,2;\,19\,[$

c) $4(3x-8)-16\geq 6(3x-5) \wedge 6(x+7)<(x+9)\cdot 5$

$12x-32-16\geq 18x-30 \wedge 6x+42<5x+45$

$12x-48\geq 18x-30 \wedge x+42<45$

$-6x-48\geq -30 \wedge x<3$

$-6x\geq 18 \wedge x<3$

$x\leq -3 \wedge x<3$

$\mathbb{L} = \{x \mid x\leq -3\}$

125. a) $(x+6)(7-x)+(x+4)(x+3)>-3x-1 \wedge$

$(x+1)(5x-3)-(x-4)(3x-1)>13+2x^2$

$7x-x^2+42-6x+x^2+3x+4x+12>-3x-1 \wedge$

$5x^2-3x+5x-3-(3x^2-x-12x+4)>13+2x^2$

$8x+54>-3x-1 \wedge 5x^2+2x-3-3x^2+13x-4>13+2x^2$

$11x+54>-1 \wedge 15x-7>13$

$11x>-55 \wedge 15x>20$

$x>-5 \wedge x>\frac{4}{3}$

$\mathbb{L} = \{x \mid x>\frac{4}{3}\}$

b) $(x+3)^2>4+(x-1)(x+1) \wedge (x+2)(x-2)\leq x^2+5x+16$

$x^2+6x+9>4+x^2-1 \wedge x^2-4\leq x^2+5x+16$

$6x+9>3 \wedge -4-5x\leq 16$

$6x>-6 \wedge -5x\leq 20$

$x>-1 \wedge x\geq -4$

$\mathbb{L} = \{x \mid x>-1\}$

c) $3(x-4)^2 - 2(x+1)^2 \geq x^2 + 46 \;\wedge$
$(3-x)(x+4) < (x-4)(5-x) + 52$
$3(x^2 - 8x + 16) - 2(x^2 + 2x + 1) \geq x^2 + 46 \;\wedge$
$3x + 12 - x^2 - 4x < 5x - x^2 - 20 + 4x + 52$
$3x^2 - 24x + 48 - 2x^2 - 4x - 2 \geq x^2 + 46 \;\wedge\; -x + 12 < 9x + 32$
$-28x + 46 \geq 46 \;\wedge\; -10x + 12 < 32$
$-28x \geq 0 \;\wedge\; -10x < 20$
$x \leq 0 \;\wedge\; x > -2$

$\mathbb{L} =]-2; 0]$

126. $M_1 = [12; 18; 24; 30; ...; 96\}$ $M_2 = \{18; 36; 54; 72; 90\}$
$\mathbb{L} = M_1 \cap M_2 = \{18; 36; 54; 72; 90\}$

127. $\mathbb{G} = \mathbb{Z}$ $5 - 2x \geq 10 \;\wedge\; 21 + 2x > 9$
$-2x \geq 5 \;\wedge\; 2x > -12$
$x \leq -2{,}5 \;\wedge\; x > -6$ $\mathbb{L} = \{-5; -4; -3\}$
Die Zahlen –3; –4 und –5 kommen in Frage.

128. $\mathbb{G} = \mathbb{N}$ $3x + 2 > 11 \;\wedge\; 6x - 9 \leq 18$
$3x > 9 \;\wedge\; 6x \leq 27$
$x > 3 \;\wedge\; x \leq 4{,}5$ $\mathbb{L} = \{4\}$
Die Zahl heißt 4.

129. a) $x < 2x + 3 < 3x + 4$
$x < 2x + 3 \;\wedge\; 2x + 3 < 3x + 4$
$-x < 3 \;\wedge\; -x < 1$
$x > -3 \;\wedge\; x > -1$ $\mathbb{L} = \{x \mid x > -1\}$

b) $6 + x < 2x + 1 < x + 8$
$6 + x < 2x + 1 \;\wedge\; 2x + 1 < x + 8$
$-x < -5 \;\wedge\; x < 7$
$x > 5 \;\wedge\; x < 7$ $\mathbb{L} =]5; 7[$

c) $x \leq 2x - 5 < 19$
$x \leq 2x - 5 \;\wedge\; 2x - 5 < 19$
$-x \leq -5 \;\wedge\; 2x < 24$
$x \geq 5 \;\wedge\; x < 12$ $\mathbb{L} = [5; 12[$

d) $2(x + 1) + 3(x - 1) \leq 3(2x + 1) < 5(1 + x)$

$$2(x+1)+3(x-1) \leq 3(2x+1) \quad \wedge \quad 3(2x+1) < 5(1+x)$$
$$2x+2+3x-3 \leq 6x+3 \quad \wedge \quad 6x+3 < 5+5x$$
$$5x-1 \leq 6x+3 \quad \wedge \quad x+3 < 5$$
$$-x \leq 4 \quad \wedge \quad x < 2$$
$$x \geq -4 \quad \wedge \quad x < 2 \qquad \mathbb{L} = [-4; 2[$$

e) $(x+1)(x-1) < (x+3)^2 < (x+1)(x-3)$

$$x^2 - 1 < x^2 + 6x + 9 < x^2 - 3x + x - 3$$
$$-1 < 6x + 9 < -2x - 3$$
$$-1 < 6x+9 \quad \wedge \quad 6x+9 < -2x-3$$
$$-6x < 10 \quad \wedge \quad 8x < -12$$
$$x > -\tfrac{5}{3} \quad \wedge \quad x < -\tfrac{3}{2} \qquad \mathbb{L} = \left]-\tfrac{5}{3};\ -\tfrac{3}{2}\right[$$

f) $(x-2)^2 < x^2 - 4 < (x+2)^2$

$$x^2 - 4x + 4 < x^2 - 4 < x^2 + 4x + 4$$
$$-4x + 4 < -4 < 4x + 4$$
$$-x + 1 < -1 < x + 1$$
$$-x+1 < -1 \quad \wedge \quad -1 < x+1$$
$$-x < -2 \quad \wedge \quad x+1 > -1$$
$$x > 2 \quad \wedge \quad x > -2 \qquad \mathbb{L} = \{x \mid x > 2\}$$

g) $(x+5)(x-4) \leq (x-5)(x+4) < (x+5)(x+4)$

$$x^2 - 4x + 5x - 20 \leq x^2 + 4x - 5x - 20 < x^2 + 4x + 5x + 20$$
$$x - 20 \leq -x - 20 < 9x + 20$$
$$x - 20 \leq -x - 20 \quad \wedge \quad -x - 20 < 9x + 20$$
$$2x \leq 0 \quad \wedge \quad -10x < 40$$
$$x \leq 0 \quad \wedge \quad x > -4 \qquad \mathbb{L} =]-4; 0]$$

130. a) $x - 1 < x + 1 < 2x + 3 \qquad \mathbb{G} = \mathbb{Z}$

$$x-1 < x+1 \quad \wedge \quad x+1 < 2x+3$$
$$-1 < 1\ (w) \quad \wedge \quad -x < 2$$
$$\text{allgemein gültige Aussage} \quad \wedge \quad x > -2 \qquad \mathbb{L} = \{-1; 0; 1; 2; 3; ...\}$$

b) $-x \leq x \leq x + 2 \qquad \mathbb{G} = \mathbb{Q}$

$$-2x \leq 0 \leq 2$$
$$-2x \leq 0 \quad \wedge \quad 0 \leq 2\ (w)$$
$$x \geq 0 \quad \wedge \quad \text{allgemein gültige Aussage} \qquad \mathbb{L} = \mathbb{Q}_0^+$$

c) $4 - 2x \le 2(3 - 2x) < -2x + 2 \qquad \mathbb{G} = \mathbb{N}$
$4 - 2x \le 6 - 4x \quad < -2x + 2$
$4 - 2x \le 6 - 4x \;\wedge\; 6 - 4x < -2x + 2$
$2x \le 2 \quad \wedge \quad -2x < -4$
$x \le 1 \quad \wedge \quad x > 2$
$\mathbb{L} = \emptyset$

131. a) $7 < 2x - 1 \le 15$
$8 < 2x \le 16$
$4 < x \le 8$
$\mathbb{L} =]\,4; 8\,]$

b) $-2 \le 5x + 8 < 28$
$-10 \le 5x \le 20$
$-2 \le x \le 4$

$\mathbb{L} = [-2; 4]$

c) $16 < (x + 6) \cdot 2 < 30$
$8 < x + 6 < 15$
$2 < x < 9$
$\mathbb{L} =]\,2; 9\,[$

d) $-16{,}5 < 3(x - 2) \le -1{,}5$
$-5{,}5 < x - 2 \le -0{,}5$
$-3{,}5 < x \le 1{,}5$
$\mathbb{L} =]\,-3{,}5; 1{,}5\,]$

e) $26 \le 2(1 - 3x) \le 38$
$13 \le 1 - 3x \le 19$
$12 \le -3x \le 18$
$-4 \ge x \ge -6$
$-6 \le x \le -4$
$\mathbb{L} = [-6; -4]$

f) $x + 2 \le 3x + 5 \le x + 7$
$2 \le 2x + 5 \le 7$
$-3 \le 2x \le 2$
$-1{,}5 \le x \le 1$
$\mathbb{L} = [-1{,}5; 1]$

132. $\mathbb{G} = \mathbb{Z}$

$$\begin{array}{rcccl} 30 & < & 3x + 37 & < & 40 \\ -7 & < & 3x & < & 3 \\ -2\frac{1}{3} & < & x & < & 1 \end{array} \qquad \mathbb{L} = \{-2; -1; 0\}$$

133. $\mathbb{G} = \mathbb{N}$

$$\begin{array}{rcccl} 10 & < & (x-2) \cdot 4 & < & 14 \\ 2{,}5 & < & x - 2 & < & 3{,}5 \\ 4{,}5 & < & x & < & 5{,}5 \end{array} \qquad \mathbb{L} = \{5\}$$

134. $\mathbb{G} = \mathbb{Q}^+$

$$\begin{array}{rcccl} 50 & < & [x + (x+3)] \cdot 2 & < & 60 \\ 50 & < & [2x + 3] \cdot 2 & < & 60 \\ 25 & < & 2x + 3 & < & 30 \\ 22 & < & 2x & < & 27 \\ 11 & < & x & < & 13{,}5 \end{array}$$

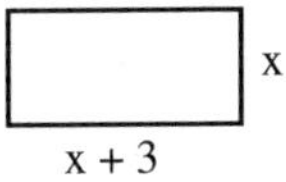

$\mathbb{L} =]\,11; 13{,}5\,[$

Die kürzere Seite ist größer als 11 cm und kleiner als 13,5 cm.

135. a)

$$\begin{array}{rcl} 2x = 8 & \vee & -x = 5 \\ x = 4 & \vee & x = -5 \end{array}$$

$\mathbb{L} = \{-5; 4\}$

b)

$$\begin{array}{rcr} 2x + 3 = 0 & \vee & -4x + 1 = 9 \\ 2x = -3 & \vee & -4x = 8 \\ x = -1{,}5 & \vee & x = -2 \end{array}$$

$\mathbb{L} = \{-1{,}5; -2\}$

c)

$$\begin{array}{rcr} 3x - 5 = 16 & \vee & 3x + 16 = -5 \\ 3x = 21 & \vee & 3x = -21 \\ x = 7 & \vee & x = -7 \end{array}$$

$\mathbb{L} = \{-7; 7\}$

d)

$$\begin{array}{rcr} 2(2x - 3) = 10 & \vee & 4(1 - 2x) = 12 \\ 2x - 3 = 5 & \vee & 1 - 2x = 3 \\ 2x = 8 & \vee & -2x = 2 \\ x = 4 & \vee & x = -1 \end{array}$$

$\mathbb{L} = \{-1; 4\}$

e)

$$\begin{array}{rcl} 35(2x - 1) = 70 & \vee & 4 = (5x - 7) \cdot (-2) \\ 2x - 1 = 2 & \vee & -2 = 5x - 7 \\ 2x = 3 & \vee & 5 = 5x \\ x = 1{,}5 & \vee & x = 1 \end{array}$$

$\mathbb{L} = \{1; 1{,}5\}$

f) $2x - 7 = -7 \quad \vee \quad 3(x-1) = 12$

$2x = 0 \quad \vee \quad x - 1 = 4$

$x = 0 \quad \vee \quad x = 5$

$\mathbb{L} = \{0; 5\}$

136. a) $3x > 3 \quad \vee \quad -x > 4$

$x > 1 \quad \vee \quad x < -4$

$\mathbb{L} = \{x \mid x > 1 \vee x < -4\}$

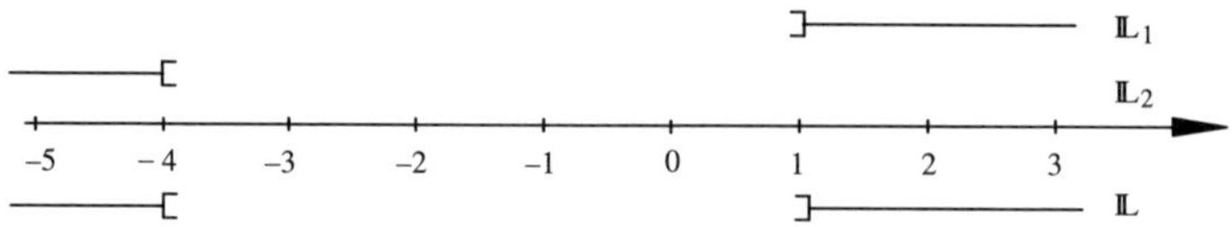

b) $2 + x \geq 4 \quad \vee \quad 2 - x \leq 5$

$x \geq 2 \quad \vee \quad -x \leq 3$

$x \geq 2 \quad \vee \quad x \geq -3$

$\mathbb{L} = \{x \mid x \geq -3\}$

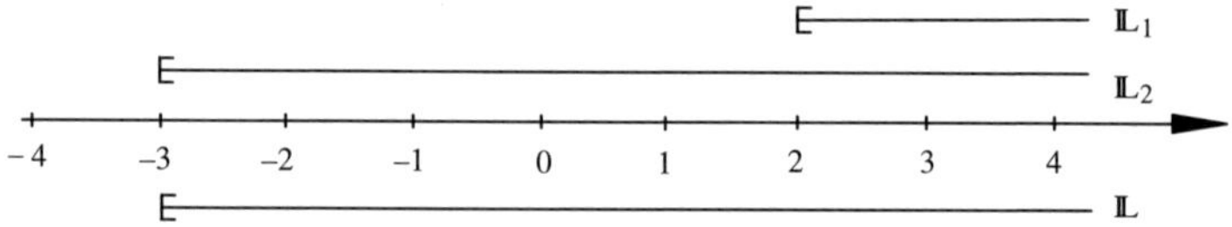

c) $8 + x < 9 \quad \vee \quad 4x + 1 \leq 9$

$x < 1 \quad \vee \quad 4x \leq 8$

$x < 1 \quad \vee \quad x \leq 2$

$\mathbb{L} = \{x \mid x \leq 2\}$

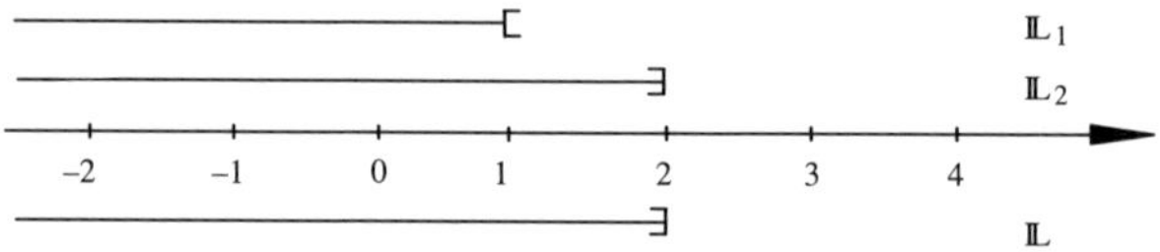

d) $5x + 2 > -3 \quad \vee \quad 7x - 5 \geq 9$

$5x > -5 \quad \vee \quad 7x \geq 14$

$x > -1 \quad \vee \quad x \geq 2$

$\mathbb{L} = \{x \mid x > -1\}$

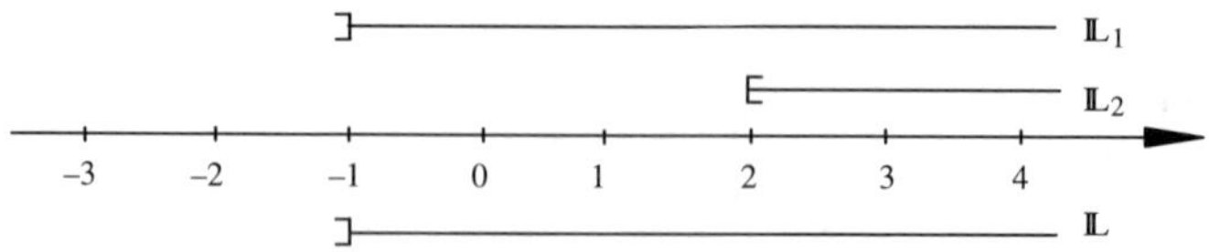

137. a) $4(x+1) > 3x+4 \vee 3(8x-1) \leq 2(x-7)$ $\mathbb{G} = \mathbb{N}$

$4x+4 > 3x+4 \vee 24x-3 \leq 2x-14$

$x > 0 \vee 22x \leq -11$

$x > 0 \vee x \leq -0{,}5$

$\mathbb{L}_1 = \mathbb{N} \cup \mathbb{L}_2 = \emptyset$ $\mathbb{L} = \mathbb{N}$

b) $-5(x-1)+3 > 10(1-x)+3x \vee (x+1)(x-4) < x(x+3)$ $\mathbb{G} = \mathbb{Z}$

$-5x+5+3 > 10-10x+3x \vee x^2-4x+x-4 < x^2+3x$

$-5x+8 > 10-7x \vee -3x-4 < 3x$

$2x > 2 \vee -6x < 4$

$x > 1 \vee x > -\frac{2}{3}$

$\mathbb{L}_1 = \{2; 3; 4; ...\} \cup \mathbb{L}_2 = \{0; 1; 2; 3; ...\}$ $\mathbb{L} = \mathbb{N}_0$

c) $(x+4)^2 > (x-4)(x+4) \vee (x-2)^2 > 38-3x\left(7-\frac{1}{3}x\right)$ $\mathbb{G} = \mathbb{Q}^+$

$x^2+8x+16 > x^2-16 \vee x^2-4x+4 > 38-21x+x^2$

$8x > -32 \vee 17x > 34$

$x > -4 \vee x > 2$

$\mathbb{L}_1 = \mathbb{Q}^+ \cup \mathbb{L}_2 = \{x \mid x > 2\}$ $\mathbb{L} = \mathbb{Q}^+$

d) $(x+5)^2+(x-5)^2 > x(2x+1) \vee x(1-2x) > 2(5-x)(5+x)$ $\mathbb{G} = \mathbb{Q}$

$x^2+10x+25+x^2-10x+25 > 2x^2+x \vee x-2x^2 > 2(25-x^2)$

$50 > x \vee x-2x^2 > 50-2x^2$

$x < 50 \vee x > 50$

$\mathbb{L}_1 = \{x \mid x < 50\}$ $\mathbb{L}_2 = \{x \mid x > 50\}$ $\mathbb{L} = \mathbb{Q} \setminus \{50\}$

138. $M_1 = \{12; 24; 36; 48; 60; 72; 84; 96\}$; $M_2 = \{25; 50; 75\}$

$M_1 \cup M_2 = \{12; 24; 25; 36; 48; 50; 60; 72; 75; 84; 96\}$

139. $\mathbb{G} = \mathbb{Z}$ $6x-15 = 45 \vee 6x-15 = -45$

$6x = 60 \vee 6x = -30$

$x = 10 \vee x = -5$ $\mathbb{L} = \{-5; 10\}$

140.

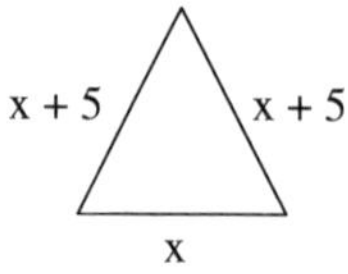

oder

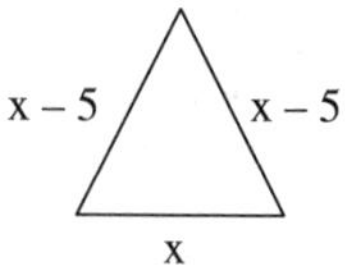

$\mathbb{G} = \mathbb{Q}^+$

$$\begin{aligned} x+(x+5)\cdot 2 &= 34 &\vee\quad x+(x-5)\cdot 2 &= 34 \\ x+2x+10 &= 34 &\vee\quad x+2x-10 &= 34 \\ 3x &= 24 &\vee\quad 3x &= 44 \\ x &= 8 &\vee\quad x &= 14\tfrac{2}{3} \end{aligned} \qquad \mathbb{L} = \left\{8; 14\tfrac{2}{3}\right\}$$

Die Basis kann 8 cm oder $14\frac{2}{3}$ cm lang sein.

141. $x - 3 = 10 \quad\vee\quad 3 - x = 10 \qquad \mathbb{L} = \mathbb{Q}$

$x = 13 \quad\vee\quad -x = 7$

$x = 13 \quad\vee\quad x = -7 \qquad \mathbb{L} = \{-7; 13\}$

142. $x - (-3) > 8 \quad\vee\quad -3 - x > 8 \qquad \mathbb{G} = \mathbb{Z}$

$x + 3 > 8 \quad\vee\quad -x > 11$

$x > 5 \quad\vee\quad x < -11 \qquad \mathbb{L} = \{...; 14; -13; -12; 6; 7; 8; ...\}$

143. $2x - (-6) > x + 9 \quad\vee\quad -6 - 2x > x + 9 \qquad \mathbb{G} = \mathbb{Q}$

$2x + 6 > x + 9 \quad\vee\quad -3x > 15$

$x > 3 \quad\vee\quad x < -5 \qquad \mathbb{L} = \{x \mid x > 3 \vee x < -5\}$

144. a) $|x| = 10$

$x = 10 \quad\vee\quad x = -10 \qquad \mathbb{L} = \{-10; 10\}$

b) $2 \cdot \quad |x| \quad = 8$

$|x| = 4$

$x = 4 \quad\vee\quad x = -4 \qquad \mathbb{L} = \{-4; 4\}$

c) $|x + 5| = 5$

$x + 5 = 5 \quad\vee\quad x + 5 = -5$

$x = 0 \quad\vee\quad x = -10 \qquad \mathbb{L} = \{-10; 0\}$

d) $|x - 1| = 6$

$x - 1 = 6 \quad\vee\quad x - 1 = -6$

$x = 7 \quad\vee\quad x = -5 \qquad \mathbb{L} = \{-5; 7\}$

e) $|2x + 3| = 7$

$2x + 3 = 7 \quad \vee \quad 2x + 3 = -7$

$2x = 4 \quad \vee \quad 2x = -10$

$x = 2 \quad \vee \quad x = -5 \qquad \mathbb{L} = \{-5; 2\}$

f) $|5 - 2x| = 0$

$5 - 2x = 0$

$2x = 5$

$x = 2{,}5 \qquad \mathbb{L} = \{2{,}5\}$

g) $|8x - 19| = -1 \qquad \mathbb{L} = \varnothing$

f) $3 \cdot |4 - 7x| = 75$

$|4 - 7x| = 25$

$4 - 7x = 25 \quad \vee \quad 4 - 7x = -25$

$-7x = 21 \quad \vee \quad -7x = -29$

$x = -3 \quad \vee \quad x = 4\frac{1}{7} \qquad \mathbb{L} = \left\{-3; 4\frac{1}{7}\right\}$

145. $|x - (-5)| = 4$

$x + 5 = 4 \quad \vee \quad x + 5 = -4$

$x = -1 \quad \vee \quad x = -9 \qquad \mathbb{L} = \{-9; -1\}$

146. a) $x(x + 1) = 0$

$x = 0 \quad \vee \quad x + 1 = 0$

$x = 0 \quad \vee \quad x = -1 \qquad \mathbb{L} = \{0; -1\}$

b) $x(4 - x) = 0$

$x = 0 \quad \vee \quad 4 - x = 0$

$x = 0 \quad \vee \quad x = 4 \qquad \mathbb{L} = \{0; 4\}$

c) $(2x - 3)(x + 2) = 0$

$2x - 3 = 0 \quad \vee \quad x + 2 = 0$

$2x = 3 \quad \vee \quad x = -2$

$x = 1{,}5 \quad \vee \quad x = -2 \qquad \mathbb{L} = \{-2; 1{,}5\}$

d) $(x - 5)(x + 4) = 0$

$x - 5 = 0 \quad \vee \quad x + 4 = 0$

$x = 5 \quad \vee \quad x = -4 \qquad \mathbb{L} = \{-4; 5\}$

147. a) $x^2 \cdot (x-7) = 0$

$x = 0 \quad \vee \quad x = 7$

$\mathbb{L}_1 = \{7\} \qquad \mathbb{L}_2 = \{0; 7\} \qquad \mathbb{L}_3 = \{7\} \qquad \mathbb{L}_4 = \{0; 7\}$

b) $(x+1)(x-3) \cdot x = 0$

$x = -1 \quad \vee \quad x = 3 \quad \vee \quad x = 0$

$\mathbb{L}_1 = \{3\} \qquad \mathbb{L}_2 = \{-1; 0; 3\} \qquad \mathbb{L}_3 = \{3\} \qquad \mathbb{L}_4 = \{-1; 0; 3\}$

c) $(x-2)(x+2)(x-5) = 0$

$x = 2 \quad \vee \quad x = -2 \quad \vee \quad x = 5$

$\mathbb{L}_1 = \{2;5\} \qquad \mathbb{L}_2 = \{-2; 2; 5\} \qquad \mathbb{L}_3 = \{2; 5\} \qquad \mathbb{L}_4 = \{-2; 2; 5\}$

d) $(4x+5)(7-x)(3+x) = 0$

$x = -1\frac{1}{4} \quad \vee \quad x = 7 \quad \vee \quad x = -3$

$\mathbb{L}_1 = \{7\} \qquad \mathbb{L}_2 = \{-3; 7\} \qquad \mathbb{L}_3 = \{7\} \qquad \mathbb{L}_4 = \left\{-3; -1\frac{1}{4}; 7\right\}$

e) $(2x-9)(2x+11)(x+9) = 0$

$x = 4{,}5 \quad \vee \quad x = -5{,}5 \quad \vee \quad x = -9$

$\mathbb{L}_1 = \varnothing \qquad \mathbb{L}_2 = \{-9\} \qquad \mathbb{L}_3 = \{4{,}5\} \qquad \mathbb{L}_4 = \{-9; -5{,}5; 4{,}5\}$

f) $(x^2+1)(x+9)(x-9) = 0$

$x = -9 \quad \vee \quad x = 9$ $\qquad (x^2 + 1 \geq 0$ für alle $x)$

$\mathbb{L}_1 = \{9\} \qquad \mathbb{L}_2 = \{-9; 9\} \qquad \mathbb{L}_3 = \{9\} \qquad \mathbb{L}_4 = \{-9; 9\}$

g) $x(x+1)(x-2)(2x-3) = 0$

$x = 0 \quad \vee \quad x = -1 \quad \vee \quad x = 2 \quad \vee \quad x = 1\frac{1}{2}$

$\mathbb{L}_1 = \{2\} \qquad \mathbb{L}_2 = \{-1; 0; 2\} \qquad \mathbb{L}_3 = \left\{1\frac{1}{2}; 2\right\} \qquad \mathbb{L}_4 = \left\{-1; 0; 1\frac{1}{2}; 2\right\}$

h) $2x(3x-1)(4x+5)(5-3x) = 0$

$x = 0 \quad \vee \quad x = \frac{1}{3} \quad \vee \quad x = -1\frac{1}{4} \quad \vee \quad x = 1\frac{2}{3}$

$\mathbb{L}_1 = \varnothing \qquad \mathbb{L}_2 = \{0\} \qquad \mathbb{L}_3 = \left\{\frac{1}{3}; 1\frac{2}{3}\right\} \qquad \mathbb{L}_4 = \left\{-1\frac{1}{4}; 0; 1\frac{1}{3}; 1\frac{2}{3}\right\}$

148. a) $x^2 - 9 = 0$

$(x+3)(x-3) = 0$

$x + 3 = 0 \quad \vee \quad x - 3 = 0$

$x = -3 \quad \vee \quad x = 3 \qquad \mathbb{L} = \{-3; 3\}$

b) $x^2 = 81$

$x^2 - 81 = 0$

$(x+9)(x-9) = 0$

$x = -9 \quad \vee \quad x = 9 \qquad \mathbb{L} = \{-9; 9\}$

c) $2x^2 - 50 = 0$
$x^2 - 25 = 0$
$(x + 5)(x - 5) = 0$
$x = -5 \quad \vee \quad x = 5$ $\quad\quad \mathbb{L} = \{-5; 5\}$

d) $3x^2 - 3 = 0$
$x^2 - 1 = 0$
$(x + 1)(x - 1) = 0$
$x = -1 \quad \vee \quad x = 1$ $\quad\quad \mathbb{L} = \{-1; 1\}$

e) $\frac{1}{2}x^2 = 2$
$x^2 = 4$
$x^2 - 4 = 0$
$(x + 2)(x - 2) = 0$
$x = -2 \quad \vee \quad x = 2$ $\quad\quad \mathbb{L} = \{-2; 2\}$

f) $27 - \frac{1}{3}x^2 = 0$
$81 - x^2 = 0$
$(9 + x)(9 - x) = 0$
$x = -9 \quad \vee \quad x = 9$ $\quad\quad \mathbb{L} = \{-9; 9\}$

149. a) $x^2 - x = 0$
$x(x - 1) = 0$
$x = 0 \quad \vee \quad x - 1 = 0$
$x = 0 \quad \vee \quad x = 1$ $\quad\quad \mathbb{L} = \{0; 1\}$

b) $2x^2 - 6x = 0$
$x^2 - 3x = 0$
$x(x - 3) = 0$
$x = 0 \quad \vee \quad x = 3$ $\quad\quad \mathbb{L} = \{0; 3\}$

c) $5x - 2x^2 = 0$
$x^2 - 2,5x = 0$
$x(x - 2,5) = 0$
$x = 0 \quad \vee \quad x = 2,5$ $\quad\quad \mathbb{L} = \{0; 2,5\}$

d) $3x^2 + 2x = 0$

$x^2 + \frac{2}{3}x = 0$

$x\left(x + \frac{2}{3}\right) = 0$

$x = 0 \quad \vee \quad x = -\frac{2}{3}$ $\qquad \mathbb{L} = \left\{0; -\frac{2}{3}\right\}$

e) $4x^2 + x = 2x$

$4x^2 - x = 0$

$x^2 - \frac{1}{4}x = 0$

$x\left(x - \frac{1}{4}\right) = 0$

$x = 0 \quad \vee \quad x = \frac{1}{4}$ $\qquad \mathbb{L} = \left\{0; \frac{1}{4}\right\}$

f) $8x\,(x + 3) = 3x$

$8x^2 + 24x = 3x$

$8x^2 + 21x = 0$

$x^2 + \frac{21}{8}x = 0$

$x\left(x + \frac{21}{8}\right) = 0$

$x = 0 \quad \vee \quad x = -\frac{21}{8}$ $\qquad \mathbb{L} = \left\{0; -2\frac{5}{8}\right\}$

150. a) $x^2 + 8x + 16 = 0$

$(x + 4)^2 = 0$

$x = -4$ $\qquad \mathbb{L} = \{-4\}$

b) $x^2 - 16x + 64 = 0$

$(x - 8)^2 = 0$

$x = 8$ $\qquad \mathbb{L} = \{8\}$

c) $-x^2 + 2x - 1 = 0$

$x^2 - 2x + 1 = 0$

$(x - 1)^2 = 0$

$x = 1$ $\qquad \mathbb{L} = \{1\}$

d) $2x^2 + 20x + 50 = 0$

$x^2 + 10x + 25 = 0$

$(x + 5)^2 = 0$

$x = -5$ $\qquad \mathbb{L} = \{-5\}$

e) $$x(x-12)=-36$$
$$x^2-12x=-36$$
$$x^2-12x+36=0$$
$$(x-6)^2=0$$
$$x=6 \qquad \mathbb{L}=\{6\}$$

f) $$3(x^2+6x)=-27$$
$$3x^2+18x=-27$$
$$x^2+6x+9=0$$
$$(x+3)^2=0$$
$$x=-3 \qquad \mathbb{L}=\{-3\}$$

151. a) $$x^2+6x+5=0$$
$$x^2+6x+3^2-9+5=0$$
$$(x+3)^2-4=0$$
$$(x+3+2)(x+3-2)=0$$
$$(x+5)(x+1)=0$$
$$x=-5 \quad \vee \quad x=-1$$
$$\mathbb{L}=\{-5;-1\}$$

b) $$x^2-9x+14=0$$
$$x^2-9x+\left(\frac{9}{2}\right)^2-\frac{81}{4}+14=0$$
$$\left(x-\frac{9}{2}\right)^2-\frac{25}{4}=0$$
$$\left(x-\frac{9}{2}+\frac{5}{2}\right)\left(x-\frac{9}{2}-\frac{5}{2}\right)=0$$
$$(x-2)(x-7)=0$$
$$x=2 \quad \vee \quad x=7$$
$$\mathbb{L}=\{2;7\}$$

c) $$-x^2-3x+10=0$$
$$x^2+3x-10=0$$
$$x^2+3x+\left(\frac{3}{2}\right)^2-\frac{9}{4}-10=0$$
$$\left(x+\frac{3}{2}\right)^2-\frac{49}{4}=0$$
$$\left(x+\frac{3}{2}+\frac{7}{2}\right)\left(x+\frac{3}{2}-\frac{7}{2}\right)=0$$
$$(x+5)(x-2)=0$$
$$x=-5 \quad \vee \quad x=2$$
$$\mathbb{L}=\{-5;2\}$$

d) $2x^2-14x+24=0$

$x^2-7x+12=0$

$x^2-7x+\left(\frac{7}{2}\right)^2-\frac{49}{4}+12=0$

$\left(x-\frac{7}{2}\right)^2-\frac{1}{4}=0$

$\left(x-\frac{7}{2}+\frac{1}{2}\right)\left(x-\frac{7}{2}-\frac{1}{2}\right)=0$

$(x-3)(x-4)=0$

$x=3 \quad \vee \quad x=4$

$\mathbb{L}=\{3;4\}$

e) $-2x^2+14x=12$

$x^2-7x=-6$

$x^2-7x+6=0$

$x^2-7x+\left(\frac{7}{2}\right)^2-\frac{49}{4}+6=0$

$\left(x-\frac{7}{2}\right)^2-\frac{25}{4}=0$

$\left(x-\frac{7}{2}+\frac{5}{2}\right)\left(x-\frac{7}{2}-\frac{5}{2}\right)=0$

$(x-1)(x-6)=0$

$x=1 \quad \vee \quad x=6$

$\mathbb{L}=\{1;6\}$

f) $3x^2+6x-9=0$

$x^2+2x-3=0$

$x^2+2x+1^2-1-3=0$

$(x+1)^2-4=0$

$(x+1+2)(x+1-2)=0$

$(x+3)(x-1)=0$

$x=-3 \quad \vee \quad x=1$

$\mathbb{L}=\{-3;1\}$

152. a) $x(x+4)=-4$

$x^2+4x+4=0$

$(x+2)^2=0$

$x=-2$

$\mathbb{L}=\{-2\}$

b) $x^2 - 18 = 6(x-3)$
$x^2 - 18 = 6x - 18$
$x^2 - 6x = 0$
$x(x-6) = 0$
$x = 0 \quad \vee \quad x = 6$
$\mathbb{L} = \{0; 6\}$

c) $(x-3)^2 = 25$
$(x-3)^2 - 25 = 0$
$(x-3+5)(x-3-5) = 0$
$(x+2)(x-8) = 0$
$x = -2 \quad \vee \quad x = 8$
$\mathbb{L} = \{-2; 8\}$

d) $x(x+1) + 5 = x + 9$
$x^2 + x + 5 = x + 9$
$x^2 - 4 = 0$
$(x+2)(x-2) = 0$
$x = -2 \quad \vee \quad x = 2$
$\mathbb{L} = \{-2; 2\}$

e) $(x+1)^2 + (x-1)^2 = 7x + 2$
$x^2 + 2x + 1 + x^2 - 2x + 1 = 7x + 2$
$2x^2 + 2 = 7x + 2$
$2x^2 - 7x = 0$
$x^2 - 3{,}5x = 0$
$x(x - 3{,}5) = 0$
$x = 0 \quad \vee \quad x = 3{,}5$
$\mathbb{L} = \{0; 3{,}5\}$

f) $(2-x)(x+8) = (x-8)(x+2)$
$2x + 16 - x^2 - 8x = x^2 + 2x - 8x - 16$
$-2x^2 + 32 = 0$
$x^2 - 16 = 0$
$(x+4)(x-4) = 0$
$x = -4 \quad \vee \quad x = 4$
$\mathbb{L} = \{-4; 4\}$

153. a) $x(x-1) \geq 0$

$(x \geq 0 \wedge x - 1 \geq 0) \quad \vee \quad (x \leq 0 \wedge x - 1 \leq 0)$

$(x \geq 0 \wedge x \geq 1) \quad \vee \quad (x \leq 0 \wedge x \leq 1)$

$x \geq 1 \quad \vee \quad x \leq 0$

$\mathbb{L} = \{x \mid x \geq 1 \vee x \leq 0\}$

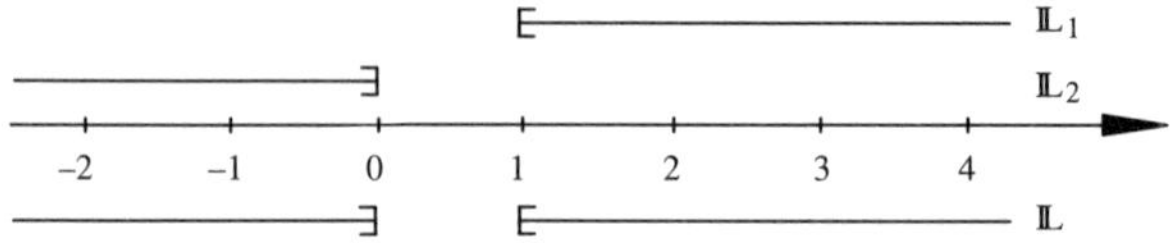

b) $(x-3)(x+3) > 0$

$(x - 3 > 0 \wedge x + 3 > 0) \quad \vee \quad (x - 3 < 0 \wedge x + 3 < 0)$

$(x > 3 \wedge x > -3) \quad \vee \quad (x < 3 \wedge x < -3)$

$x > 3 \quad \vee \quad x < -3$

$\mathbb{L} = \{x \mid x > 3 \vee x < -3\}$

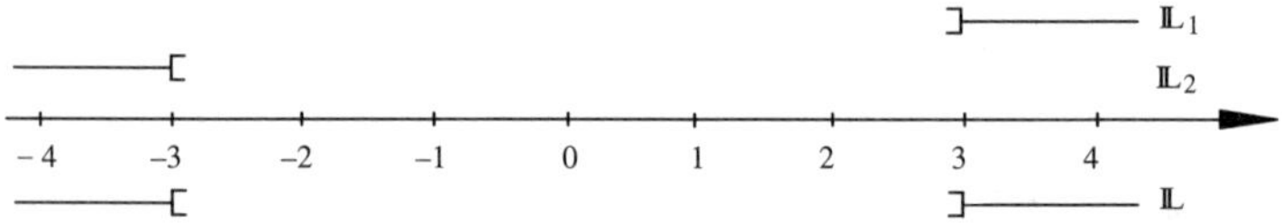

c) $(x+2)(12-3x) \geq 0$

$(x + 2 \geq 0 \wedge 12 - 3x \geq 0) \quad \vee \quad (x + 2 \leq 0 \wedge 12 - 3x \leq 0)$

$(x \geq -2 \wedge -3x \geq -12) \quad \vee \quad (x \leq -2 \wedge -3x \leq -12)$

$(x \geq -2 \wedge x \leq 4) \quad \vee \quad (x \leq -2 \wedge x \geq 4)$

$\mathbb{L}_1 = \{x \mid -2 \leq x \leq 4\} \quad \mathbb{L}_2 = \varnothing \qquad \mathbb{L} = \mathbb{L}_1 = [-2; 4]$

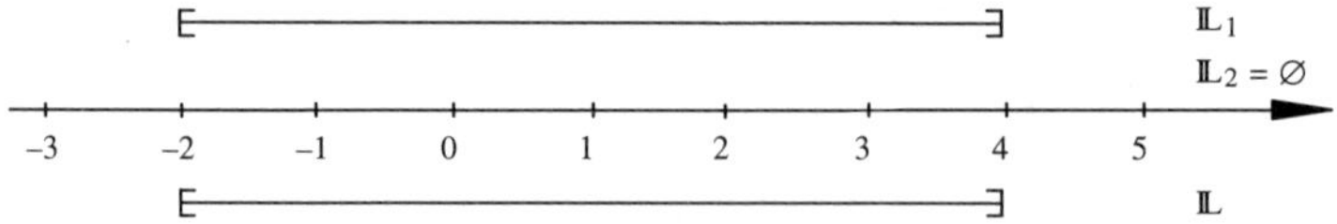

d) $(x + 4)(4 - 5x) \geq 0$

$$(x + 4 \geq 0 \wedge 4 - 5x \geq 0) \quad \vee \quad (x + 4 \leq 0 \wedge 4 - 5x \leq 0)$$
$$(x \geq -4 \wedge -5x \geq -4) \quad \vee \quad (x \leq -4 \wedge -5x \leq -4)$$
$$\left(x \geq -4 \wedge x \leq \frac{4}{5}\right) \quad \vee \quad \left(x \leq -4 \wedge x \geq \frac{4}{5}\right)$$

$\mathbb{L}_1 = \{x \mid -4 \leq x \leq \frac{4}{5}\}$ $\quad \mathbb{L}_2 = \varnothing$ $\quad \mathbb{L} = \mathbb{L}_1 = [-4; 0{,}8]$

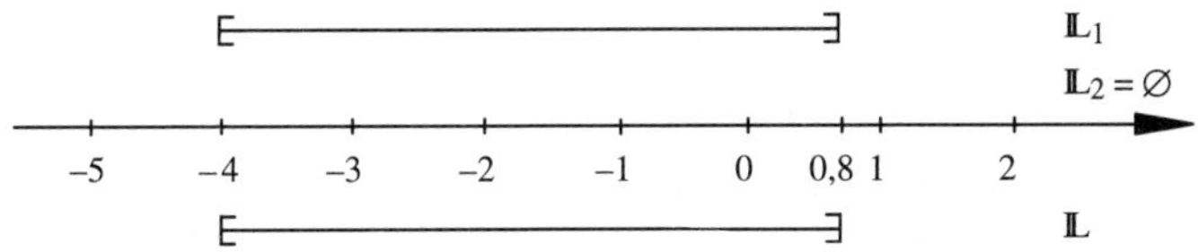

154. a)
$$x^2 - 9 > 0$$
$$(x + 3)(x - 3) > 0$$
$$(x + 3 > 0 \wedge x - 3 > 0) \quad \vee \quad (x + 3 < 0 \wedge x - 3 \leq 0)$$
$$(x > -3 \wedge x > 3) \quad \vee \quad (x < -3 \wedge x < 3)$$
$$x > 3 \quad \vee \quad x < -3$$

$\mathbb{L} = \{x \mid x > 3 \vee x < -3\}$

b)
$$4x^2 - 100 \geq 0$$
$$x^2 - 25 \geq 0$$
$$(x + 5)(x - 5) \geq 0$$
$$(x + 5 \geq 0 \wedge x - 5 \geq 0 \quad \vee \quad (x + 5 \leq 0 \wedge x - 5 \leq 0)$$
$$(x \geq -5 \wedge x \geq 5) \quad \vee \quad (x \leq -5 \wedge x \leq 5)$$
$$x \geq 5 \quad \vee \quad x \leq -5$$

$\mathbb{L} = \{x \mid x \geq 5 \vee x \leq -5\}$

c) $x^2 - 2x + 1 > 0$
$$(x - 1)^2 > 0$$

Ein Quadrat ist stets positiv oder null.
$(x - 1)^2 = 0$ gilt für $x = 1$, also $\mathbb{L} = \mathbb{Q} \setminus \{1\}$
oder: $(x - 1)^2 = (x - 1)(x - 1) > 0$, dann obiges Verfahren!

d) $2x^2 + 8x + 8 \geq 0$
$$x^2 + 4x + 4 \geq 0$$
$$(x + 2)^2 \geq 0$$

stets erfüllt! $\mathbb{L} = \mathbb{Q}$

155. a) $x^2 + 4x - 5 > 0$

$x^2 + 4x + 2^2 - 4 - 5 > 0$

$(x + 2)^2 - 9 > 0$

$(x + 2 + 3)(x + 2 - 3) > 0$

$(x + 5)(x - 1) > 0$

$(x + 5 > 0 \wedge x - 1 > 0) \quad \vee \quad (x + 5 < 0 \wedge x - 1 < 0)$

$(x > -5 \wedge x > 1) \quad \vee \quad (x < -5 \wedge x < 1)$

$x > 1 \quad \vee \quad x < -5$

$\mathbb{L} = \{x \mid x > 1 \vee x < -5\}$

b) $x^2 - 5x + 6 \geq 0$

$x^2 - 5x + \left(\frac{5}{2}\right)^2 - \frac{25}{4} + 6 \geq 0$

$\left(x - \frac{5}{2}\right)^2 - \frac{1}{4} \geq 0$

$\left(x - \frac{5}{2} + \frac{1}{2}\right)\left(x - \frac{5}{2} - \frac{1}{2}\right) \geq 0$

$(x - 2)(x - 3) \geq 0$

$(x - 2 \geq 0 \wedge x - 3 \geq 0) \quad \vee \quad (x - 2 \leq 0 \wedge x - 3 \leq 0)$

$(x \geq 2 \wedge x \geq 3) \quad \vee \quad (x \leq 2 \wedge x \leq 3)$

$x \geq 3 \quad \vee \quad x \leq 2$

$\mathbb{L} = \{x \mid x \geq 3 \vee x \leq 2\}$

c) $2x^2 - 5x \geq 0$

$x^2 - 2{,}5x \geq 0$

$x(x - 2{,}5) \geq 0$

$(x \geq 0 \wedge x - 2{,}5 \geq 0) \quad \vee \quad (x \leq 0 \wedge x - 2{,}5 \leq 0)$

$(x \geq 0 \wedge x \geq 2{,}5) \quad \vee \quad (x \leq 0 \wedge x \leq 2{,}5)$

$x \geq 2{,}5 \quad \vee \quad x \leq 0$

$\mathbb{L} = \{x \mid x > 2{,}5 \vee x \leq 0\}$

d) $5 + 4x < (x + 2)^2$

$5 + 4x < x^2 + 4x + 4$

$-x^2 + 1 < 0$

$x^2 - 1 > 0$

$(x + 1)(x - 1) > 0$

$(x + 1 > 0 \wedge x - 1 > 0) \quad \vee \quad (x + 1 < 0 \wedge x - 1 < 0)$

$(x > -1 \wedge x > 1) \quad \vee \quad (x < -1 \wedge x < 1)$

$x > 1 \quad \vee \quad x < -1$

$\mathbb{L} = \{x \mid x > 1 \vee x < -1\}$

156. $\mathbb{G} = \mathbb{Z}^- \qquad x(x + 6) > 0$

$(x > 0 \wedge x + 6 > 0) \quad \vee \quad (x < 0 \wedge x + 6 < 0)$

$(x > 0 \wedge x > -6) \quad \vee \quad (x < 0 \wedge x < -6)$

$x > 0 \quad \vee \quad x < -6$

Wegen $\mathbb{G} = \mathbb{Z}^-$: $\mathbb{L}_1 = \varnothing$, $\mathbb{L}_2 = \{-7; -8; -9; ...\}$,

$\mathbb{L} = \mathbb{L}_2 = \{-7; -8; -9; ...\}$

157. a) $x(x + 3) < 0$

$(x > 0 \wedge x + 3 < 0) \quad \vee \quad (x < 0 \wedge x + 3 > 0)$

$(x > 0 \wedge x < -3) \quad \vee \quad (x < 0 \wedge x > -3)$

$\mathbb{L}_1 = \varnothing$, $\mathbb{L}_2 = \{x \mid -3 < x < 0\}$, $\mathbb{L} = \,]-3; 0[$

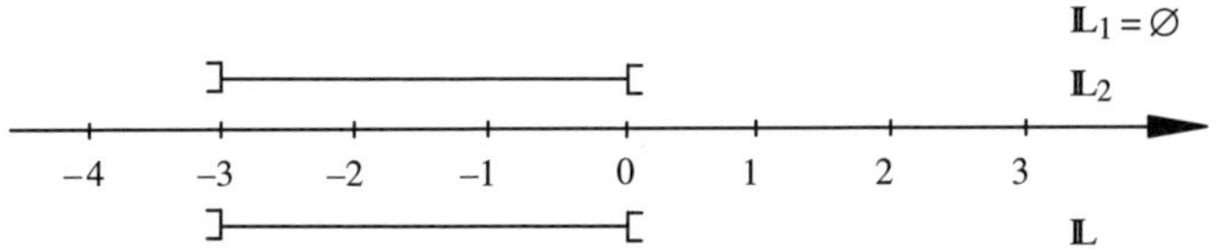

b) $(x + 4)(x - 7) \leq 0$

$(x + 4 \geq 0 \wedge x - 7 \leq 0) \quad \vee \quad (x + 4 \leq 0 \wedge x - 7 \geq 0)$

$(x \geq -4 \wedge x \leq 7) \quad \vee \quad (x \leq -4 \wedge x \geq 7)$

$\mathbb{L}_1 = \{x \mid -4 \leq x \leq 7\}$, $\mathbb{L}_2 = \varnothing$, $\mathbb{L} = [-4; 7]$

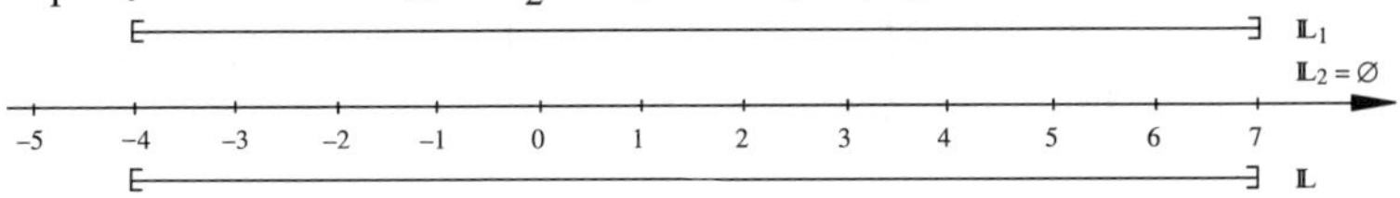

c) $(4 - x)(2x + 5) \leq 0$

$(4 - x \geq 0 \wedge 2x + 5 \leq 0) \quad \vee \quad (4 - x \leq 0 \wedge 2x + 5 \geq 0)$

$(-x \geq -4 \wedge 2x \leq -5) \quad \vee \quad (-x \leq -4 \wedge 2x \geq -5)$

$(x \leq 4 \wedge x \leq -2{,}5) \quad \vee \quad (x \geq 4 \wedge x \geq -2{,}5)$

$x \leq -2{,}5 \quad \vee \quad x \geq 4$

$\mathbb{L} = \{x \mid x \leq -2{,}5 \vee x \geq 4\}$

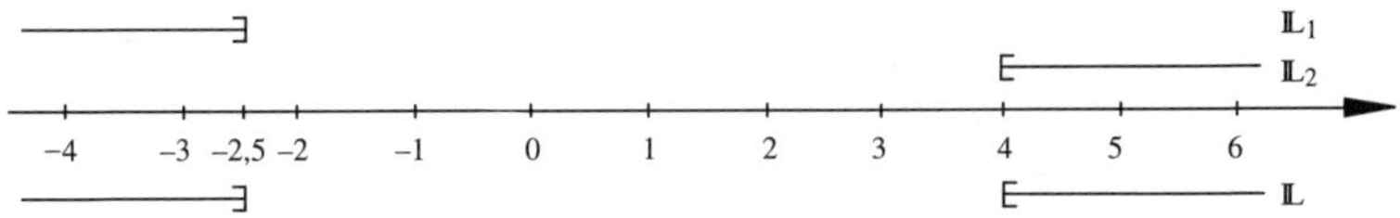

d) $(4x + 9)(5x - 8) < 0$

$(4x + 9 > 0 \wedge 5x - 8 < 0) \quad \vee \quad (4x + 9 < 0 \wedge 5x - 8 > 0)$

$(4x > -9 \wedge 5x < 8) \quad \vee \quad (4x < -9 \wedge 5x > 8)$

$(x > -2\frac{1}{4} \wedge x < 1\frac{3}{5}) \quad \vee \quad (x < -2\frac{1}{4} \wedge x > 1\frac{3}{5})$

$\mathbb{L}_1 = \left\{x \mid -2\frac{1}{4} < x < 1\frac{3}{5}\right\}, \quad \mathbb{L}_2 = \varnothing, \quad \mathbb{L} = \left]-2\frac{1}{4}; 1\frac{3}{5}\right[$

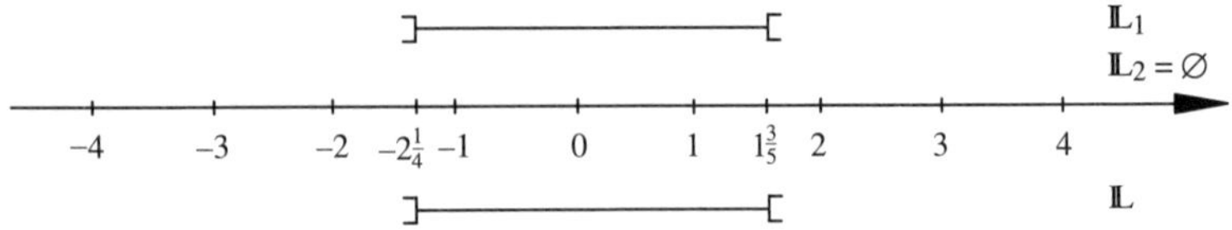

158. a) $x^2 - 25 < 0$

$(x + 5)(x - 5) < 0$

$(x + 5 > 0 \wedge x - 5 < 0) \quad \vee \quad (x + 5 < 0 \wedge x - 5 > 0)$

$(x > -5 \wedge x < 5) \quad \vee \quad (x < -5 \wedge x > 5)$

$\mathbb{L}_1 = \{x \mid -5 < x < 5\}, \quad \mathbb{L}_2 = \varnothing, \quad \mathbb{L} =]-5; 5[$

b) $2x^2 - 32 \leq 0$

$x^2 - 16 \leq 0$

$(x + 4)(x - 4) \leq 0$

$(x + 4 \geq \wedge x - 4 \leq 0) \quad \vee \quad (x + 4 \leq 0 \wedge x - 4 \geq 0)$

$(x \geq -4 \wedge x \leq 4) \quad \vee \quad (x \leq -4 \wedge x \geq 4)$

$\mathbb{L}_1 = \{x \mid -4 \leq x \leq 4\}, \quad \mathbb{L}_2 = \varnothing, \quad \mathbb{L} = [-4; 4]$

c) $-x^2 - 6x - 9 \geq 0$

$x^2 + 6x + 9 \leq 0$

$(x + 3)^2 \leq 0$

Ein Quadrat ist positiv oder null, also:

$(x + 3)^2 = 0 \Rightarrow x = -3$

$\mathbb{L} = \{-3\}$

d) $4x^2 - 8x + 4 < 0$

$x^2 - 2x + 1 < 0$

$(x - 1)^2 < 0$

nie erfüllbar: $\mathbb{L} = \varnothing$

159. a) $4x^2 - 12x < 0$

$x^2 - 3x < 0$

$x(x-3) < 0$

$(x > 0 \wedge x - 3 < 0) \quad \vee \quad (x < 0 \wedge x - 3 > 0)$

$(x > 0 \wedge x < 3) \quad \vee \quad (x < 0 \wedge x > 3)$

$\mathbb{L}_1 = \{x \mid 0 < x < 3\}, \quad \mathbb{L}_2 = \emptyset, \quad \mathbb{L} = \,]\,0; 3\,[$

b) $x^2 - x - 12 < 0$

$x^2 - x + \left(\frac{1}{2}\right)^2 - \frac{1}{4} - 12 < 0$

$\left(x - \frac{1}{2}\right)^2 - \frac{49}{4} < 0$

$\left(x - \frac{1}{2} + \frac{7}{2}\right)\left(x - \frac{1}{2} - \frac{7}{2}\right) < 0$

$(x+3)(x-4) < 0$

$(x + 3 > 0 \wedge x - 4 < 0) \quad \vee \quad (x + 3 < 0 \wedge x - 4 > 0)$

$(x > -3 \wedge x < 4) \quad \vee \quad (x < -3 \wedge x > 4)$

$\mathbb{L}_1 = \{x \mid -3 < x < 4\}, \quad \mathbb{L}_2 = \emptyset, \quad \mathbb{L} = \,]-3; 4\,[$

c) $-3x^2 > 24x$

$-3x^2 - 24x > 0$

$x^2 + 8x < 0$

$x(x+8) < 0$

$(x > 0 \wedge x + 8 < 0) \quad \vee \quad (x < 0 \wedge x + 8 > 0)$

$(x > 0 \wedge x < -8) \quad \vee \quad (x < 0 \wedge x > -8)$

$\mathbb{L}_1 = \emptyset, \quad \mathbb{L}_2 = \{x \mid -8 < x < 0\}, \quad \mathbb{L} = \,]-8; 0\,[$

d) $(x+2)^2 < 8 + 4x$

$x^2 + 4x + 4 < 8 + 4x$

$x^2 - 4 < 0$

$(x+2)(x-2) < 0$

$(x + 2 > 0 \wedge x - 2 < 0) \quad \vee \quad (x + 2 < 0 \wedge x - 2 > 0)$

$(x > -2 \wedge x < 2) \quad \vee \quad (x < -2 \wedge x > 2)$

$\mathbb{L}_1 = \{x \mid -2 < x < 2\}, \quad \mathbb{L}_2 = \emptyset, \quad \mathbb{L} = \,]-2; 2\,[$

160. $\mathbb{G} = \mathbb{Z} \qquad x(x+7) < 0$

$(x > 0 \wedge x + 7 < 0) \quad \vee \quad (x < 0 \wedge x + 7 > 0)$

$(x > 0 \wedge x < -7) \quad \vee \quad (x < 0 \wedge x > -7)$

$\mathbb{L}_1 = \emptyset, \quad \mathbb{L}_2 = \{x \mid -7 < x < 0\}, \quad \mathbb{L} = \{-6; -5; -4; -3; -2; -1\}$

161. $\frac{2}{2x}$ $\frac{3x+1}{x-1}$ $\left(\frac{2x+1}{4x}\right)^2$ $\frac{x+y}{(x-1)^2}$ $\frac{4x-y}{x+y}$

162. a) $\mathbb{G} = \{-3; -2; ...; 2; 3\}$ $\mathbb{D} = \mathbb{G} \setminus \{-1\} = \{-3; -2; 0; 1; 2; 3\}$

b) $\mathbb{G} = [-2; 3]$ $\mathbb{D} = [2; 3] \setminus \{-1\}$

c) $\mathbb{G} = \mathbb{N}$ $\mathbb{D} = \mathbb{N}$

d) $\mathbb{G} = \mathbb{Z}$ $\mathbb{D} = \mathbb{Z} \setminus \{-1\}$

163. a) $\frac{3}{x}$ $\mathbb{D} = \mathbb{N}$ b) $\frac{5}{x-3}$ $\mathbb{D} = \mathbb{N} \setminus \{3\}$

c) $\frac{6x}{2x+8}$ $\mathbb{D} = \mathbb{N}$ d) $\frac{12}{63-7x}$ $\mathbb{D} = \mathbb{N} \setminus \{9\}$

e) $\frac{1}{(x-3)(x-5)}$ $\mathbb{D} = \mathbb{N} \setminus \{3; 5\}$ f) $\frac{5x}{(x+3)(x-2)}$ $\mathbb{D} = \mathbb{N} \setminus \{2\}$

164. a) $T = \frac{3}{2x-5}$ $\mathbb{D}_1 = \mathbb{N}$ $\mathbb{D}_2 = \mathbb{Z}$ $\mathbb{D}_3 = \mathbb{Q} \setminus \{2{,}5\}$

b) $T = \frac{4x}{4+2x}$ $\mathbb{D}_1 = \mathbb{N}$ $\mathbb{D}_2 = \mathbb{Z} \setminus \{-2\}$ $\mathbb{D}_3 = \mathbb{Q} \setminus \{-2\}$

c) $T = \frac{7}{x(x-3)}$ $\mathbb{D}_1 = \mathbb{N} \setminus \{3\}$ $\mathbb{D}_2 = \mathbb{Z} \setminus \{0; 3\}$ $\mathbb{D}_3 = \mathbb{Q} \setminus \{0 ; 3\}$

d) $T = \frac{8x+1}{(x+5)(x-6)}$ $\mathbb{D}_1 = \mathbb{N} \setminus \{6\}$ $\mathbb{D}_2 = \mathbb{Z} \setminus \{-5; 6\}$ $\mathbb{D}_3 = \mathbb{Q} \setminus \{-5; 6\}$

e) $T = \frac{3x-1}{(2x-3)(3x+2)}$ $\mathbb{D}_1 = \mathbb{N}$ $\mathbb{D}_2 = \mathbb{Z}$ $\mathbb{D}_3 = \mathbb{Q} \setminus \left\{\frac{3}{2}; -\frac{2}{3}\right\}$

f) $T = \frac{4+x}{(x-7)(3+x)(3x-7)}$ $\mathbb{D}_1 = \mathbb{N} \setminus \{7\}$ $\mathbb{D}_2 = \mathbb{Z} \setminus \{7; -3\}$ $\mathbb{D}_3 = \mathbb{Q} \setminus \left\{7; -3; \frac{7}{3}\right\}$

165. a) $T_N = x^2 + 2x = x(x + 2)$ $\mathbb{D} = \mathbb{Q} \setminus \{0; -2\}$

b) $T_N = 2x^2 - 9x = x(2x - 9)$ $\mathbb{D} = \mathbb{Q} \setminus \{0; 4{,}5\}$

c) $T_N = 3x^2 - 6x^2 = 3x^2(x - 2)$ $\mathbb{D} = \mathbb{Q} \setminus \{0; 2\}$

d) $T_N = 2x^3 - 2x^2 = 2x^2(x - 1)$ $\mathbb{D} = \mathbb{Q} \setminus \{0; 1\}$

166. a) $T_N = x^2 + 2x + 1 = (x + 1)^2$ $\mathbb{D} = \mathbb{Q} \setminus \{-1\}$

b) $T_N = x^2 - 8x + 16 = (x - 4)^2$ $\mathbb{D} = \mathbb{Q} \setminus \{4\}$

c) $T_N = 3x^2 - 18x + 27 = 3(x^2 - 6x + 9) = 3(x - 3)^2$ $\mathbb{D} = \mathbb{Q} \setminus \{3\}$

d) $T_N = x^3 - 12x^2 + 36x = x(x^2 - 12x + 36) = x(x - 6)^2$ $\mathbb{D} = \mathbb{Q} \setminus \{0; 6\}$

167. a) $T_N = x^2 - 1 = (x + 1)(x - 1)$ $\mathbb{D} = \mathbb{Q} \setminus \{-1; 1\}$

b) $T_N = x^2 + 9 \neq 0$ $\mathbb{D} = \mathbb{Q}$

c) $T_N = 2x^2 - 18 = 2(x^2 - 9) = 2(x + 3)(x - 3)$ $\mathbb{D} = \mathbb{Q} \setminus \{-3; 3\}$

d) $T_N = 7x^2 - 28 = 7(x^2 - 4) = 7(x + 2)(x - 2)$ $\mathbb{D} = \mathbb{Q} \setminus \{-2; 2\}$

168. a)
$$T_N = x^2 - 7x + 10 = x^2 - 7x + \left(\frac{7}{2}\right)^2 - \frac{49}{4} + 10 = \left(x - \frac{7}{2}\right)^2 - \frac{9}{4}$$
$$= \left(x - \frac{7}{2} + \frac{3}{2}\right)\left(x - \frac{7}{2} - \frac{3}{2}\right) = (x-2)(x-5)$$

$\mathbb{D} = \mathbb{Q} \setminus \{2; 5\}$

b)
$$T_N = x^2 + 2x - 8 = x^2 + 2x + 1^2 - 1 - 8 = (x+1)^2 - 9 =$$
$$= (x + 1 + 3)(x + 1 - 3) = (x + 4)(x - 2)$$

$\mathbb{D} = \mathbb{Q} \setminus \{-4; 2\}$

169. a) $\frac{4}{x} = \frac{4(x-5)}{x(x-5)}$ $\mathbb{D} = \mathbb{Q} \setminus \{0; 5\}$

b) $\frac{4}{x+1} = \frac{4(x-5)}{(x+1)(x-5)}$ $\mathbb{D} = \mathbb{Q} \setminus \{-1; 5\}$

c) $\frac{3x+1}{x-5} = \frac{(3x+1)(x-5)}{(x-5)^2}$ $\mathbb{D} = \mathbb{Q} \setminus \{5\}$

d) $\frac{x-5}{x+5} = \frac{(x-5)^2}{(x+5)(x-5)} = \frac{(x-5)^2}{x^2-25}$ $\mathbb{D} = \mathbb{Q} \setminus \{-5; 5\}$

170. a) $\frac{5}{x} = \frac{10x}{2x^2}$

b) $\frac{a}{3c} = \frac{4a^2c}{12ac^2}$

c) $\frac{3xy}{5ab} = \frac{9ax^2y}{15a^2bx}$

d) $\frac{4x^2}{3yz} = \frac{4x^4y^2}{3x^2y^3z}$

e) $\frac{7az}{6by} = \frac{-35axz^2}{-30bxyz}$

f) $\frac{12a^2b}{13a^2b^3} = \frac{36a^3b^3c^3}{39a^3b^2c^3d^3}$

171. a) $\frac{5x}{6y} = \frac{10x^2}{12xy}$

b) $\frac{3a}{7b} = \frac{9a^3}{21a^2b}$

c) $\frac{2xy}{3z} = \frac{8x^3y^3}{12x^2y^2z}$

d) $\frac{3x}{2x+3} = \frac{6x^2-3x}{(2x+3)(2x-1)}$

e) $\frac{4(x+3)}{x+1} = \frac{8(x^2-9)}{(x+1)\cdot 2\cdot (x-3)}$

f) $\frac{5x+2}{2x+5} = \frac{100x^2-16}{(2x+5)\cdot 4\cdot (5x-2)}$

172. a) $\frac{4}{x} = \frac{4x^2}{x^3}$ $\mathbb{D} = \mathbb{Q}\setminus\{0\}$

b) $\frac{2}{x+1} = \frac{2x}{(x+1)x} = \frac{2x}{x^2+x}$ $\mathbb{D} = \mathbb{Q}\setminus\{0; -1\}$

c) $\frac{x}{x+4} = \frac{x(x+4)}{(x+4)^2}$ $\mathbb{D} = \mathbb{Q}\setminus\{-4\}$

d) $\frac{11+x}{2-x} = \frac{(11+x)(2+x)}{(2+x)(2-x)} = \frac{(11+x)(2+x)}{4-x^2}$ $\mathbb{D} = \mathbb{Q}\setminus\{2; -2\}$

e) $\frac{a-5}{2a+4} = \frac{(a-5)(a-2)}{2(a+2)(a-2)} = \frac{(a-5)(a-2)}{2(a^2-4)}$ $\mathbb{D} = \mathbb{Q}\setminus\{2; -2\}$

f) $\frac{2}{2b-6} = \frac{2\cdot 3(b+3)}{2(b-3)\cdot 3\cdot (b+3)} = \frac{6(b+3)}{6(b^2-9)}$ $\mathbb{D} = \mathbb{Q}\setminus\{3; -3\}$

g) $\frac{3+x}{2-x} = \frac{(3+x)\cdot(-4)}{(2-x)\cdot(-4)} = \frac{-12-4x}{4x-8}$ $\mathbb{D} = \mathbb{Q}\setminus\{2\}$

h) $\frac{10}{x+5} = \frac{10\cdot 5(x+5)}{(x+5)^2\cdot 5} = \frac{50(x+5)}{5(x+5)^2}$ $\mathbb{D} = \mathbb{Q}\setminus\{-5\}$

173. a) $\frac{4x}{5y} = \frac{4x\cdot 3x}{5y\cdot 3x} = \frac{12x^2}{15xy}$ $\square = 12x^2$

b) $\frac{6x^2}{11y^2z} = \frac{6x^2\cdot 4z}{11y^2z\cdot 4z} = \frac{24x^2z}{44y^2z^2}$ $\square = 44y^2z^2$

c) $\frac{3a}{a+1} = \frac{3a \cdot 2a}{(a+1) \cdot 2a} = \frac{6a^2}{2a(a+1)}$ $\square = 6a^2$

d) $\frac{8}{a+1} = \frac{8 \cdot 2ab}{(a+1) \cdot 2ab} = \frac{16\,ab}{2ab(a+1)}$ $\square = 2ab(a+1)$

e) $\frac{3x+1}{4x+4} = \frac{(3x+1)(x-1)}{4(x+1)(x-1)} = \frac{(3x+1)(x-1)}{4(x^2-1)}$ $\square = (3x+1)(x-1)$

f) $\frac{x-2}{x+2} = \frac{(x-2) \cdot 9x}{(x+2) \cdot 9x} = \frac{9x^2-18x}{9x(x+2)}$ $\square = 9x(x+2)$

174. a) $\frac{8}{12x} = \frac{2}{3x}$

b) $\frac{36x^2}{-9x} = \frac{4x}{-1} = -4x$

c) $\frac{35xy}{5y^2} = \frac{7x}{y}$

d) $\frac{-7a}{14ab} = \frac{-1}{2b}$

e) $\frac{144a}{48a^2} = \frac{3}{a}$

f) $\frac{25x^2yz^3}{30xyz^3} = \frac{5x}{6}$

g) $\frac{12a^3b}{18a^2} = \frac{2ab}{3}$

h) $\frac{-5xy \cdot 54y^3}{-9y \cdot (-30y^2)} = \frac{xy}{-1} = -xy$

175. a) $\frac{x-3y}{-x+3y} = \frac{(-1) \cdot (-x+3y)}{-x+3y} = \frac{-1}{1} = -1$

b) $\frac{7x^2-3y}{3y-7x^2} = \frac{7x^2-3y^2}{-1 \cdot (-3y+7x^2)} = \frac{1}{-1} = -1$

176. a) $\frac{8a-32b}{2a-8b} = \frac{8(a-4b)}{2(a-4b)} = 4$

b) $\frac{6x^2-30xy}{5x^3-25x^2y} = \frac{6x(x-5y)}{5x^2(x-5y)} = \frac{6}{5x}$

c) $\frac{uv^2+v^2}{uv+u^2v} = \frac{v^2(u+1)}{uv(1+u)} = \frac{v}{u}$

d) $\frac{14x^2-21xy}{42x} = \frac{7x(2x-3y)}{42x} = \frac{2x-3y}{6}$

177. a) $\frac{x^2}{x(x-9)} = \frac{x}{x-9}$ $\mathbb{D} = \mathbb{Q} \setminus \{0; 9\}$

b) $\frac{x+2}{2x+4} = \frac{x+2}{2(x+2)} = \frac{1}{2}$ $\mathbb{D} = \mathbb{Q} \setminus \{-2\}$

c) $\frac{16}{16x+16} = \frac{16}{16(x+1)} = \frac{1}{x+1}$ $\mathbb{D} = \mathbb{Q} \setminus \{-1\}$

d) $\frac{3x-9}{15-5x} = \frac{3(x-3)}{5(3-x)} = \frac{-3(-x+3)}{5(3-x)} = -\frac{3}{5}$ $\mathbb{D} = \mathbb{Q} \setminus \{3\}$

e) $\frac{4x+9}{8x^2+18x} = \frac{4x+9}{2x(4x+9)} = \frac{1}{2x}$ $\mathbb{D} = \mathbb{Q} \setminus \left\{0; -\frac{9}{4}\right\}$

f) $\frac{38x+57}{19x} = \frac{19(2x+3)}{19x} = \frac{2x+3}{x}$ $\mathbb{D} = \mathbb{Q} \setminus \{0\}$

178. a) $\frac{x^2+x}{x^3+x^2} = \frac{x(x+1)}{x^2(x+1)} = \frac{1}{x}$ $\mathbb{D} = \mathbb{Q} \setminus \{0; -1\}$

b) $\frac{x^2-4x}{x^2-16} = \frac{x(x-4)}{(x+4)(x-4)} = \frac{x}{x+4}$ $\mathbb{D} = \mathbb{Q} \setminus \{-4; 4\}$

c) $\frac{4x^2+6x}{4x^2-9} = \frac{2x(2x+3)}{(2x+3)(2x-3)} = \frac{2x}{2x-3}$ $\mathbb{D} = \mathbb{Q} \setminus \{1{,}5; -1{,}5\}$

d) $\frac{x^2-100}{2x-20} = \frac{(x+10)(x-10)}{2(x-10)} = \frac{x+10}{2}$ $\mathbb{D} = \mathbb{Q} \setminus \{10\}$

e) $\frac{x^2+10x+25}{2x^2-50} = \frac{(x+5)^2}{2(x+5)(x-5)} = \frac{x+5}{2(x-5)}$ $\mathbb{D} = \mathbb{Q} \setminus \{5; -5\}$

f) $\frac{144-x^2}{x^3-24x^2+144x} = \frac{(12-x)(12+x)}{x(x^2-24x+144)} = \frac{(12-x)(12+x)}{x(x-12)^2} = \frac{12+x}{x(12-x)}$

$\mathbb{D} = \mathbb{Q} \setminus \{0; 12\}$

179. a) $\frac{x^2-1}{(x^2+x)(x-1)} = \frac{(x+1)(x-1)}{x(x+1)(x-1)} = \frac{1}{x}$ $\mathbb{D} = \mathbb{Q} \setminus \{0; 1; -1\}$

b) $\frac{(x-2)^2}{x^2+x-6} = \frac{(x-2)^2}{(x+3)(x-2)} = \frac{x-2}{x+3}$ $\mathbb{D} = \mathbb{Q} \setminus \{-3; 2\}$

c) $\frac{5x^2-45}{2x^2-6x} = \frac{5(x+3)(x-3)}{2x(x-3)} = \frac{5(x+3)}{2x}$ $\mathbb{D} = \mathbb{Q} \setminus \{0; 3\}$

d) $\frac{(x-4)^2 \cdot (x^2-4)}{(x+2)(x^2-16)} = \frac{(x-4)^2 \cdot (x+2)(x-2)}{(x+2)(x+4)(x-4)} = \frac{(x-4)(x-2)}{x+4}$ $\mathbb{D} = \mathbb{Q} \setminus \{-2; -4; 4\}$

180. a) $T_1 = a^2bc$; $T_2 = ab^2d$ $kgV(T_1; T_2) = a^2b^2cd$

b) $T_1 = 45xy^2$; $T_2 = 5x^2y$ $kgV(T_1; T_2) = 45x^2y^2$

c) $T_1 = -13xyz^2$; $T_2 = 39x^2y$ $kgV(T_1; T_2) = 39x^2yz^2$

d) $T_1 = 42abd$; $T_2 = -54ace$ $kgV(T_1; T_2) = 378abcde$

181. a) $\frac{5a}{36b^2} = \frac{5a \cdot 4 \cdot a^2}{144a^2b^2} = \frac{20a^3}{144a^2b^2}$

$\frac{-7b}{48a^2} = \frac{-7b \cdot 3b^2}{144a^2b^2} = \frac{-21b^3}{144a^2b^2}$

$36b^2 = 2^2 \cdot 3^2 \cdot b^2$
$48a^2 = 2^4 \cdot 3 \cdot a^2$
$HN = 2^4 \cdot 3^2 \cdot b^2 \cdot a^2 = 144a^2b^2$

b) $\frac{8z}{35x^2y} = \frac{8z \cdot 9}{315x^2y} = \frac{72z}{315x^2y}$

$\frac{-4z}{45xy} = \frac{-4z \cdot 7x}{315x^2y} = \frac{-28xz}{315x^2y}$

$35x^2y = 5 \cdot 7 \cdot x^2 \cdot y$
$45xy = 5 \cdot 3^2 \cdot x \cdot y$
$HN = 5 \cdot 7 \cdot 3^2 \cdot x^2 \cdot y = 315x^2y$

c) $\frac{5}{24ab^2c} = \frac{5 \cdot 3a}{72a^2b^2c} = \frac{15a}{72a^2b^2c}$

$\frac{-1}{18a^2b^2} = \frac{-1 \cdot 4c}{72a^2b^2c} = \frac{-4c}{72a^2b^2c}$

$24ab^2c = 2^3 \cdot 3 \cdot a \cdot b^2 \cdot c$
$18a^2b^2 = 2 \cdot 3^2 \cdot a^2 \cdot b^2$
$HN = 2^3 \cdot 3^2 \cdot a^2 \cdot b^2 \cdot c = 72a^2b^2c$

d) $\frac{-3}{25x^2y^2} = \frac{-3 \cdot 2}{50x^2y^2} = \frac{-6}{50x^2y^2}$

$\frac{y^2}{50x^2} = \frac{y^4}{50x^2y^2}$

$25x^2y^2 = 5^2 \cdot x^2 \cdot y^2$
$50x^2 = 2 \cdot 5^2 \cdot x^2 \cdot$
$HN = 2 \cdot 5^2 \cdot x^2 \cdot y^2 = 50x^2y^2$

182. a) $6x + 12 = 2 \cdot 3 \cdot (x + 2)$
$3x + 6 = 3 \cdot (x + 2)$
$HN = 2 \cdot 3 \cdot (x + 2)$ $\mathbb{D} = \mathbb{Q} \setminus \{-2\}$

b) $HN = x(x - 3)$ $\mathbb{D} = \mathbb{Q} \setminus \{0; 3\}$

c) $3 - 3a = 3(1 - a)$
$5a - 5a^2 = 5 \cdot a \cdot (1 - a)$
$HN = 15a(1 - a)$ $\mathbb{D} = \mathbb{Q} \setminus \{0; 1\}$

d) $7x^2 + 14x = 7x(x + 2)$
$6x^3 + 12x^2 = 6x^2(x + 2)$
$HN = 42x^2(x + 2)$ $\mathbb{D} = \mathbb{Q} \setminus \{0; -2\}$

e) $2(x+5)(x-3) = 2(x+5)(x-3)$
$(5x-15)(x-5) = 5(x-3)(x-5)$
$HN = 10(x-3)(x+5)(x-5) \quad \mathbb{D} = \mathbb{Q} \setminus \{3; 5; -5\}$

f) $HN = (4y-1) \cdot (y-1) \cdot 4y \quad \mathbb{D} = \mathbb{Q} \setminus \left\{\frac{1}{4}; 1; 0\right\}$

183. a) $\frac{a}{3a-1} = \frac{a \cdot (3a+1)}{9a^2-1}$

$\frac{2a}{9a^2-1} = \frac{2a}{9a^2-1}$

$3a-1 = (3a-1)$
$9a^2-1 = (3a-1)(3a+1)$
$HN = (3a-1)(3a+1) = 9a^2-1$
$\mathbb{D} = \mathbb{Q} \setminus \left\{\frac{1}{3}; -\frac{1}{3}\right\}$

b) $\frac{2x}{x^2-25} = \frac{4x}{2(x^2-25)}$

$\frac{x+2}{2x-10} = \frac{(x+2)(x+5)}{2(x^2-25)}$

$x^2-25 = (x-5)(x+5)$
$2x-10 = 2(x-5)$
$HN = 2(x-5)(x+5) = 2(x^2-25)$
$\mathbb{D} = \mathbb{Q} \setminus \{5; -5\}$

c) $\frac{3x}{2x-6} = \frac{3x \cdot 3(x+3)}{6(x^2-9)} = \frac{9x(x+3)}{6(x^2-9)}$

$\frac{x+1}{3x^2-27} = \frac{(x+1) \cdot 2}{6(x^2-9)}$

$2x-6 = 2 \cdot (x-3)$
$3x^2-27 = 3 \cdot (x-3)(x+3)$
$HN = 2 \cdot 3 \cdot (x-3)(x+3) = 6(x^2-9)$
$\mathbb{D} = \mathbb{Q} \setminus \{3; -3\}$

d) $\frac{x+1}{(x-1)^2} = \frac{(x+1) \cdot 3}{3(x-1)^2}$

$\frac{-x}{3x-3} = \frac{-x(x-1)}{3(x-1)^2}$

$(x-1)^2 = (x-1)^2$
$3x-3 = 3(x-1)$
$HN = 3(x-1)^2$
$\mathbb{D} = \mathbb{Q} \setminus \{1\}$

e) $\frac{3}{y^3-y^2} = \frac{3 \cdot (y+1)}{y^2(y-1)(y+1)}$

$\frac{-5}{y^3-y} = \frac{-5y}{y^2(y-1)(y+1)}$

$y^3-y^2 = y^2(y-1)$
$y^3-y = y\ (y-1)(y+1)$
$HN = y^2(y-1)(y+1)$
$\mathbb{D} = \mathbb{Q} \setminus \{0; 1; -1\}$

f) $\frac{x-2}{x^2+4x+4} = \frac{(x-2) \cdot 5}{5(x+2)^2}$

$\frac{x+5}{5x+10} = \frac{(x+5)(x+2)}{5(x+2)^2}$

$x^2+4x+4 = (x+2)^2$
$5x+10 = 5(x+2)$
$HN = 5(x+2)^2$
$\mathbb{D} = \mathbb{Q} \setminus \{-2\}$

g) $\frac{4x+1}{x^2-10x+25} = \frac{(x-2) \cdot 4x}{4x(x-5)^2}$

$\frac{x-2}{(4x-20) \cdot x} = \frac{(x-2)(x-5)}{4x(x-5)^2}$

$x^2-10x+25 = (x-5)^2$
$(4x-20) \cdot x = 4x(x-5)$
$HN = 4x(x-5)^2$
$\mathbb{D} = \mathbb{Q} \setminus \{0; 5\}$

h) $\frac{x+6}{2x^2-24x+72} = \frac{(x+6)^2}{2(x-6)^2(x+6)}$

$\frac{x-4}{2x^2-72x} = \frac{(x-4)(x-6)}{2(x-6)^2(x+6)}$

$2x^2 - 24x + 72 = 2(x-6)^2$
$2x^2 - 72 = 2(x-6)\ (x+6)$
$HN = 2(x-6)^2(x+6)$
$\mathbb{D} = \mathbb{Q} \setminus \{6; -6\}$

184. a) $\frac{x}{x+y} = \frac{x(x-y)}{(x+y)(x-y)}$ $\qquad HN = (x+y)(x-y)$

$\frac{y}{x-y} = \frac{y(x+y)}{(x+y)(x-y)}$

b) $\frac{2x+1}{(x+y)^2} = \frac{(2x+1)\cdot y}{y(x+y)^2}$

$\frac{y-5}{xy+y^2} = \frac{(y-5)(x+y)}{y(x+y)^2}$

$(x+y)^2 = (x+y)^2$
$xy + y^2 = y(x+y)$
$HN = y(x+y)^2$

c) $\frac{ab}{9a^2-24ab+16b^2} = \frac{5ab}{5(3a-4b)^2}$

$\frac{a+b}{15a-20b} = \frac{(a+b)(3a-4b)}{5(3a-4b)^2}$

$9a^2 - 24ab + 16b^2 = (3a-4b)^2$
$15a - 20b = 5\cdot(3a-4b)$
$HN = 5\cdot(3a-4b)^2$

d) $\frac{a+b}{3a^3-12ab^2} = \frac{(a+b)\cdot 5b}{15ab(a+2b)(a-2b)}$

$\frac{a-b}{5ab+10b^2} = \frac{(a-b)\cdot 3a\cdot(a-2b)}{15ab(a+2b)(a-2b)}$

$3a^2 - 12ab^2 = 3a\ \ (a+2b)(a-2b)$
$5ab + 10b^2 = 5b\ \ (a+2b)$
$HN = 15ab(a+2b)(a-2b)$

185. a) $\frac{3}{x} + \frac{5}{x} - \frac{9}{x} = \frac{-1}{x}$

b) $\frac{5x}{x+1} - \frac{6x}{x+1} + \frac{2x+1}{x+1} = \frac{x+1}{x+1} = 1$

c) $\frac{5a}{a-3} - \frac{7}{a-3} - \frac{8}{a-3} = \frac{5a-15}{a-3} = \frac{5(a-3)}{a-3} = 5$

d) $\frac{36c^2+5}{6c-5} - \frac{5(6c+1)}{6c-5} = \frac{36c^2+5-30c-5}{6c-5} = \frac{6c(6c-5)}{6c-5} = 6c$

e) $\frac{2x^2+5x+2}{4x^2-12x} + \frac{4x^2-9x-2}{4x^2-12x} = \frac{6x^2-4x}{4x^2-12x} = \frac{2x(3x-2)}{4x(x-3)} = \frac{3x-2}{2(x-3)}$

f) $\frac{7(x-1)}{4x^2+4x} - \frac{2(x-6)}{4x^2+4x} = \frac{7x-7-2x+12}{4x^2+4x} = \frac{5x+5}{4x^2+4x} = \frac{5(x+1)}{4x(x+1)} = \frac{5}{4x}$

186. a) $\frac{x}{a} + \frac{y}{a} - \frac{z}{a} = \frac{x+y-z}{a}$

b) $\frac{5x-y}{x-1} + \frac{3y+1}{x-1} = \frac{5x+2y+1}{x-1}$

c) $\frac{16x}{x-3y} - \frac{4x}{x-3y} = \frac{12x}{x-3y}$

d) $\frac{5a+3b}{5a-2b} - \frac{6b+5a}{5a-2b} = \frac{-3b}{5a-2b}$

187. a) $\frac{3}{4x} + \frac{4}{8xy} = \frac{6y+4}{8xy} = \frac{2(3y+2)}{8xy} = \frac{3y+2}{4xy}$

b) $\frac{2x}{3y} - \frac{3x+1}{3(y+1)} = \frac{2x\cdot(y+1)-(3x+1)y}{3y(y+1)} = \frac{2xy+2x-3xy-y}{3y(y+1)} = \frac{-xy+2x-y}{3y(y+1)}$

c) $\frac{3x+5y}{6x} + \frac{4x-3y}{3y} = \frac{(3x+5y)\cdot y+(4x-3y)\cdot 2x}{6xy} = \frac{3xy+5y^2+8x^2-6xy}{6xy}$
$= \frac{8x^2+5y^2-3xy}{6xy}$

d) $\frac{3x-y}{18x^2y} - \frac{x-3y}{24xy^2} = \frac{(3x-y)\cdot 4y-(x-3y)\cdot 3x}{72x^2y^2} = \frac{12xy-4y^2-3x^2+9xy}{72x^2y^2} =$
$= \frac{21xy-3x^2-4y^2}{72x^2y^2}$

188. a) $\frac{x-2}{2(x+1)} - \frac{7x-4}{4(x+1)} = \frac{(x-2)\cdot 2-(7x-4)}{4(x+1)} = \frac{2x-4-7x+4}{4(x+1)} = \frac{-5x}{4(x+1)}$ $\mathbb{D} = \mathbb{Q} \setminus \{-1\}$

b) $\frac{5x+3}{5x-1} - \frac{x+1}{10x-2} = \frac{(5x+3)\cdot 2-(x+1)}{2(5x-1)} = \frac{10x+6-x-1}{2(5x-1)} = \frac{9x+5}{2(5x-1)}$ $\mathbb{D} = \mathbb{Q} \setminus \left\{\frac{1}{5}\right\}$

c) $\frac{4x-8}{3x-6} - 2 = \frac{4(x-2)}{3(x-2)} - 2 = \frac{4}{3} - 2 = -\frac{2}{3}$ $\mathbb{D} = \mathbb{Q} \setminus \{2\}$

d) $\frac{3}{4} - \frac{5}{x-5} = \frac{3(x-5)-5\cdot 4}{4(x-5)} = \frac{3x-15-20}{4(x-5)} = \frac{3x-35}{4(x-5)}$ $\mathbb{D} = \mathbb{Q} \setminus \{5\}$

e) $\frac{x-1}{8x+8} + \frac{2x-1}{6x+6} = \frac{(x-1)\cdot 3+(2x-1)\cdot 4}{24(x+1)} = \frac{3x-3+8x-4}{24(x+1)} = \frac{11x-7}{24(x+1)}$ $\mathbb{D} = \mathbb{Q} \setminus \{-1\}$

f) $\frac{9-x}{5-2x} - \frac{x-9}{15-6x} = \frac{(9-x)\cdot 3-(x-9)}{3(5-2x)} = \frac{27-3x-x+9}{3(5-2x)} = \frac{36-4x}{3(5-2x)}$ $\mathbb{D} = \mathbb{Q} \setminus \{2{,}5\}$

g) $x + 2 - \frac{8x}{x-2} = \frac{(x+2)(x-2)-8x}{x-2} = \frac{x^2-4-8x}{x-2}$ $\mathbb{D} = \mathbb{Q} \setminus \{2\}$

h) $\frac{x}{x-1} + x = \frac{x+x(x-1)}{x-1} = \frac{x+x^2-x}{x-1} = \frac{x^2}{x-1}$ $\mathbb{D} = \mathbb{Q} \setminus \{1\}$

189. a) $\frac{7x-2}{8x-4} - \frac{10x-3}{12x-6} = \frac{(7x-2)\cdot 3-(10x-3)\cdot 2}{12\cdot(2x-1)} = \frac{21x-6-20x+6}{12(2x-1)} = \frac{x}{12(2x-1)}$
$\mathbb{D} = \mathbb{Q} \setminus \{0{,}5\}$

b) $\frac{3+x^2}{x(x-2)} - \frac{2+4x}{4x-8} = \frac{(3+x^2)\cdot 4-(2+4x)\cdot x}{4x(x-2)} = \frac{12+4x^2-2x-4x^2}{4x(x-2)}$

$= \frac{2(6-x)}{4x(x-2)} = \frac{6-x}{2x(x-2)}$ $\qquad \mathbb{D} = \mathbb{Q} \setminus \{0; 2\}$

c) $\frac{1}{6x-36} + \frac{1}{x^2-6x} = \frac{x+6}{6x(x-6)}$ $\qquad \mathbb{D} = \mathbb{Q} \setminus \{0; 6\}$

d) $\frac{x+5}{x-5} - \frac{x-5}{x+5} = \frac{(x+5)^2-(x-5)^2}{(x-5)(x+5)} = \frac{x^2+10x+25-x^2+10x-25}{(x-5)(x+5)} = \frac{20x}{(x-5)(x+5)}$

$\mathbb{D} = \mathbb{Q} \setminus \{-5; 5\}$

190. a) $\frac{x+4}{x^2+6x+9} - \frac{x+4}{x+3} = \frac{x+4-(x+4)(x+3)}{(x+3)^2} = \frac{x+4-(x^2+3x+4x+12)}{(x+3)^2}$

$= \frac{x+4-x^2-7x-12}{(x+3)^2} = \frac{-x^2-6x-8}{(x+3)^2}$

$\mathbb{D} = \mathbb{Q} \setminus \{-3\}$

b) $\frac{x-3}{x+2} - \frac{3-x}{x^2-4} = \frac{(x-3)(x-2)-(3-x)}{(x+2)(x-2)} = \frac{x^2-2x-3x+6-3+x}{(x+2)(x-2)} = \frac{x^2-4x+3}{(x+2)(x-2)}$

$\mathbb{D} = \mathbb{Q} \setminus \{2; -2\}$

c) $\frac{x^2+3x-11}{(x-3)^2} + \frac{2-x^2}{x^2-6x+9} = \frac{x^2+3x-11+2-x^2}{(x-3)^2} = \frac{3(x-3)}{(x-3)^2} = \frac{3}{x-3}$

$\mathbb{D} = \mathbb{Q} \setminus \{3\}$

d) $2 + \frac{3}{x-x^2} - \frac{8}{x^2-1} = \frac{2x(x^2-1)-3(x+1)-8x}{(x+1)(x-1)\cdot x} = \frac{2x^3-2x-3x-3-8x}{x(x+1)(x-1)} = \frac{2x^3-13x-3}{x(x+1)(x-1)}$

$\mathbb{D} = \mathbb{Q} \setminus \{0; 1; -1\}$

e) $\frac{1}{x+1} - \frac{2}{x^2-1} + \frac{3}{(x+1)^2} = \frac{(x+1)(x-1)-2(x+1)+3(x-1)}{(x+1)^2(x-1)} = \frac{x^2-1-2x-2+3x-3}{(x+1)^2\cdot(x-1)}$

$= \frac{x^2+x-6}{(x+1)^2\cdot(x-1)}$

$\mathbb{D} = \mathbb{Q} \setminus \{-1; 1\}$

f) $\frac{-2}{14x} - \frac{7}{2x^2-2x} + \frac{x}{x^2-2x+1} = \frac{-2\cdot(x-1)^2-7\cdot 7(x-1)+x\cdot 14x}{14x(x-1)^2}$

$= \frac{-2x^2+4x-2-49x+49+14x^2}{14x(x-1)^2} = \frac{12x^2-45x+47}{14x(x-1)^2}$

$\mathbb{D} = \mathbb{Q} \setminus \{0; 1\}$

191. a) $\frac{4x^2}{9} \cdot \frac{27}{16x} = \frac{4x^2\cdot 27}{9\cdot 16x} = \frac{3x}{4}$

b) $\frac{ab}{c^2} \cdot \frac{c}{a^2b} = \frac{ab\cdot c}{c^2\cdot a^2\cdot b} = \frac{1}{ac}$

c) $\frac{7ax}{8by} \cdot \frac{32y^2}{21a^2x} = \frac{7ax \cdot 32y^2}{8by \cdot 21a^2x} = \frac{4y}{3ab}$

d) $\frac{25xy}{51z} \cdot (-17z^2) = \frac{25xy \cdot (-17z^2)}{51z} = -\frac{25xyz}{3}$

e) $\frac{x^2}{7} \cdot \frac{14y}{-x} \cdot \frac{1}{2xy} = \frac{x^2 \cdot 14y \cdot 1}{7 \cdot (-x) \cdot 2xy} = -1$

f) $\frac{34ab}{38c^2} \cdot \frac{95c}{51b^3} \cdot \frac{-2bc}{17a^2} = -\frac{10}{51ab}$

192. a) $\frac{x+1}{3x^2} \cdot \frac{9}{x} = \frac{(x+1) \cdot 9}{3x^2 \cdot x} = \frac{3(x+1)}{x^3}$ $\quad \mathbb{D} = \mathbb{Q} \setminus \{0\}$

b) $\frac{x^2+2}{2x} \cdot \frac{x^2}{4} = \frac{(x^2+2) \cdot x^2}{2x \cdot 4} = \frac{(x^2+2) \cdot x}{8}$ $\quad \mathbb{D} = \mathbb{Q} \setminus \{0\}$

c) $\frac{2a}{a+4} \cdot \frac{3a+12}{a} = \frac{2a \cdot 3 \cdot (a+4)}{(a+4) \cdot a} = 6$ $\quad \mathbb{D} = \mathbb{Q} \setminus \{-4; 0\}$

d) $\frac{2y-2}{3y+3} \cdot \frac{5y+5}{4y-4} = \frac{2(y-1) \cdot 5(y+1)}{3(y+1) \cdot 4(y-1)} = \frac{5}{6}$ $\quad \mathbb{D} = \mathbb{Q} \setminus \{-1; 1\}$

e) $\frac{4(x+4)}{12x-36} \cdot \frac{7x-21}{4x+4} = \frac{4(x+4) \cdot 7(x-3)}{12(x-3) \cdot 4(x+1)} = \frac{7(x+4)}{12(x+1)}$ $\quad \mathbb{D} = \mathbb{Q} \setminus \{-1; 3\}$

f) $(6x+6) \cdot \frac{8x+12}{8x+8} = \frac{6(x+1) \cdot 4(2x+3)}{8(x+1)} = 3(2x+3)$ $\quad \mathbb{D} = \mathbb{Q} \setminus \{-1\}$

193. a) $\frac{x^2-9}{x^2+9} \cdot \frac{2x+6}{2x-6} = \frac{(x+3)(x-3) \cdot 2(x+3)}{(x^2+9) \cdot 2(x-3)} = \frac{(x+3)^2}{x^2+9}$ $\quad \mathbb{D} = \mathbb{Q} \setminus \{3\}$

b) $\frac{16x+20}{6x-9} \cdot \frac{8x^2-18}{16x^2-25} = \frac{4(4x+5) \cdot 2 \cdot (2x+3)(2x-3)}{3(2x-3) \cdot (4x+5)(4x-5)} = \frac{8(2x+3)}{3(4x-5)}$

$\mathbb{D} = \mathbb{Q} \setminus \left\{\frac{3}{2}; -\frac{5}{4}; \frac{5}{4}\right\}$

c) $\frac{x^2-x}{x-5} \cdot \frac{15-3x}{3x} = \frac{x(x-1) \cdot 3(5-x)}{-(-x+5) \cdot 3x} = -\frac{x-1}{1} = -x+1$ $\quad \mathbb{D} = \mathbb{Q} \setminus \{0; 5\}$

d) $\frac{x^2+8x+16}{5x+20} \cdot \frac{1}{x^2-16} = \frac{(x+4)^2 \cdot 1}{5(x+4) \cdot (x+4)(x-4)} = \frac{1}{5(x-4)}$ $\quad \mathbb{D} = \mathbb{Q} \setminus \{-4; 4\}$

e) $\frac{4x^2+12x+9}{9x^2-4} \cdot \frac{9x-6}{4x+6} = \frac{(2x+3)^2 \cdot 3(3x-2)}{(3x-2)(3x+2) \cdot 2(2x+3)} = \frac{3 \cdot (2x+3)}{2 \cdot (3x+2)}$

$\mathbb{D} = \mathbb{Q} \setminus \left\{\frac{2}{3}; -\frac{2}{3}; -\frac{3}{2}\right\}$

f) $\frac{(2x-7)^2}{x^2-4} \cdot \frac{4x^2+8x}{4x^2-49} = \frac{(2x-7)^2 \cdot 4x(x+2)}{(x+2)(x-2) \cdot (2x+7)(2x-7)} = \frac{4x(2x-7)}{(x-2)(2x+7)}$

$\mathbb{D} = \mathbb{Q} \setminus \left\{2; -2; -\frac{7}{2}; \frac{7}{2}\right\}$

194. a) $\left(\frac{x}{y}+\frac{1}{3y}\right) \cdot 3xy = \frac{3x+1}{3y} \cdot 3xy = \frac{(3x+1) \cdot 3xy}{3y} = x(3x+1)$

oder $= \frac{x}{y} \cdot 3xy + \frac{1}{3y} \cdot 3xy = 3x^2 + x$

b) $\left(\frac{3x}{x+1}+\frac{7}{3x+3}\right) \cdot \frac{5x^2+5x}{6} = \frac{3x \cdot 3+7}{3(x+1)} \cdot \frac{5x^2+5x}{6} = \frac{(9x+7) \cdot 5x(x+1)}{3(x+1) \cdot 6} = \frac{5x(9x+7)}{18}$

oder $= \frac{3x}{x+1} \cdot \frac{5x^2+5x}{6} + \frac{7}{3x+3} \cdot \frac{5x^2+5x}{6} = \frac{3x \cdot 5x(x+1)}{(x+1) \cdot 6} + \frac{7 \cdot 5x(x+1)}{3(x+1) \cdot 6}$

$= \frac{5x^2}{2} + \frac{35x}{18}$

c) $\frac{6x}{y^2} \cdot \left(\frac{y}{96x}-\frac{y^2}{12x^2}\right) = \frac{6x}{y^2} \cdot \frac{y \cdot x-y^2 \cdot 8}{96x^2} = \frac{6x \cdot y(x-8y)}{y^2 \cdot 96x^2} = \frac{x-8y}{16xy}$

oder $= \frac{6x \cdot y}{y^2 \cdot 96x} - \frac{6x \cdot y^2}{y^2 \cdot 12x^2} = \frac{1}{16y} - \frac{1}{2x}$

d) $\left(\frac{3x}{4(x+1)}-\frac{1}{3x+3}\right) \cdot \frac{x^2+2x+1}{18x-8} = \frac{3x \cdot 3-4}{12(x+1)} \cdot \frac{(x+1)^2}{2(9x-4)} = \frac{(9x-4)(x+1)^2}{12(x+1) \cdot 2(9x-4)} = \frac{x+1}{24}$

oder $= \frac{3x \cdot (x+1)^2}{4(x+1) \cdot 2(9x-4)} - \frac{(x+1)^2}{3(x+1) \cdot 2(9x-4)} = \frac{3x(x+1)}{8(9x-4)} - \frac{x+1}{6(9x-4)}$

195. a) $\frac{3x}{4y} : \frac{1}{2} = \frac{3x \cdot 2}{4y \cdot 1} = \frac{3x}{2y}$

b) $\frac{2xy^2}{3a} : 4xy = \frac{2xy^2}{3a \cdot 4xy} = \frac{y}{6a}$

c) $\frac{7ab}{5c} : \frac{7ab}{5d} = \frac{7ab \cdot 5d}{5c \cdot 7ab} = \frac{d}{c}$

d) $25ab : \frac{10a}{11b} = \frac{25ab \cdot 11b}{10a} = \frac{55b^2}{2}$

196. a) $\frac{x-1}{x^2} : \frac{x^2-x}{2x} = \frac{(x-1) \cdot 2x}{x^2 \cdot x(x-1)} = \frac{2}{x^2}$ $\qquad \mathbb{D} = \mathbb{Q} \setminus \{0; 1\}$

b) $\frac{8}{x^2-3x} : \frac{16}{5x-15} = \frac{8 \cdot 5(x-3)}{x(x-3) \cdot 16} = \frac{5}{2x}$ $\qquad \mathbb{D} = \mathbb{Q} \setminus \{0; 3\}$

c) $\frac{48x+12x^2}{x-9} : \frac{36x}{2x-18} = \frac{12x(4+x) \cdot 2(x-9)}{(x-9) \cdot 36x} = \frac{2(4+x)}{3}$ $\qquad \mathbb{D} = \mathbb{Q} \setminus \{9; 0\}$

d) $\frac{2(5x-7)}{3x} : \frac{5(10x-14)}{12x^2} = \frac{2(5x-7) \cdot 12x^2}{3x \cdot 5 \cdot 2(5x-7)} = \frac{4x}{5}$ $\mathbb{D} = \mathbb{Q} \setminus \left\{0; \frac{7}{5}\right\}$

197. a) $\frac{x^2-x}{4x} : \frac{x^2-1}{8} = \frac{x(x-1) \cdot 8}{4x \cdot (x+1)(x-1)} = \frac{2}{x+1}$ $\mathbb{D} = \mathbb{Q} \setminus \{-1; 0; 1\}$

b) $\frac{5x+5}{2x+2} : \frac{4x^2-4}{x^2+2x+1} = \frac{5(x+1) \cdot (x+1)^2}{2(x+1) \cdot 4(x+1)(x-1)} = \frac{5(x+1)}{8(x-1)}$ $\mathbb{D} = \mathbb{Q} \setminus \{-1; 1\}$

c) $\frac{4x^2-100}{2x+2} : \frac{4x-20}{4x+4} = \frac{4(x+5)(x-5) \cdot 4(x+1)}{2(x+1) \cdot 4(x-5)} = 2(x+5)$ $\mathbb{D} = \mathbb{Q} \setminus \{-1; 5\}$

d) $\frac{x^2+8x+16}{x^2+4x+4} : \frac{4x+16}{x^2+2x} = \frac{(x+4)^2 \cdot x(x+2)}{(x+2)^2 \cdot 4(x+4)} = \frac{x(x+4)}{4(x+2)}$ $\mathbb{D} = \mathbb{Q} \setminus \{-2; 0; -4\}$

e) $\frac{x^3-9x}{5-x} : \frac{8x}{x^2-25} = \frac{x(x+3)(x-3) \cdot (x+5)(x-5)}{-(-5+x) \cdot 8x} = \frac{(x+3)(x-3)(x+5)}{-8}$

$\mathbb{D} = \mathbb{Q} \setminus \{5; -5; 0\}$

f) $\frac{x-7}{x^2+2x+1} : \frac{x^2-14x+49}{(x+1)^2} = \frac{(x-7) \cdot (x+1)^2}{(x+1)^2 \cdot (x-7)^2} = \frac{1}{x-7}$ $\mathbb{D} = \mathbb{Q} \setminus \{-1; 7\}$

198. a) $\left(\frac{3}{x} + \frac{5}{6x}\right) : \frac{x}{2} = \frac{18+5}{6x} : \frac{x}{2} = \frac{23 \cdot 2}{6x \cdot x} = \frac{23}{3x^2}$

oder $= \frac{3}{x} : \frac{x}{2} + \frac{5}{6x} : \frac{x}{2} = \frac{3 \cdot 2}{x \cdot x} + \frac{5 \cdot 2}{6x \cdot x} = \frac{6}{x^2} + \frac{5}{3x^2} = \frac{23}{3x^2}$

b) $\left(\frac{a}{xy^2} - \frac{a^2}{x^2y}\right) : \frac{a}{xy} = \frac{ax-a^2y}{x^2y^2} : \frac{a}{xy} = \frac{a(x-ay) \cdot xy}{x^2y^2 \cdot a} = \frac{x-ay}{xy}$

oder $= \frac{a \cdot xy}{xy^2 \cdot a} - \frac{a^2 \cdot xy}{x^2y \cdot a} = \frac{1}{y} - \frac{a}{x}$

c) $\left(\frac{x+2}{2} - \frac{4x}{x+2}\right) : \frac{x^2-2x}{x^2+4x+4} = \frac{(x+2)^2-8x}{2(x+2)} : \frac{x(x-2)}{(x+2)^2} = \frac{(x^2+4x+4-8x)}{2(x+2)} \cdot \frac{(x+2)^2}{x(x-2)}$

$= \frac{(x-2)^2 \cdot (x+2)^2}{2(x+2) \cdot x(x-2)} = \frac{(x-2)(x+2)}{2x} = \frac{x^2-4}{2x}$

oder $= \frac{(x+2) \cdot (x+2)^2}{2 \cdot x(x-2)} - \frac{4x \cdot (x+2)^2}{(x+2)x(x-2)} = \frac{(x+2)^3}{2x(x-2)} - \frac{4(x+2)}{x-2}$

d) $\left(\frac{8x^2-20x}{(5-x)^2} + \frac{8x-20}{5-x}\right) : \frac{4}{5-x} = \frac{8x^2-20x+(8x-20)(5-x)}{(5-x)^2} : \frac{4}{5-x}$

$= \frac{(40x-100) \cdot (5-x)}{(5-x)^2 \cdot 4} = \frac{10x-25}{5-x}$

oder $= \frac{4x(2x-5) \cdot (5-x)}{(5-x)^2 \cdot 4} + \frac{4(2x-5) \cdot (5-x)}{(5-x) \cdot 4} = \frac{x(2x-5)}{5-x} + 2x - 5$

199. a) $\frac{5}{x}+\frac{1}{x-3}=\frac{2}{x-4}$ $\mathbb{D}=\mathbb{Q}\setminus\{0;3;4\}$

b) $\frac{3}{x+2}+\frac{1}{x^2+2x}=\frac{1}{x-2}$ $\mathbb{D}=\mathbb{Q}\setminus -2;0;2\}$

c) $\frac{5}{x^2-1}+\frac{1}{x^2+1}=5$ $\mathbb{D}=\mathbb{Q}\setminus\{1;-1\}$

d) $\frac{7x}{7x+2}+\frac{1}{2x-7}=\frac{3}{7x}$ $\mathbb{D}=\mathbb{Q}\setminus\left\{-\frac{2}{7};\frac{7}{2};0\right\}$

e) $\frac{5}{x^2+8x+16}+\frac{3}{x^2-16}=9 \Leftrightarrow \frac{5}{(x+4)^2}+\frac{3}{(x+4)(x-4)}=9$ $\mathbb{D}=\mathbb{Q}\setminus\{-4;4\}$

f) $\frac{2}{x^2-5x}-\frac{1}{x+3}=\frac{5x}{x^2-2x-15} \Leftrightarrow \frac{2}{x(x-5)}-\frac{1}{x+3}=\frac{5x}{(x+3)(x-5)}$

$\mathbb{D}=\mathbb{Q}\setminus\{0;5;-3\}$

200. a)

HN = 10x
$\mathbb{D}=\mathbb{Q}\setminus\{0\}$

$$\begin{aligned}\frac{4}{5x}-\frac{7}{10x}&=\frac{1}{5} \quad |\cdot \text{HN}\\ 4\cdot 2-7&=2x\\ 1&=2x\\ x&=\frac{1}{2}\\ \mathbb{L}&=\left\{\frac{1}{2}\right\}\end{aligned}$$

b)

HN = 6x
$\mathbb{D}=\mathbb{Q}\setminus\{0\}$

$$\begin{aligned}\frac{8}{3x}-\frac{2}{3}&=\frac{6-5x}{2x}\\ 8\cdot 2-2\cdot 2x&=(6-5x)\cdot 3\\ 16-4x&=18-15x\\ 11x&=2\\ x&=\frac{2}{11}\\ \mathbb{L}&=\left\{\frac{2}{11}\right\}\end{aligned}$$

c)

HN = 20x
$\mathbb{D}=\mathbb{Q}\setminus\{0\}$

$$\begin{aligned}\frac{6}{5x}+\frac{9}{5x}&=\frac{13}{4x}-\frac{1}{4}\\ 6\cdot 4+9\cdot 4&=13\cdot 5-5x\\ 60&=65-5x\\ 5x&=5\\ x&=1\\ \mathbb{L}&=\{1\}\end{aligned}$$

d) $\frac{2}{x-3} = 1 + \frac{x-5}{x-3}$ HN = x − 3

$\mathbb{D} = \mathbb{Q} \setminus \{3\}$

$$2 = 1 \cdot (x-3) + x - 5$$
$$2 = 2x - 8$$
$$2x = 10$$
$$x = 5$$
$$\mathbb{L} = \{5\}$$

201. a) $\frac{2}{x} = \frac{1}{x-1}$ HN = x(x − 1)

$\mathbb{D} = \mathbb{Q} \setminus \{0; 1\}$

$$2 \cdot (x-1) = x$$
$$2x - 2 = x$$
$$x = 2$$
$$\mathbb{L} = \{2\}$$

b) $\frac{x}{x-3} = 1 + \frac{12}{x}$ HN = x (x − 3)

$\mathbb{D} = \mathbb{Q} \setminus \{0; 3\}$

$$x^2 = 1 \cdot x(x-3) + 12 \cdot (x-3)$$
$$x^2 = x^2 - 3x + 12x - 36$$
$$-9x = -36$$
$$x = 4$$
$$\mathbb{L} = \{4\}$$

c) $\frac{1}{x+5} + \frac{1}{x-4} = \frac{11}{(x+5)(x-4)}$ HN = (x + 5)(x − 4)

$\mathbb{D} = \mathbb{Q} \setminus \{-5; 4\}$

$$x - 4 + x + 5 = 11$$
$$2x = 10$$
$$x = 5$$
$$\mathbb{L} = \{5\}$$

d) $\frac{2}{x-2} - \frac{6}{2x-1} = 0$ HN = (x − 2)(2x − 1)

$\mathbb{D} = \mathbb{Q} \setminus \left\{2; \frac{1}{2}\right\}$

$$2 \cdot (2x-1) - 6 \cdot (x-2) = 0$$
$$4x - 2 - 6x + 12 = 0$$
$$-2x = -10$$
$$x = 5$$
$$\mathbb{L} = \{5\}$$

202. a)

$$\frac{x-2}{x+1} = \frac{x-5}{x+4}$$

HN = (x + 1)(x + 4)
$\mathbb{D} = \mathbb{Q} \setminus \{-1; -4\}$

$$(x-2)(x+4) = (x-5)(x+1)$$
$$x^2 + 4x - 2x - 8 = x^2 + x - 5x - 5$$
$$2x - 8 = -4x - 5$$
$$6x = 3$$
$$x = \frac{1}{2}$$
$$\mathbb{L} = \left\{\frac{1}{2}\right\}$$

b)

$$\frac{2x-5}{x} = \frac{4+12x}{6x-1}$$

HN = x (6x – 1)
$\mathbb{D} = \mathbb{Q} \setminus \{0; \frac{1}{6}\}$

$$(2x-5)(6x-1) = (4+12x) \cdot x$$
$$12x^2 - 2x - 30x + 5 = 4x + 12x^2$$
$$-32x + 5 = 4x$$
$$-36x = -5$$
$$x = \frac{5}{36}$$
$$\mathbb{L} = \left\{\frac{5}{36}\right\}$$

c)

$$\frac{2x-7}{x+6} = 3$$

HN = x+ 6
$\mathbb{D} = \mathbb{Q} \setminus \{-6\}$

$$2x - 7 = 3(x+6)$$
$$2x - 7 = 3x + 18$$
$$-x = 25$$
$$x = -25$$
$$\mathbb{L} = \{-25\}$$

d)

$$\frac{x+3}{x+7} = \frac{5+2x}{13+2x}$$

HN = (x + 7) (13 + 2x)
$\mathbb{D} = \mathbb{Q} \setminus \{-7; -6{,}5\}$

$$(x+3)(13+2x) = (5+2x)(x+7)$$
$$13x + 2x^2 + 39 + 6x = 5x + 35 + 2x^2 + 14x$$
$$19x + 39 = 19x + 35$$
$$39 = 35 \qquad \text{(f)}$$
$$\mathbb{L} = \varnothing$$

e)
$$\frac{x-3}{x+3}+\frac{x-2}{x-4}=2$$
HN = (x + 3) (x – 4)
$\mathbb{D}=\mathbb{Q}\setminus\{-3; 4\}$

$$(x-3)(x-4)+(x-2)(x+3)=2(x+3)(x-4)$$
$$x^2-4x-3x+12+x^2+3x-2x-6=2x^2-8x+6x-24$$
$$-6x+6=-2x-24$$
$$-4x=-30$$
$$x=7,5$$
$$\mathbb{L}=\{7,5\}$$

f)
$$\frac{3x-7}{x+4}-\frac{5x+10}{x+7}+2=0$$
HN = (x + 4) (x + 7)
$\mathbb{D}=\mathbb{Q}\setminus\{-7; -4\}$

$$(3x-7)(x+7)-(5x+10)(x+4)+2(x+4)(x+7)=0$$
$$3x^2+21x-7x-49-(5x^2+20x+10x+40)+2(x^2+7x+4x+28)=0$$
$$3x^2+14x-49-5x^2-30x-40+2x^2+22x+56=0$$

$$6x-33=0$$
$$6x=+33$$
$$x=\frac{11}{2}$$
$$\mathbb{L}=\left\{5\tfrac{1}{2}\right\}$$

203. a)
$$\frac{11x-2}{2x+6}-\frac{30+4x}{4x+12}=\frac{9x-3}{3(x+3)}$$
$$(11x-2)\cdot 6-(30+4x)\cdot 3=(9x-3)\cdot 4$$
$$66x-12-90-12x=36x-12$$
$$54x-102=36x-12$$
$$18x=90$$
$$\mathbb{L}=\{5\}$$

$2x+6 = 2 \cdot (x+3)$
$4+12 = 2^2 \cdot (x+3)$
$3(x+3) = 3 \cdot (x+3)$
HN $= 2^2 \cdot 3 \cdot (x+3) = 12(x+3)$

$\mathbb{D}=\mathbb{Q}\setminus\{-3\}$

b)
$$\frac{2x+4}{2x-2}=1+\frac{20-5x}{5x-5}$$
$$(2x+4)5=10(x-1)+(20-5x)\cdot 2$$
$$10x+20=10x-10+40-10x$$
$$10x+20=30$$
$$10x=10$$
$$x=1$$
$1\notin\mathbb{D}$, also $\mathbb{L}=\varnothing$

$2x-2=2\cdot(x-1)$
$5x-5=5\cdot(x-1)$
HN $=2\cdot 5\cdot(x-1)$

$\mathbb{D}=\mathbb{Q}\setminus\{1\}$

c)
$$\frac{3}{x^2+2x}+\frac{2}{x^2+x}=\frac{4}{(x+2)(x+1)}$$
$$3\cdot(x+1)+2\cdot(x+2)=4x$$
$$3x+3+2x+4=4x$$
$$5x+7=4x$$
$$x=-7$$
$$\mathbb{L}=\{-7\}$$

$x^2+2x=x(x+2)$
$x^2+x=x\cdot(x+1)$
$(x+2)(x+1)=(x+2)\cdot(x+1)$
$HN=x(x+2)(x+1)$
$\mathbb{D}=\mathbb{Q}\setminus\{0;-1;-2\}$

d)
$$\frac{15x}{3x^2-2x}-\frac{70}{9x^2-6x}=\frac{11}{3x}$$
$$15x\cdot3-70=11\cdot(3x-2)$$
$$45x-70=33x-22$$
$$12x=48$$
$$x=4$$
$$\mathbb{L}=\{4\}$$

$3x^2-2x=x(3x-2)$
$9x^2-6x=3x(3x-2)$
$3x=3x$
$HN=3x(3x-2)$
$\mathbb{D}=\mathbb{Q}\setminus\left\{0;\frac{2}{3}\right\}$

204. a)
$$\frac{1}{x}+\frac{3}{x^2+3x}=\frac{x}{x^2+6x+9}$$
$$1\cdot(x+3)^2+3\cdot(x+3)=x\cdot x$$
$$x^2+6x+9+3x+9=x^2$$
$$9x=-18$$
$$x=-2$$
$$\mathbb{L}=\{-2\}$$

$x=x$
$x^2+3x=x(x+3)$
$x^2+6x+9=(x+3)^2$
$HN=x(x+3)^2$
$\mathbb{D}=\mathbb{Q}\setminus\{0;-3\}$

b)
$$\frac{1}{2x+6}+\frac{1}{3x-9}=\frac{x-1}{x^2-9}$$
$$1\cdot3(x-3)+1\cdot2(x+3)=(x-1)\cdot6$$
$$3x-9+2x+6=6x-6$$
$$5x-3=6x-6$$
$$-x=-3$$
$$x=3$$
$$3\notin\mathbb{D}\Rightarrow\mathbb{L}=\emptyset$$

$2x+6=2(x+3)$
$3x-9=3\cdot(x-3)$
$x^2-9=(x+3)(x-3)$
$HN=2\cdot3\cdot(x+3)(x-3)$
$\mathbb{D}=\mathbb{Q}\setminus\{-3;3\}$

c)
$$\frac{x}{x^2+4x+4}-\frac{2}{3x}=\frac{1}{3x+6}$$
$$x\cdot3x-2(x+2)^2=1\cdot x(x+2)$$
$$3x^2-2(x^2+4x+4)=x^2+2x$$
$$3x^2-2x^2-8x-8=x^2+2x$$
$$-10x=8$$
$$x=-0{,}8$$
$$\mathbb{L}=\{-0{,}8\}$$

$x^2+4x+4=(x+2)^2$
$3x=3\cdot x$
$3x+6=3\cdot(x+2)$
$HN=3\cdot x\cdot(x+2)^2$
$\mathbb{D}=\mathbb{Q}\setminus\{0;-2\}$

d) $\frac{5x+2}{15x+25} - \frac{7-8x}{2(3x+5)} = \frac{15x^2+15x-12}{9x^2+30x+25}$

15x+25	=	·5	(3x+5)
2(3x+5)	= 2		(3x+5)
$9x^2+30x+25$	=		$(3x+5)^2$
HN	= 2 · 5 ·		$(3x+5)^2$

$\mathbb{D} = \mathbb{Q} \setminus \left\{-\frac{5}{3}\right\}$

$$(5x+2)\cdot 2(3x+5) - (7-8x)\cdot 5\cdot(3x+5) = (15x^2+15x-12)\cdot 10$$
$$2(15x^2+25x+6x+10) - 5(21x+35-24x^2-40x) = 150x^2+150x-120$$
$$30x^2+62x+20+95x-175+120x^2 = 150x^2+150x-120$$
$$157x-155 = 150x-120$$
$$7x = 35$$
$$x = 5$$
$$\mathbb{L} = \{5\}$$

205. Brüche mit dem Wert $\frac{3}{4}$: $\frac{3x}{4x}$, $x \in \mathbb{Z} \setminus \{0\}$

Ansatz: $\frac{3x-4}{4x-5} = \frac{14}{19}$

HN = 19(4x – 5)

$\mathbb{D} = \mathbb{Z} \setminus \{0\}$

$$(3x-4)\cdot 19 = 14\cdot(4x-5)$$
$$57x-76 = 56x-70$$
$$x = 6$$
$$\mathbb{L} = \{6\}$$

Die Zahl heißt $\frac{3\cdot 6}{4\cdot 6} = \frac{18}{24}$.

206. Zahl: x $\mathbb{G} = \mathbb{N}$

Ansatz: $\frac{4}{x} = \frac{3}{x-2}$

HN = x(x – 2)

$\mathbb{D} = \mathbb{N} \setminus \{2\}$

$$4(x-2) = 3x$$
$$4x-8 = 3x$$
$$x = 8$$
$$\mathbb{L} = \{8\}$$

Die Zahl heißt 8.

207. Zahl: x $\mathbb{G} = \mathbb{N}$

Ansatz: $\frac{3+x}{7+x} = \frac{5+2x}{12+2x}$

HN = 2(7 + x)(6 + x)

$\mathbb{D} = \mathbb{N}$

$$(3+x)(12+2x) = (5+2x)(7+x)$$
$$36+6x+12x+2x^2 = 35+5x+14x+2x^2$$
$$18x+36 = 19x+35$$
$$x = 1$$
$$\mathbb{L} = \{1\}$$

Die Zahl heißt 1.

208. a) $20 : x = 8 : 6$ $\quad\mathbb{D} = \mathbb{Q} \setminus \{0\}$

$$120 = 8x$$
$$x = 15$$
$$\mathbb{L} = \{15\}$$

b) $4 : (1 + x) = 8 : x$ $\quad\mathbb{D} = \mathbb{Q} \setminus \{-1; 0\}$

$$4x = (1 + x) \cdot 8$$
$$4x = 8 + 8x$$
$$-4x = 8$$
$$x = -2$$
$$\mathbb{L} = \{-2\}$$

c) $9 : 15 = (x - 12) : x$ $\quad\mathbb{D} = \mathbb{Q} \setminus \{0\}$

$$9x = 15(x - 12)$$
$$9x = 15x - 180$$
$$-6x = -180$$
$$x = 30$$
$$\mathbb{L} = \{30\}$$

d) $1 : 2 = (3x - 5) : 1$ $\quad\mathbb{D} = \mathbb{Q}$

$$1 = 2(3x - 5)$$
$$1 = 6x - 10$$
$$6x = 11$$
$$x = \frac{11}{6}$$
$$\mathbb{L} = \left\{\frac{11}{6}\right\}$$

e) $5 : (3x + 7) = 2 : (2x - 7)$ $\quad\mathbb{D} = \mathbb{Q} \setminus \left\{-\frac{7}{3}; \frac{7}{2}\right\}$

$$5(2x - 7) = 2(3x + 7)$$
$$10x - 35 = 6x + 14$$
$$4x = 49$$
$$x = 12\frac{1}{4}$$
$$\mathbb{L} = \left\{12\frac{1}{4}\right\}$$

f) $(x-5):(x-7)=10:3 \qquad \mathbb{D}=\mathbb{Q}\setminus\{7\}$

$$\begin{aligned} 3(x-5) &= 10\cdot(x-7) \\ 3x-15 &= 10x-70 \\ -7x &= -55 \\ x &= \frac{55}{7} \\ \mathbb{L} &= \left\{7\frac{6}{7}\right\} \end{aligned}$$

209. a) $\frac{5}{x}>0$

wegen $5>0$ gilt: $x>0$

$\mathbb{L}=\{x \mid x>0\}$

b) $\frac{3}{x+1}\leq 0$

wegen $3>0$ gilt: $x+1<0$

$x<-1$

$\mathbb{L}=\{x \mid x<-1\}$

c) $\frac{-4}{x+3}\geq 0$

wegen $-4<$ gilt: $x+3<0$

$x<-3$

$\mathbb{L}=\{x \mid x<-3\}$

d) $\frac{-3}{x-5}\leq 0$

wegen $-3<0$ gilt: $x-5>0$

$x>5$

$\mathbb{L}=\{x \mid x>5\}$

210. a) $\frac{x+1}{x-3}\geq 0 \qquad \mathbb{D}=\mathbb{Q}\setminus\{3\}$

$$\begin{aligned} &(x+1\geq 0 \wedge x-3>0) &&\vee\ (x+1\leq 0 \wedge x-3<0) \\ &(x\geq -1 \wedge x>3) &&\vee\ (x\leq -1 \wedge x<3) \\ &x>3 &&\vee\ x\leq -1 \end{aligned}$$

$\mathbb{L}=\{x \mid x>3 \vee x\leq -1\}$

b) $\frac{2x-4}{x}<0 \qquad \mathbb{D}=\mathbb{Q}\setminus\{0\}$

$$\begin{aligned} &(2x-4>0 \wedge x<0) &&\vee\ (2x-4<0 \wedge x>0) \\ &(2x>4 \wedge x<0) &&\vee\ (2x<4 \wedge x>0) \\ &(x>2 \wedge x<0) &&\vee\ (x<2 \wedge x>0) \end{aligned}$$

$\mathbb{L}_1=\emptyset \quad \cup \quad \mathbb{L}_2=\{x \mid 0<x<2\} \qquad \mathbb{L}=\,]\,0;2\,[$

c) $\frac{x-4}{3-x} > 0 \qquad \mathbb{D} = \mathbb{Q} \setminus \{3\}$

$(x-4>0 \wedge 3-x>0) \vee (x-4<0 \wedge 3-x<0)$

$(x>4 \wedge -x>-3) \quad \vee \quad (x<4 \wedge -x<-3)$

$(x>4 \wedge x<3) \quad \vee \quad (x<4 \wedge x>3)$

$\mathbb{L}_1 = \varnothing \quad \cup \quad \mathbb{L}_2 = \{x \mid 3<x<4\} \qquad \mathbb{L} =]\,3; 4\,[$

d) $\frac{5x-4}{5-4x} \leq 0 \qquad \mathbb{D} = \mathbb{Q} \setminus \left\{\frac{5}{4}\right\}$

$(5x-4 \geq 0 \wedge 5-4x<0) \vee (5x-4 \leq 0 \wedge 5-4x>0)$

$(5x \geq 4 \wedge -4x<-5) \quad \vee \quad (5x \leq 4 \wedge -4x>-5)$

$\left(x \geq \frac{4}{5} \wedge x > \frac{5}{4}\right) \quad \vee \quad \left(x \leq \frac{4}{5} \wedge x < \frac{5}{4}\right)$

$x > \frac{5}{4} \quad \vee \quad x \leq \frac{4}{5}$

$\mathbb{L} = \{x \mid x > \frac{5}{4} \vee x \leq \frac{4}{5}\}$

211. a) $\frac{1}{x-5} > -\frac{1}{12} \qquad \mathbb{D} = \mathbb{Q} \setminus \{5\}$

$\frac{1}{x-5} + \frac{1}{12} > 0$

$\frac{12+x-5}{12(x-5)} > 0$

$\frac{x+7}{12(x-5)} > 0$

$(x+7>0 \wedge 12(x-5)>0) \quad \vee \quad (x+7<0 \wedge 12(x-5)<0)$

$(x>-7 \wedge x>5) \quad \vee \quad (x<-7 \wedge x<5)$

$x>5 \quad \vee \quad x<-7$

$\mathbb{L} = \{x \mid x>5 \wedge x<-7\}$

b) $\frac{1}{2x-11} \geq 2 \qquad \mathbb{D} = \mathbb{Q} \setminus \{5{,}5\}$

$\frac{1}{2x-11} - 2 \geq 0$

$\frac{1-2(2x-11)}{2x-11} \geq 0$

$\frac{1-4x+22}{2x-11} \geq 0$

$\frac{-4x+23}{2x-11} \geq 0$

$(-4x+23 \geq 0 \wedge 2x-11>0) \quad \vee \quad (-4x+23 \leq 0 \wedge 2x-11<0)$

$(-4x \geq -23 \wedge 2x>11) \quad \vee \quad (-4x \leq -23 \wedge 2x \leq 11)$

$(x \leq 5{,}75 \wedge x>5{,}5) \quad \vee \quad (x \geq 5{,}75 \wedge x<5{,}5)$

$\mathbb{L}_1 = \{x \mid 5{,}5 < x \leq 5{,}75\} \quad \cup \quad \mathbb{L}_2 = \varnothing \qquad \mathbb{L} =]\,5{,}5; 5{,}75\,]$

c) $\frac{x+2}{x-3} < 1 \qquad \mathbb{D} = \mathbb{Q} \setminus \{3\}$

$$\frac{x+2}{x-3} - 1 < 0$$

$$\frac{x+2-(x-3)}{x-3} < 0$$

$$\frac{5}{x-3} < 0$$

$5 > 0$, also $x - 3 < 0$

$x < 3$

$\mathbb{L} = \{x \mid x < 3\}$

d) $\frac{4x+7}{x-3} \geq \frac{4x-11}{x-3} \qquad \mathbb{D} = \mathbb{Q} \setminus \{3\}$

$$\frac{4x+7}{x-3} - \frac{4x-11}{x-3} \geq 0$$

$$\frac{4x+7-(4x-11)}{x-3} \geq 0$$

$$\frac{18}{x-3} \geq 0$$

$18 > 0$, also $x - 3 > 0$

$x > 3$

$\mathbb{L} = \{x \mid x > 3\}$

e) $\frac{x}{x-2} < 2 - \frac{4}{x-2} \qquad \mathbb{D} = \mathbb{Q} \setminus \{2\}$

$$\frac{x-2(x-2)+4}{x-2} < 0$$

$$\frac{x-2x+4+4}{x-2} < 0$$

$$\frac{-x+8}{x-2} < 0$$

$(-x+8 > 0 \wedge x-2 < 0) \vee (-x+8 < 0 \wedge x-2 > 0)$

$(x < 8 \wedge x < 2) \vee (x > 8 \wedge x > 2)$

$x < 2 \vee x > 8$

$\mathbb{L} = \{x \mid x < 2 \vee x > 8\}$

f) $\frac{2x+4}{2x-2} < \frac{2x+10}{1-x} - 2 \qquad \mathbb{D} = \mathbb{Q} \setminus \{1\}$

$\frac{x+2}{x-1} - \frac{2x+10}{1-x} + 2 < 0$

$\frac{x+2+2x+10+2x-2}{x-1} < 0$

$\frac{5x+10}{x-1} < 0 \qquad |:5$

$\frac{x+2}{x-1} < 0$

$(x+2>0 \wedge x-1<0) \quad \vee \quad (x+2<0 \wedge x-1>0)$

$(x>-2 \wedge x<1) \quad \vee \quad (x<-2 \wedge x>1)$

$\mathbb{L}_1 = \{x \mid -2 < x < 1\} \quad \cup \quad \mathbb{L}_2 = \varnothing \qquad \mathbb{L} = \,]-2;\, 1\,[$

g) $\frac{4x}{x+1} \geq \frac{5+12x}{3x+3} \qquad \mathbb{D} = \mathbb{Q} \setminus \{-1\}$

$\frac{4x}{x+1} - \frac{5+12x}{3x+3} \geq 0$

$\frac{12x-(5+12x)}{3x+3} \geq 0$

$\frac{-5}{3x+3} \geq 0$

$-5 < 0$, also: $3x + 3 < 0$

$x < -1$

$\mathbb{L} = \{x \mid x < -1\}$

h) $\frac{3+2x}{2x+4} \leq \frac{5x}{5x+10} \qquad \mathbb{D} = \mathbb{Q} \setminus \{-2\}$

$\frac{3+2x}{2(x+2)} - \frac{5x}{5(x+2)} \leq 0$

$\frac{(3+2x) \cdot 5 - 5x \cdot 2}{10(x+2)} \leq 0$

$\frac{15}{10(x+2)} \leq 0$

$15 > 0$, also: $10(x+2) < 0$

$x < -2$

$\mathbb{L} = \{x \mid x < -2\}$

212. $\overrightarrow{AB} = \begin{pmatrix} -2-5 \\ 2-3 \end{pmatrix} = \begin{pmatrix} -7 \\ -1 \end{pmatrix}$, $\overrightarrow{AC} = \begin{pmatrix} -3-5 \\ -1-3 \end{pmatrix} = \begin{pmatrix} -8 \\ -4 \end{pmatrix}$

$\overrightarrow{AD} = \begin{pmatrix} 0-5 \\ -3-3 \end{pmatrix} = \begin{pmatrix} -5 \\ -6 \end{pmatrix}$, $\overrightarrow{BC} = \begin{pmatrix} -3+2 \\ -1-2 \end{pmatrix} = \begin{pmatrix} -1 \\ -3 \end{pmatrix}$

$\overrightarrow{BD} = \begin{pmatrix} 0+2 \\ -3-2 \end{pmatrix} = \begin{pmatrix} 2 \\ -5 \end{pmatrix}$, $\overrightarrow{CB} = \begin{pmatrix} -2+3 \\ 2+1 \end{pmatrix} = \begin{pmatrix} 1 \\ 3 \end{pmatrix}$

213. a) P(3 | 5)

b) P(–7 | 3)

c) P(5 | 0)

d) P(0 | –4)

214. a) $\overrightarrow{OP} = \begin{pmatrix} -1 \\ 2 \end{pmatrix}$

b) $\overrightarrow{OP} = \begin{pmatrix} 2 \\ -3 \end{pmatrix}$

c) $\overrightarrow{OP} = \begin{pmatrix} 0 \\ 2 \end{pmatrix}$

d) $\overrightarrow{OP} = \begin{pmatrix} -3 \\ -3 \end{pmatrix}$

215. $\overrightarrow{AB} = \begin{pmatrix} -7-3 \\ 2+4 \end{pmatrix} = \begin{pmatrix} -10 \\ 6 \end{pmatrix}$, $\overrightarrow{AB}^* = \overrightarrow{BA} = \begin{pmatrix} 10 \\ -6 \end{pmatrix}$

$\overrightarrow{AC} = \begin{pmatrix} 4-3 \\ 0+4 \end{pmatrix} = \begin{pmatrix} 1 \\ 4 \end{pmatrix}$, $\overrightarrow{AC}^* = \overrightarrow{CA} = \begin{pmatrix} -1 \\ -4 \end{pmatrix}$

$\overrightarrow{CB} = \begin{pmatrix} -7-4 \\ 2-0 \end{pmatrix} = \begin{pmatrix} -11 \\ 2 \end{pmatrix}$, $\overrightarrow{CB}^* = \overrightarrow{BC} = \begin{pmatrix} 11 \\ -2 \end{pmatrix}$

216. a) B(x | y)

$$\begin{pmatrix} x-5 \\ y-2 \end{pmatrix} = \begin{pmatrix} 1+1 \\ 3-0 \end{pmatrix}$$
$$\begin{pmatrix} x-5 \\ y-2 \end{pmatrix} = \begin{pmatrix} 2 \\ 3 \end{pmatrix}$$

$x-5=2 \quad \wedge \quad y-2=3$
$x=7 \quad \wedge \quad y=5$

$\mathbb{L} = \{(7 \mid 5)\}$
B(7 | 5)

b) B(x | y)

$$\begin{pmatrix} x-2 \\ y+3 \end{pmatrix} = \begin{pmatrix} -3-2 \\ 2-1 \end{pmatrix}$$
$$\begin{pmatrix} x-2 \\ y+3 \end{pmatrix} = \begin{pmatrix} -5 \\ 1 \end{pmatrix}$$

$$\begin{aligned} x-2 &= -5 \quad \wedge \quad y+3 = 1 \\ x &= -3 \quad \wedge \quad y = -2 \end{aligned}$$

$\mathbb{L} = \{(-3 \mid -2)\}$

B(−3 | −2)

217. a) $\overrightarrow{AB} = \overrightarrow{PQ}$, A(x | y)

$$\begin{pmatrix} 3-x \\ 2-y \end{pmatrix} = \begin{pmatrix} -3+3 \\ 2-4 \end{pmatrix}$$
$$\begin{pmatrix} 3-x \\ 2-y \end{pmatrix} = \begin{pmatrix} 0 \\ -2 \end{pmatrix}$$

$$\begin{aligned} 3-x &= 0 \quad \wedge \quad 2-y = -2 \\ x &= 3 \quad \wedge \quad y = 4 \end{aligned}$$

$\mathbb{L} = \{(3 \mid 4)\}$

A(3 | 4)

b) $\overrightarrow{AB} = \overrightarrow{PQ}$, A(x | y)

$$\begin{pmatrix} -1-x \\ 1-y \end{pmatrix} = \begin{pmatrix} 0-5 \\ 2+1 \end{pmatrix}$$
$$\begin{pmatrix} -1-x \\ 1-y \end{pmatrix} = \begin{pmatrix} -5 \\ 3 \end{pmatrix}$$

$$\begin{aligned} -1-x &= -5 \quad \wedge \quad 1-y = 3 \\ -x &= -4 \quad \wedge \quad -y = 2 \\ x &= 4 \quad \wedge \quad y = -2 \end{aligned}$$

$\mathbb{L} = \{(4 \mid -2)\}$

A(4 | −2)

218. $\overrightarrow{AB} = \begin{pmatrix} -1 \\ -3 \end{pmatrix}$

$$\begin{pmatrix} x_b-4 \\ -1-y_a \end{pmatrix} = \begin{pmatrix} -1 \\ -3 \end{pmatrix}$$

$$\begin{aligned} x_b-4 &= -1 \quad \wedge \quad -1-y_a = -3 \\ x_b &= 3 \quad \wedge \quad y_a = 2 \end{aligned}$$

A(4 | 2), B(3 | −1)

219. a) $\overrightarrow{AB} = \begin{pmatrix} 4-5 \\ 4-0 \end{pmatrix} = \begin{pmatrix} -1 \\ 4 \end{pmatrix}$; $\overrightarrow{DC} = \begin{pmatrix} -2+1 \\ 6-2 \end{pmatrix} = \begin{pmatrix} -1 \\ 4 \end{pmatrix}$

$\overrightarrow{AB} = \overrightarrow{DC} \Rightarrow \overline{AB} = \overline{DC} \wedge [AB] \parallel [DC]$,
d. h. ABCD ist ein Parallelogramm

b) $\overrightarrow{AB} = \begin{pmatrix} -3+2 \\ -2-4 \end{pmatrix} = \begin{pmatrix} -1 \\ -6 \end{pmatrix}$; $\overrightarrow{DC} = \begin{pmatrix} 1-2 \\ -1-5 \end{pmatrix} = \begin{pmatrix} -1 \\ -6 \end{pmatrix}$

$\overrightarrow{AB} = \overrightarrow{DC} \Rightarrow \overline{AB} = \overline{DC} \wedge [AB] \parallel [DC]$,
d. h. ABCD ist ein Parallelogramm

c) $\overrightarrow{AB} = \begin{pmatrix} -4+3 \\ -1+1 \end{pmatrix} = \begin{pmatrix} -1 \\ 0 \end{pmatrix}$; $\overrightarrow{DC} = \begin{pmatrix} -2+1 \\ 3-4 \end{pmatrix} = \begin{pmatrix} -1 \\ -1 \end{pmatrix}$

$\overrightarrow{AB} \neq \overrightarrow{DC}$ d. h. ABCD ist kein Parallelogramm

220. a) $\overrightarrow{BA} = \overrightarrow{CD}$ D(x | y)

$\begin{pmatrix} -1-5 \\ 1-3 \end{pmatrix} = \begin{pmatrix} x-4 \\ y-7 \end{pmatrix}$

$\begin{pmatrix} -6 \\ -2 \end{pmatrix} = \begin{pmatrix} x-4 \\ y-7 \end{pmatrix}$

$-6 = x - 4 \quad \wedge \quad -2 = y - 7$

$x = -2 \quad \wedge \quad y = 5$

$\mathbb{L} = \{(-2 \mid 5)\}$

D(–2 | 5)

b) $\overrightarrow{AD} = \overrightarrow{BC}$ D(x | y)

$\begin{pmatrix} x-0 \\ y+2 \end{pmatrix} = \begin{pmatrix} 8{,}5-6 \\ 6-2{,}5 \end{pmatrix}$

$\begin{pmatrix} x \\ y+2 \end{pmatrix} = \begin{pmatrix} 2{,}5 \\ 3{,}5 \end{pmatrix}$

$x = 2{,}5 \quad \wedge \quad y + 2 = 3{,}5$

$x = 2{,}5 \quad \wedge \quad y = 1{,}5$

$\mathbb{L} = \{(2{,}5 \mid 1{,}5)\}$

D(2,5 | 1,5)

221. a) $\overrightarrow{AM} = \overrightarrow{MB}$ M(x | y)

$$\begin{pmatrix} x+2 \\ y+3 \end{pmatrix} = \begin{pmatrix} 4-x \\ 0-y \end{pmatrix}$$

$$\begin{aligned} x+2 &= 4-x \quad &\wedge \quad y+3 &= -y \\ 2x+2 &= 4 \quad &\wedge \quad 2y+3 &= 0 \\ 2x &= 2 \quad &\wedge \quad 2y &= -3 \\ x &= 1 \quad &\wedge \quad y &= -1,5 \end{aligned}$$

$\mathbb{L} = \{(1 \mid -1,5)\}$
M(1 | –1,5)

b) $\overrightarrow{AM} = \overrightarrow{MB}$ M(x | y)

$$\begin{pmatrix} x-7 \\ y+5 \end{pmatrix} = \begin{pmatrix} -1-x \\ 2-y \end{pmatrix}$$

$$\begin{aligned} x-7 &= -1-x \quad &\wedge \quad y+5 &= 2-y \\ 2x &= 6 \quad &\wedge \quad 2y &= -3 \\ x &= 3 \quad &\wedge \quad y &= -1,5 \end{aligned}$$

$\mathbb{L} = \{(3 \mid -1,5)\}$
M(3 | –1,5)

222. a) $\overrightarrow{MB} = \overrightarrow{AM}$ B(x | y)

$$\begin{pmatrix} x-0 \\ y-0 \end{pmatrix} = \begin{pmatrix} 0-5 \\ 0-1 \end{pmatrix}$$

$$\begin{pmatrix} x \\ y \end{pmatrix} = \begin{pmatrix} -5 \\ 1 \end{pmatrix}$$

$x = -5 \quad \wedge \quad y = 1$

$\mathbb{L} = \{(-5 \mid 1)\}$
B(–5 | 1)

b) $\overrightarrow{AM} = \overrightarrow{MB}$ B(x | y)

$$\begin{pmatrix} 3-3 \\ 1-4 \end{pmatrix} = \begin{pmatrix} x-3 \\ y-1 \end{pmatrix}$$

$$\begin{pmatrix} 0 \\ -3 \end{pmatrix} = \begin{pmatrix} x-3 \\ y-1 \end{pmatrix}$$

$$\begin{aligned} 0 &= x-3 \quad &\wedge \quad -3 &= y-1 \\ x &= 3 \quad &\wedge \quad y &= -2 \end{aligned}$$

$\mathbb{L} = \{(3 \mid -2)\}$
B(3 | –2)

c) $\overrightarrow{MB} = \overrightarrow{AM} \quad A(x \mid y)$

$$\binom{2+3}{5-5} = \binom{-3-x}{5-y}$$
$$\binom{5}{0} = \binom{-3-x}{5-y}$$

$5 = -3 - x \quad \wedge \quad 0 = 5 - y$
$x = -8 \quad \wedge \quad y = 5$

$\mathbb{L} = \{(-8 \mid 5)\}$
$A(-8 \mid 5)$

d) $\overrightarrow{AM} = \overrightarrow{MB} \quad A(x \mid y)$

$$\binom{5-x}{-2-y} = \binom{-1-5}{5+2}$$
$$\binom{5-x}{-2-y} = \binom{-6}{7}$$

$5 - x = -6 \quad \wedge \quad -2 - y = 7$
$x = 11 \quad \wedge \quad y = -9$

$\mathbb{L} = \{(11 \mid -9)\}$
$A(11 \mid -9)$

223. a) $\vec{a} \oplus \vec{b} = \binom{-1}{4}$, $\quad a \ominus \vec{b} = \binom{2}{-1} \ominus \binom{-3}{5} = \binom{2}{-1} \oplus \binom{3}{-5} = \binom{5}{-6}$

b) $\vec{a} \oplus \vec{b} = \binom{-3}{0}$, $\quad a \ominus \vec{b} = \binom{-3}{8} \ominus \binom{0}{-8} = \binom{-3}{8} \oplus \binom{0}{8} = \binom{-3}{16}$

c) $\vec{a} \oplus \vec{b} = \binom{1}{2}$, $\quad a \ominus \vec{b} = \binom{-1}{-1} \ominus \binom{2}{3} = \binom{-1}{-1} \oplus \binom{-2}{-3} = \binom{-3}{-4}$

d) $\vec{a} \oplus \vec{b} = \binom{2}{-3}$, $\quad a \ominus \vec{b} = \binom{4}{1} \ominus \binom{-2}{-4} = \binom{4}{1} \oplus \binom{2}{4} = \binom{6}{5}$

224.1 a) $\overrightarrow{AD} = \binom{4+1}{3-0} \oplus \binom{1+1}{5-0}$
$= \binom{5}{3} \oplus \binom{2}{5} = \binom{7}{8}$

b) $\overrightarrow{AD} = \binom{3-7}{5-0} \oplus \binom{-2-7}{2-0}$
$= \binom{-4}{5} \oplus \binom{-9}{2} = \binom{-13}{7}$

224.2 a) $\overrightarrow{OD} = \overrightarrow{OA} \oplus \overrightarrow{AD}$

$$\begin{pmatrix} x \\ y \end{pmatrix} = \begin{pmatrix} -1 \\ 0 \end{pmatrix} \oplus \begin{pmatrix} 7 \\ 8 \end{pmatrix}$$

$$\begin{pmatrix} x \\ y \end{pmatrix} = \begin{pmatrix} 6 \\ 8 \end{pmatrix}$$

$\mathbb{L} = \{(6 \mid 8)\}$, D(6 | 8)

b) $\overrightarrow{OD} = \overrightarrow{OA} \oplus \overrightarrow{AD}$

$$\begin{pmatrix} x \\ y \end{pmatrix} = \begin{pmatrix} 7 \\ 0 \end{pmatrix} \oplus \begin{pmatrix} -13 \\ 7 \end{pmatrix}$$

$$\begin{pmatrix} x \\ y \end{pmatrix} = \begin{pmatrix} -6 \\ 7 \end{pmatrix}$$

$\mathbb{L} = \{(-6 \mid 7)\}$, D(–6 | 7)

225.1 $\overrightarrow{AZ} = \overrightarrow{ZC}$ Z(x | y)

$$\begin{pmatrix} x-1 \\ y-2 \end{pmatrix} = \begin{pmatrix} 7-x \\ 6-y \end{pmatrix}$$

$$\begin{aligned} x-1 &= 7-x &\wedge\quad y-2 &= 6-y \\ 2x &= 8 &\wedge\quad 2y &= 8 \\ x &= 4 &\wedge\quad y &= 4 \end{aligned}$$

$\mathbb{L} = \{(4 \mid 4)\}$, Z(4 | 4)

225.2 $\overrightarrow{OD} = \overrightarrow{OZ} \oplus \overrightarrow{ZD}$, $\overrightarrow{ZD} = \overrightarrow{BZ}$

$$\begin{pmatrix} x \\ y \end{pmatrix} = \begin{pmatrix} 4 \\ 4 \end{pmatrix} \oplus \begin{pmatrix} 4-5 \\ 4-3{,}5 \end{pmatrix}$$

$$\begin{pmatrix} x \\ y \end{pmatrix} = \begin{pmatrix} 4 \\ 4 \end{pmatrix} \oplus \begin{pmatrix} -1 \\ 0{,}5 \end{pmatrix}$$

$$\begin{pmatrix} x \\ y \end{pmatrix} = \begin{pmatrix} 3 \\ 4{,}5 \end{pmatrix}$$

$\mathbb{L} = \{(3 \mid 4{,}5)\}$, D(3 | 4,5)

226.1 $\overrightarrow{AB} = \begin{pmatrix} 5+1 \\ 4-1 \end{pmatrix} = \begin{pmatrix} 6 \\ 3 \end{pmatrix}$, $\overrightarrow{DC} = \begin{pmatrix} 7-1 \\ 6-3 \end{pmatrix} = \begin{pmatrix} 6 \\ 3 \end{pmatrix}$

$\overrightarrow{AB} = \overrightarrow{DC} \Rightarrow [AB] \parallel [DC] \wedge \overline{AB} = \overline{DC} \Rightarrow$ ABCD ist ein Parallelogramm.

226.2 $\overrightarrow{AZ} = \overrightarrow{ZC} \quad Z(x \mid y)$

$$\begin{pmatrix} x+1 \\ y-1 \end{pmatrix} = \begin{pmatrix} 7-x \\ 6-y \end{pmatrix}$$

$$x+1 = 7-x \quad \wedge \quad y-1 = 6-y$$
$$2x = 6 \quad \wedge \quad 2y = 7$$
$$x = 3 \quad \wedge \quad y = 3{,}5$$

$\mathbb{L} = \{(3 \mid 3{,}5)\}, \; Z(3 \mid 3{,}5)$

227. Der Umkreis ist der Thaleskreis mit dem Mittelpunkt M.

$\overrightarrow{AM} = \overrightarrow{MC} \quad M(x \mid y)$

$$\begin{pmatrix} x-1 \\ y-0 \end{pmatrix} = \begin{pmatrix} 4{,}5-x \\ 5{,}5-y \end{pmatrix}$$

$$x-1 = 4{,}5-x \quad \wedge \quad y = 5{,}5-y$$
$$2x = 5{,}5 \quad \wedge \quad 2y = 5{,}5$$
$$y = 2{,}75 \quad \wedge \quad y = 2{,}75$$

$\mathbb{L} = \{(2{,}75 \mid 2{,}75)\}, \; M(2{,}75 \mid 2{,}75)$

228. $\overrightarrow{OP} = \begin{pmatrix} 3 \\ 4 \end{pmatrix} \qquad \overrightarrow{AA'} = \overrightarrow{BB'} = \overrightarrow{CC'} = \overrightarrow{OP}$

$\overrightarrow{OA'} = \overrightarrow{OA} \oplus \overrightarrow{AA'}$

$$\begin{pmatrix} x \\ y \end{pmatrix} = \begin{pmatrix} -2 \\ -4 \end{pmatrix} \oplus \begin{pmatrix} 3 \\ 4 \end{pmatrix}$$
$$\begin{pmatrix} x \\ y \end{pmatrix} = \begin{pmatrix} 1 \\ 0 \end{pmatrix}$$

A'(1 | 0)

$\overrightarrow{OB'} = \overrightarrow{OB} \oplus \overrightarrow{BB'}$

$$\begin{pmatrix} x \\ y \end{pmatrix} = \begin{pmatrix} 0 \\ 1 \end{pmatrix} \oplus \begin{pmatrix} 3 \\ 4 \end{pmatrix}$$
$$\begin{pmatrix} x \\ y \end{pmatrix} = \begin{pmatrix} 3 \\ 5 \end{pmatrix}$$

B'(3 | 5)

$\overrightarrow{OC'} = \overrightarrow{OC} \oplus \overrightarrow{CC'}$

$$\begin{pmatrix} x \\ y \end{pmatrix} = \begin{pmatrix} -3 \\ 3 \end{pmatrix} \oplus \begin{pmatrix} 3 \\ 4 \end{pmatrix}$$
$$\begin{pmatrix} x \\ y \end{pmatrix} = \begin{pmatrix} 0 \\ 7 \end{pmatrix}$$

C'(0 | 7)

229.1 $\overrightarrow{AM_b} = \overrightarrow{M_bC}$

$$\begin{pmatrix} x-0 \\ y-0 \end{pmatrix} = \begin{pmatrix} 4-x \\ 4-y \end{pmatrix}$$
$$\begin{pmatrix} x \\ y \end{pmatrix} = \begin{pmatrix} 4-x \\ 4-y \end{pmatrix}$$

$$x = 4-x \quad \wedge \quad y = 4-y$$
$$2x = 4 \quad \wedge \quad 2y = 4$$
$$x = 2 \quad \wedge \quad y = 2$$

$M_b(2 \mid 2)$

$\overrightarrow{BM_a} = \overrightarrow{M_aC}$

$$\begin{pmatrix} x-6 \\ y+2 \end{pmatrix} = \begin{pmatrix} 4-x \\ 4-y \end{pmatrix}$$

$\overrightarrow{AM_c} = \overrightarrow{M_cB}$

$$\begin{pmatrix} x-0 \\ y-0 \end{pmatrix} = \begin{pmatrix} 6-x \\ -2-y \end{pmatrix}$$
$$\begin{pmatrix} x \\ y \end{pmatrix} = \begin{pmatrix} 6-x \\ -2-y \end{pmatrix}$$

$$x = 6-x \quad \wedge \quad y = -2-y$$
$$2x = 6 \quad \wedge \quad 2y = -2$$
$$x = 3 \quad \wedge \quad y = -1$$

$M_c(3 \mid -1)$

$$\begin{aligned} x-6=4-x &\quad\wedge\quad y+2=4-y \\ 2x=10 &\quad\wedge\quad 2y=2 \\ x=5 &\quad\wedge\quad y=1 \end{aligned}$$

$M_a(5 \mid 1)$

229.2 $\overrightarrow{AM_c} = \begin{pmatrix} 3 \\ -1 \end{pmatrix}$, $\overrightarrow{M_bM_a} = \begin{pmatrix} 5-2 \\ 1-2 \end{pmatrix} = \begin{pmatrix} 3 \\ -1 \end{pmatrix}$

$\overrightarrow{AM_c} = \overrightarrow{M_bM_a} \Rightarrow [AM_c] \parallel [M_bM_a] \wedge \overline{AM_c} = \overline{M_bM_a} \Rightarrow AM_cM_aM_b$ ist Parallelogramm.

230.1 $\overrightarrow{AD} = \begin{pmatrix} 2 \\ 4 \end{pmatrix}$, $\overrightarrow{BC} = \begin{pmatrix} 5-3 \\ 2+2 \end{pmatrix} = \begin{pmatrix} 2 \\ 4 \end{pmatrix}$

$\overrightarrow{AB} = \overrightarrow{BC} \Rightarrow [AD] \parallel [BC] \wedge \overline{AD} = \overline{BC} \Rightarrow$ ABCD ist Parallelogramm.

230.2 $\overrightarrow{AM_a} = \overrightarrow{M_aB}$

$\begin{pmatrix} x+2 \\ y+4 \end{pmatrix} = \begin{pmatrix} 3-x \\ -2-y \end{pmatrix}$

$$\begin{aligned} x+2=3-x &\quad\wedge\quad y+4=-2-y \\ 2x=1 &\quad\wedge\quad 2y=-6 \\ x=0,5 &\quad\wedge\quad y=-3 \end{aligned}$$

$M_a(0,5 \mid -3)$

$\overrightarrow{BM_b} = \overrightarrow{M_bC}$

$\begin{pmatrix} x-3 \\ y+2 \end{pmatrix} = \begin{pmatrix} 5-x \\ 2-y \end{pmatrix}$

$$\begin{aligned} x-3=5-x &\quad\wedge\quad y+2=2-y \\ 2x=8 &\quad\wedge\quad 2y=0 \\ x=4 &\quad\wedge\quad y=0 \end{aligned}$$

$M_b(4 \mid 0)$

$\overrightarrow{CM_c} = \overrightarrow{M_cD}$

$\begin{pmatrix} x-5 \\ y-2 \end{pmatrix} = \begin{pmatrix} 0-x \\ 0-y \end{pmatrix}$

$$\begin{aligned} x-5=-x &\quad\wedge\quad y-2=-y \\ 2x=5 &\quad\wedge\quad 2y=2 \\ x=2,5 &\quad\wedge\quad y=1 \end{aligned}$$

$M_c(2,5 \mid 1)$

$\overrightarrow{AM_a} = \overrightarrow{M_aD}$

$\begin{pmatrix} x+2 \\ y+4 \end{pmatrix} = \begin{pmatrix} 0-x \\ 0-y \end{pmatrix}$

$$\begin{aligned} x+2=-x &\quad\wedge\quad y+4=-y \\ 2x=-2 &\quad\wedge\quad 2y=-4 \\ x=-1 &\quad\wedge\quad y=-2 \end{aligned}$$

$M_d(-1 \mid -2)$

230.3 $\overrightarrow{M_aM_b} = \begin{pmatrix} 4-0,5 \\ 0+3 \end{pmatrix} = \begin{pmatrix} 3,5 \\ 3 \end{pmatrix}$, $\overrightarrow{M_dM_c} = \begin{pmatrix} 2,5+1 \\ 1+2 \end{pmatrix} = \begin{pmatrix} 3,5 \\ 3 \end{pmatrix}$

$\overrightarrow{M_aM_b} = \overrightarrow{M_dM_c} \Rightarrow [M_aM_b] \parallel [M_dM_c] \wedge \overline{M_aM_b} = \overline{M_dM_c} \Rightarrow$

$M_aM_bM_cM_d$ ist Parallelogramm

231. $\overrightarrow{AZ} = \overrightarrow{ZA'}$

$\begin{pmatrix} 3-0 \\ 3-2 \end{pmatrix} = \begin{pmatrix} x-3 \\ y-3 \end{pmatrix}$

$\begin{pmatrix} 3 \\ 1 \end{pmatrix} = \begin{pmatrix} x-3 \\ y-3 \end{pmatrix}$

$3 = x - 3 \quad \wedge \quad 1 = y - 3$

$x = 6 \quad \wedge \quad y = 4$

A'(6 | 4)

$\overrightarrow{OB'} = \overrightarrow{OZ} \oplus \overrightarrow{ZB'}; \quad \overrightarrow{ZB'} = \overrightarrow{BZ}$

$\begin{pmatrix} x \\ y \end{pmatrix} = \begin{pmatrix} 3 \\ 3 \end{pmatrix} \oplus \begin{pmatrix} 3-4 \\ 3+3 \end{pmatrix}$

$\begin{pmatrix} x \\ y \end{pmatrix} = \begin{pmatrix} 3 \\ 3 \end{pmatrix} \oplus \begin{pmatrix} -1 \\ 6 \end{pmatrix}$

$\begin{pmatrix} x \\ y \end{pmatrix} = \begin{pmatrix} 2 \\ 9 \end{pmatrix}$

B'(2 | 9)

232. $\overrightarrow{AZ} = \overrightarrow{ZA'}$

$\begin{pmatrix} x-5 \\ y-6 \end{pmatrix} = \begin{pmatrix} -4-x \\ 0-y \end{pmatrix}$

$x - 5 = -4 - x \quad \wedge \quad y - 6 = -y$

$2x = 1 \quad \wedge \quad 2y = 6$

$x = 0{,}5 \quad \wedge \quad y = 3$

$\mathbb{L} = \{(0{,}5 \mid 3)\}$; Z(0,5 | 3)

233. $\overrightarrow{ZA} = \overrightarrow{CZ}$, A(x | y)

$\begin{pmatrix} x-2 \\ y-1 \end{pmatrix} = \begin{pmatrix} 2-5 \\ 1-5 \end{pmatrix}$

$\begin{pmatrix} x-2 \\ y-1 \end{pmatrix} = \begin{pmatrix} -3 \\ -4 \end{pmatrix}$

$x - 2 = -3 \quad \wedge \quad y - 1 = -4$

$x = -1 \quad \wedge \quad y = -3$

$\mathbb{L} = \{(-1 \mid -3)\}$

A(–1 | –3)

$\overrightarrow{OD} = \overrightarrow{OZ} \oplus \overrightarrow{ZD}; \quad \overrightarrow{ZD} = \overrightarrow{BZ}$

$\begin{pmatrix} x \\ y \end{pmatrix} = \begin{pmatrix} 2 \\ 1 \end{pmatrix} \oplus \begin{pmatrix} 2-7 \\ 1+2 \end{pmatrix}$

$\begin{pmatrix} x \\ y \end{pmatrix} = \begin{pmatrix} 2 \\ 1 \end{pmatrix} \oplus \begin{pmatrix} -5 \\ 3 \end{pmatrix}$

$\begin{pmatrix} x \\ y \end{pmatrix} = \begin{pmatrix} -3 \\ 4 \end{pmatrix}$

$\mathbb{L} = \{(-3 \mid 4)\}$

D(–3 | 4)

Leerseiten verbilligen in diesem Fall die Herstellung des Buches!

Leerseiten verbilligen in diesem Fall die Herstellung des Buches!

Ihre Meinung ist uns wichtig !

Ihre Anregungen sind uns immer willkommen. Bitte informieren Sie uns mit diesem Schein über Ihre Verbesserungsvorschläge!

Titel-Nr.	Seite	Vorschlag

Bitte hier abtrennen

Zutreffendes bitte ankreuzen!

Die Absenderin/der Absender ist:

- ☐ Lehrer/in in den Klassenstufen: ____
- ☐ Fachbetreuer/in
  Fächer: ____
- ☐ Seminarlehrer/in
  Fächer: ____
- ☐ Regierungsfachberater/in
  Fächer: ____
- ☐ Oberstufenbetreuer/in
- ☐ Schulleiter/in
- ☐ Referendar/in, Termin 2. Staats-
  examen: ____
- ☐ Leiter/in Lehrerbibliothek
- ☐ Leiter/in Schülerbibliothek
- ☐ Sekretariat
- ☐ Elternteil
- ☐ Schüler/in, Klasse: ____
- ☐ Sonstiges: ____

Unterrichtsfächer: (Bei Lehrkräften!)

STARK Verlag
Postfach 1852
85318 Freising

17-V29

Bitte ausfüllen und im frankierten Umschlag an uns einsenden. Für Fensterkuverts geeignet.

Kennen Sie Ihre Kundennummer?
Bitte hier eintragen.

Absender (Bitte in Druckbuchstaben!)

Name/Vorname

Straße/Nr.

PLZ/Ort

Telefon privat

Geburtsjahr

E-Mail-Adresse

Schule/Schulstempel (Bitte immer angeben!)

Sicher durch alle Klassen!

Faktenwissen und praxisgerechte Übungen mit vollständigen Lösungen.

Mathematik

Mathematik Grundwissen 5. Klasse .... Best.-Nr. 91410
Mathematik Grundwissen 6. Klasse .... Best.-Nr. 914056
Mathematik Grundwissen 7. Klasse .... Best.-Nr. 914057
Mathematik 8. Klasse .... Best.-Nr. 91406
Funktionen 8.–10. Klasse .... Best.-Nr. 91408
Übungsaufgaben Mathematik I
9. Klasse – Realschule Bayern .... Best.-Nr. 91405
Übungsaufgaben Mathematik II/III
9. Klasse – Realschule Bayern .... Best.-Nr. 91415
Mathematik Grundwissen
10. Klasse II/III .... Best.-Nr. 91417
Lineare Gleichungssysteme .... Best.-Nr. 900122
Bruchzahlen und Dezimalbrüche .... Best.-Nr. 900061
Kompakt-Wissen Realschule Mathematik .... Best.-Nr. 914001
Übertritt in weiterführende Schulen .... Best.-Nr. 90001

Betriebswirtschaftslehre/ Rechnungswesen

Betriebswirtschaftslehre/Rechnungswesen
Grundwissen 8. Klasse Bayern .... Best.-Nr. 91473
Lösungsheft zu Best.-Nr. 91473 .... Best.-Nr. 91473L
Betriebswirtschaftslehre/Rechnungswesen
Grundwissen 9. Klasse Bayern .... Best.-Nr. 91471
Lösungsheft zu Best.-Nr. 91471 .... Best.-Nr. 91471L
Betriebswirtschaftslehre/Rechnungswesen
Grundwissen 10. Klasse Bayern .... Best.-Nr. 91472
Lösungsheft zu Best.-Nr. 91472 .... Best.-Nr. 91472L

Englisch

Englisch Grundwissen 5. Klasse .... Best.-Nr. 90505
Englisch Grundwissen 6. Klasse .... Best.-Nr. 90506
Englisch Grundwissen 7. Klasse .... Best.-Nr. 90507
Englisch Grundwissen 8. Klasse .... Best.-Nr. 90508
Englisch Grundwissen 9. Klasse .... Best.-Nr. 90509
Englisch Grundwissen 10. Klasse .... Best.-Nr. 90510
Textproduktion 9./10. Klasse .... Best.-Nr. 90541
Englische Rechtschreibung 9./10. Klasse .... Best.-Nr. 80453
Translation Practice 1 / ab 9. Klasse .... Best.-Nr. 80451
Comprehension 2 / 9. Klasse .... Best.-Nr. 91452
Englisch – Hörverstehen 10. Klasse mit CD ...... Best.-Nr. 91457
Englisch – Leseverstehen 10. Klasse .... Best.-Nr. 90521
Translation Practice 2 / ab 10. Klasse .... Best.-Nr. 80452
Comprehension 3 / 10. Klasse .... Best.-Nr. 91454
Systematische Vokabelsammlung .... Best.-Nr. 91455
Kompakt-Wissen Realschule
Englisch – Themenwortschatz .... Best.-Nr. 914501

Deutsch

Deutsch Grundwissen 5. Klasse .... Best.-Nr. 91445
Deutsch Grundwissen 6. Klasse .... Best.-Nr. 91446
Deutsch Grundwissen 7. Klasse .... Best.-Nr. 91447
Rechtschreibung und Diktat 5./6. Klasse .... Best.-Nr. 90408
Grammatik und Stil 7./8. Klasse .... Best.-Nr. 90407
Aufsatz 7./8. Klasse .... Best.-Nr. 91442
Erörterung und Textgebundener Aufsatz
9./10. Klasse .... Best.-Nr. 91441
Deutsch 9./10. Klasse Journalistische Texte
lesen, auswerten, schreiben .... Best.-Nr. 81442
Deutsche Rechtschreibung 5.–10. Klasse .... Best.-Nr. 90402
Text-Kompendien „Umwelt und Energie – Leben zwischen
Verantwortung und Verschwendung" .... Best.-Nr. 81446
Kompakt-Wissen Realschule Deutsch Aufsatz .. Best.-Nr. 914401
Kompakt-Wissen Rechtschreibung .... Best.-Nr. 944065
Übertritt in weiterführende Schulen mit CD .... Best.-Nr. 994402
Lexikon zur Kinder- und Jugendliteratur .... Best.-Nr. 93443

Französisch

Französisch – Sprechsituationen und
Dolmetschen mit 2 CDs .... Best.-Nr. 91461
Rechtschreibung und Diktat
1./2. Lernjahr mit 2 CDs .... Best.-Nr. 905501
Wortschatzübung Mittelstufe .... Best.-Nr. 94510

Geschichte

Kompakt-Wissen Realschule Geschichte .... Best.-Nr. 914801

Jahrgansstufentests

Jahrgangsstufentest Mathematik-Test (BMT) 6. Klasse
Realschule Bayern .... Best.-Nr. 915061
Jahrgangsstufentest Deutsch 8. Klasse
Realschule Bayern .... Best.-Nr. 915481
Jahrgangsstufentest Deutsch 6. Klasse
Realschule Bayern .... Best.-Nr. 915461
Jahrgangsstufentest Englisch 7. Klasse mit CD
Realschule Bayern .... Best.-Nr. 915771

Ratgeber für Schüler

Richtig Lernen
Tipps und Lernstrategien 5./6. Klasse .... Best.-Nr. 10481
Richtig Lernen
Tipps und Lernstrategien 7. – 10. Klasse .... Best.-Nr. 10482

(Bitte blättern Sie um)